软件工程

主　编　王　菊
副主编　罗雨滋

北京希望电子出版社
Beijing Hope Electronic Press
www.bhp.com.cn

内容简介

本书全面深入地介绍了软件工程的基本概念、原理以及典型方法。全书共分为9个模块，涵盖软件工程概述、可行性分析与需求分析、软件设计、软件编码与实现、面向对象方法、软件测试、软件维护、软件管理及软件工程标准与文档编制等内容。

本书结构严谨，内容翔实，并提供了最新的国家软件工程标准的文档编制指南，为读者在软件开发各个阶段编写文档提供了有效指导。每个模块都附有丰富的习题，便于学生思考与巩固所学知识。

本书既可作为计算机相关专业的教材，也可作为从事软件分析、设计与开发、维护人员的参考书。

图书在版编目（CIP）数据

软件工程 / 王菊主编. -- 北京 : 北京希望电子出版社, 2024. 8（2024. 12 重印）.

ISBN 978-7-83002-877-0

Ⅰ. TP311.5

中国国家版本馆 CIP 数据核字第 20247EF563 号

出版：北京希望电子出版社
地址：北京市海淀区中关村大街 22 号
中科大厦 A 座 10 层
邮编：100190
网址：www.bhp.com.cn
电话：010-82620818（总机）转发行部
010-82626237（邮购）
经销：各地新华书店

封面：袁 野
编辑：付寒冰
校对：毕明燕
开本：787 mm × 1 092 mm 1/16
印张：16.5
字数：391 千字
印刷：北京昌联印刷有限公司
版次：2024 年 12 月 1 版 2 次印刷

定价：58.00 元

前言 PREFACE

在信息技术迅猛发展的今天，软件已成为社会运行的重要部分。从智能手机到企业系统，软件的应用广泛而深入，对日常生活和工作产生了革命性的影响。随着技术的进步，软件系统的复杂性日益增加，这就要求开发人员、项目管理者及维护团队具备更高的技能和更系统的管理方法。在这种背景下，软件工程作为一门科学被提出和发展，目的是通过系统化、规范化的方法来提高软件的质量和开发效率。

本书全面介绍了软件工程的各个方面，从软件开发的初始阶段到项目的最终维护，覆盖了软件生命周期中的每一个关键环节。本书力求让读者了解软件工程的基本理论，并结合具体的实例和案例分析，帮助读者把握这些理论在实际中的应用。

本书共分为 9 个模块，每个模块均围绕软件工程的一个重要领域展开。模块 1 为软件工程概述，介绍了软件工程的基本概念、历史背景以及软件开发的基本模型和方法。模块 2 ～ 7 依次涉及软件可行性与需求分析、软件设计、软件编码与实现、面向对象方法、软件测试、软件维护等关键阶段。模块 8 重点介绍了软件工程管理的内容，包括质量保证、项目计划和能力成熟度模型等，这些都是确保项目成功的关键因素。模块 9 则专注于软件工程的标准和文档编写，强调标准化过程和良好文档对于项目管理和产品维护的重要性。

本书融入了工程教育认证标准的理念，旨在培养学生解决复杂工程问题的能力，包括问题分析、研究、设计开发、使用现代工具、可持续发展、项目管理等方面，适合作为计算机相关专业的教材，也可作为软件开发、维护人员提升工作技能的学习参考书。

考虑到当今软件技术的快速发展和应用的广泛性，本书在技术时效性、行业趋势、项目管理工作等方面存在一定欠缺。建议读者结合最新的行业报告、研讨会和社区论坛，以获得最前沿的软件工程知识和技能。

由于作者水平有限，不足之处在所难免，敬请广大读者批评指正。

编　者

2024 年 5 月

“码”上解锁

软件工程师的知识包

深耕软件技术，提升核心竞争力

配套学习资料

搭配同步资源 辅助高效理解

软件工程导论

研习核心要点 夯实基础知识

技术学练精讲

跟练专业课程 随测学习成果

软件测试专讲

进阶测试专项 提升综合能力

目录 CONTENTS

模块1 软件工程概述

模块2 软件可行性分析与需求分析

模块 3 软件设计

模块 4 软件编码与实现

模块 5 面向对象方法

模块 6 软件测试

模块 7 软件维护

模块 8 软件管理

模块 9 软件工程标准与文档编制

配套学习资料
软件工程导论
技术学练精讲
软件测试专讲
即刻学习

软件工程概述

学习目标

- ❖ 理解软件、软件工程的概念。
- ❖ 了解软件工程及产品的周期、流程的特点和内容，理解其中涉及的工程管理问题。
- ❖ 理解软件生存周期模型，包括快速原型法、螺旋模型、构件组装模型等。
- ❖ 了解软件工程的开发方法、软件工具与集成化开发环境。

即刻学习

- 配套学习资料
- 软件工程导论
- 技术学练精讲
- 软件测试专讲

1.1 软件工程的背景

软件工程的产生背景与计算机的普及和软件的发展密切相关。随着计算机技术的不断发展，软件变得越来越复杂，出现了所谓的“软件危机”，即软件项目经常超出预算、延期交付或无法满足用户需求的问题，因而人们需要一种新的方法来系统地开发和维护软件。通过引入工程化的方法和管理原则，使软件开发过程更加可控和高效，这就是软件工程。

要学习软件工程，必须先了解软件的概念和特点，以及出现“软件危机”的原因。

1.1.1 软件的定义与特点

1. 软件的定义

一个完整的计算机系统由两部分组成：硬件（hardware）和软件（software）。

硬件是一系列电子、机械和光电元件组成的各种物理装置的总称，是计算机系统运行的物质基础。软件是计算机系统中程序、数据及其相关文档的总称。其中，程序是按事先设计的功能和性能要求编写的指令序列，是软件的重要组成部分，也是软件的主要表现形式；数据是描述程序的处理对象；文档是与程序开发、维护和使用有关的图文材料，是对软件开发和维护全过程的书面描述和记录。

计算机系统的硬件和软件互相依存，硬件是物质基础，软件控制硬件的运行，指挥硬件完成各种计算和处理各种事务，它们相互配合、共同完成人们预先设定好的操作，成为人们日常工作和生活的得力助手。

2. 软件的特点

从操作系统到应用程序，从专业工具到游戏，都是计算机软件，可以说软件已渗透到人们工作生活中的方方面面。计算机软件种类繁多，功能各异。与硬件相比，计算机软件具有以下特点：

- 复杂性：软件系统的复杂性来源于其功能的多样性和实现的复杂性。一个大型的软件系统可能包含数百万行代码，涉及多种编程语言和技术路线。
- 无形性：与硬件不同，软件是一种无形的产品。它没有具体的物理形态，但可以通过存储介质如光盘、硬盘或网络传输。
- 可复制性：软件的复制成本极低，一旦开发完成，就可以无限复制而不会降低质量。这种特性使得软件可以大规模分发，但同时也要求开发者采取措施保护知识产权，防止非法复制和盗版。
- 可变性：软件可以根据用户的需求进行修改和更新，用户也可以根据自己的需求和

偏好来定制软件的功能和界面。许多软件提供个性化设置，允许用户调整操作方式、界面布局和功能选项，这使得软件具有很高的灵活性，可以获得更佳的使用体验。

- 依赖性：软件功能的发挥通常依赖于特定的硬件和操作系统环境，不同的软件对硬件的需求不同。如果没有硬件的支持，软件将失去实用价值。
- 应用性：软件的价值在于应用。软件的设计和开发都是为了实现特定的功能，以满足用户的不同需求。无论是文字处理、图像编辑还是数据分析，每种软件都有其独特的功能集合。应用性是软件价值的核心体现。

3. 软件的分类

软件种类繁多，人们可以根据不同的需要选择使用不同的软件。按不同的分类标准，软件可分为不同的类型。

按软件的功能划分，软件可分为系统软件、支撑软件、应用软件等。

按软件的规模划分，软件可分为微型、小型、中型、大型、超大型软件等。

按软件的工作方式划分，软件可分为实时软件、分时软件、交互式软件、批处理软件等。

按软件服务对象的范围划分，软件可分为项目软件和产品软件。

1.1.2 软件的发展历程与软件危机

1. 软件发展的 4 个阶段

自 1946 年世界上的第一台计算机 ENIAC 诞生以后，就有了程序的概念，因此可以认为，程序是软件的前身。经历了七十多年的发展，人们对软件有了更为深刻的认识。在这几十年中，计算机软件的发展大致经历了 4 个阶段，如表 1-1 所示。

表 1-1 软件发展的阶段

	程序设计阶段	程序系统阶段	软件工程阶段	现代软件工程阶段
年代	20 世纪 50 年代至 60 年代中期	20 世纪 60 年代中期至 70 年代中期	20 世纪 70 年代中期至 80 年代中期	20 世纪 80 年代中期至今
软件的范畴	程序	程序及说明书	产品软件（项目软件）	项目工程
主要程序设计语言	汇编及机器语言	高级语言	高级程序设计语言	面向对象可视化设计语言
软件工作范围	程序编写	包括设计和测试	软件生存期	整个软件生存期
需求者	程序设计者本人	少数用户	市场用户	面向所有用户

2. 人们对软件的认识

在计算机诞生的初期，软件多以简单的代码和命令形式存在，功能有限，用户群体极小。当时的人们普遍认为软件是专业人士的专属工具，与日常生活关系不大。然而，随着计算机硬件的发展，个人计算机的普及使用以及图形界面的出现，尤其是互联网的兴起，使软件的发展进入了一个新的阶段。软件不再仅仅是单机程序，而是开始向网络服务转变。这一时期，人们对软件的认识也逐渐深化，开始意识到软件的强大潜力。软件不再是单一的工具，而是一个连接人与信息的桥梁。

21 世纪初，智能手机和平板电脑的普及，使软件变得更加个性化、社交化和移动化。人们对软件的认识也随之升级，软件被视为是提升工作效率、丰富娱乐生活的重要手段。

近年来，人工智能和大数据技术的兴起，使得软件发展进入了智能化阶段。软件不仅能够执行命令，还能够学习和适应用户的行为，提供更加精准的服务。人们对软件的认识进一步拓展，开始将其视为解决问题的伙伴，甚至是决策的参谋。在这个过程中，人们对软件的认识也在不断深化。从最初的专属工具到复杂系统，再到智能化服务，软件的角色发生了根本性的转变。软件不仅仅是执行任务的程序，它还蕴含着数据、知识和智慧。软件的价值不仅仅在于其功能，更在于其对数据的处理能力和对用户需求的理解能力。

3. 软件危机

（1）软件危机的背景

在软件技术发展的第二阶段，随着计算机硬件技术的进步，计算机的存储容量、速度和可靠性有了明显提高，硬件成本的降低为计算机的广泛应用创造了极好的条件。在这一形势下，软件的需求量不断增加，软件的规模也越来越大，复杂度也不断增加，然而软件开发技术的进步却一直未能满足形势发展所提出的要求，导致在软件开发中遇到的问题找不到解决的方法，致使问题积累起来，形成了日益尖锐的矛盾，导致“软件危机”的出现。

“软件危机”是一种现象，是指在计算机软件的开发和维护过程中出现的一系列严重问题的现象。这些问题反映在软件可靠性没有保障、软件维护的工作量大、费用不断上升、进度无法预测、成本增长无法控制、程序人员无限度增加等各个方面，以至于形成人们难以有效控制软件开发的局面。

（2）软件危机的主要表现

具体来说，软件危机主要有以下表现：

① 软件开发进度难以预测，拖延工期几个月甚至几年的现象并不罕见。这种情况会导致软件开发的投资者或软件的用户对软件开发组织的工作既不满意，也不信任，从而大大降低软件开发组织的信誉。

② 软件开发成本难以控制，常常导致投资一再追加，实际成本甚至比预算成本高出一个数量级。

③ 软件开发人员与用户之间沟通不畅。软件开发人员不能真正了解用户的需求，而用户也不了解计算机求解问题的模式与能力，双方无法用共同熟悉的语言进行交流和描述，导致双方沟通不顺畅。双方对需求的理解出现偏差，可能导致软件无法满足用户的需求。

④ 软件产品的质量无法保证，系统中的错误难以完全消除。另外，软件是一种无形

的逻辑产品，质量问题难以用统一的标准度量，因而造成质量控制困难。

⑤ 软件产品难以维护。软件产品本质上是开发人员的代码化的逻辑思维活动，他人难以替代，除非是开发者本人，否则难以及时检测、排除系统故障。为使系统适应新的操作环境，维护人员往往需要在原系统中增加一些新的功能，这样又可能产生新的错误，使得产品更难以维护。

⑥ 文档资料不齐全，也不合格。计算机软件不仅仅是程序，还应该有一整套文档资料。这些文档资料应该是在软件开发过程中产生出来的，而且应该是“最新的”(即和程序代码完全一致的)。软件的文档资料是软件必不可少的重要组成部分，缺乏必要的文档资料或者文档资料不合格，将给软件开发和维护带来许多严重的困难与问题。

（3）软件危机的产生原因

软件危机的产生是由软件本身的特点以及开发软件的方式、方法、技术和人员引起的。产生的原因主要包括以下几点：

① 软件规模越来越大，结构越来越复杂。随着计算机的普及，应用范围不断扩大，需要开发的软件越来越多，软件结构也越来越复杂。现实问题的复杂性，加上用户和市场对软件产品的需求往往带有不切实际的期望，导致了软件开发项目的目标过于宏大和复杂。开发者为了满足这些期望，可能会采取过度复杂的设计，增加了软件的不稳定性和维护难度。

② 用户需求不明或需求变更频繁。在软件开发出来之前，用户自己不清楚软件开发的具体需求，或者对需求的描述不精确，可能有遗漏、二义性甚至有误；开发人员对用户需求的理解与用户的愿望有差异；项目在开发过程中，用户需求往往会发生变更。频繁的需求变更会使得项目难以控制，增加开发的难度和成本。同时，不断的变更也会影响到软件的稳定性和可维护性。

③ 技术复杂性与开发人员的技能不足。随着技术的发展，软件系统变得越来越复杂。这种复杂性不仅来自于软件本身的功能需求，还包括与其他系统的集成、多种技术的融合等。因此需要开发者具备多方面的知识和技能。软件开发是一个高度专业化的工作，然而，现实中很多项目因为缺乏经验丰富的开发人员而陷入困境。开发新手可能由于技能的不足及缺乏对软件工程原则的理解，导致开发出的软件质量不高。复杂的技术环境使得开发和维护工作变得更加困难。

④ 缺乏标准化。软件开发缺乏统一的标准和规范，不同的团队可能采用不同的开发方法和工具。这种缺乏一致性的做法导致了软件质量和兼容性的问题。

⑤ 开发技术与开发工具落后。尽管软件开发工具比 30 年前已经有了很大的进步，但直到今天，软件开发仍然离不开工程人员的个人创作与手工操作，软件生产仍不可能像硬件生产那样达到完全的自动化，因此软件生产效率低，且软件质量也难以保证。

⑥ 项目管理不当。软件项目的管理不善是导致软件危机的一个重要原因。缺乏有效的项目管理方法、工具和经验，会导致项目计划不准确、进度控制不力、资源分配不合理等。此外，项目风险评估不足，也会导致问题的产生。

4. 消除软件危机的途径

软件危机产生的原因是多方面的，涉及项目管理、技术复杂性、人员技能、沟通协作等多个层面。要解决软件危机，需要提高项目管理能力，加强技术培训，改善沟通机制，稳定需求，推广标准化方法，等等。综合起来，主要是从两方面入手：一是管理方面，二是技术方面。只有通过综合施策，才能提高软件开发的效率和质量，减少软件危机的发生。

从管理方面看，必须充分认识到软件开发不是某种个体劳动的神秘技巧，而应该是一种组织良好、管理严密、各类人员协同配合、共同完成的工程项目；必须充分吸取和借鉴人类长期以来从事各种工程项目所积累的行之有效的原理、技术和方法。

从技术方面看，应该开发和使用更好的工具软件。正如机械工具可以“放大”人类的体力一样，软件工具可以“放大”人类的智力。在软件开发的每个阶段都有许多烦琐重复的工作需要做，在适当的软件工具辅助下，开发人员可以把这类工作做得既快又好。

总之，为了消除软件危机，既要有技术措施（方法和工具），又要有必要的组织管理措施，这就是软件工程（software engineering）研究的主要内容。

1.1.3 软件工程

为了更有效地开发和维护软件，消除软件危机，1968 年，在由北大西洋公约组织（NATO）召开的国际会议上提出了“软件工程”的概念，借助工程化的方法和管理手段来开发软件，从此，诞生了一门新兴的学科——软件工程。软件工程即是从管理和技术两方面研究如何更好地开发和维护计算机软件的一门学科。

1. 什么是软件工程

软件工程的概念提出已经有 50 多年，但直到目前为止，软件工程概念的定义并没有统一。不同的学者、组织机构都分别给出了自己认可的定义，例如：

- 1968 年的会议上给出的定义是：“软件工程是为了经济地获得可靠的且能在实际机器上有效运行的软件而建立和使用的完善的工程化原则。”
- 1983 年，美国电气电子工程师学会（IEEE）给出的定义是：“软件工程是开发、运行、维护和修复软件的系统方法。”
- 1993 年，IEEE 给出的定义是：“①把系统化的、规范化的、可量化的方法应用于软件开发、运行和维护中，即将工程化方法应用于软件；②对于①中所述方法的研究。”
- 国家标准《信息技术软件工程术语》（GB/T 11457—2006）中的定义为：应用计算机科学理论和技术以及工程管理原则和方法，按预算和进度，实现满足用户要求的软件产品的定义、开发、发布和维护的工程或进行研究的学科。

概括地说，软件工程是一门指导计算机软件开发和维护的工程学科。它采用工程的概念、原理、技术和方法来开发与维护软件，把管理技术和开发技术有效地结合起来，以便经济地开发出高质量的软件并有效地维护它。

软件工程提出了一系列的概念、方法、原理以及开发模型，其研究的核心问题是在给

定的成本和进度前提下，使用什么方法开发软件能获得可使用、可行性好、易于维护、成本合适的软件。

软件工程是一门综合性的交叉学科，它涉及计算机科学、数学、工程科学和管理科学等领域，综合利用了这些学科的很多理论和知识，以求高效地开发高质量的软件。

软件工程的知识结构主要有三个：计算机科学和数学、工程科学、管理科学。其中，计算机科学和数学用于构造算法，工程科学用于指定规范、设计泛型、评估成本及确定权衡，管理科学用于计划、资源、质量和成本的管理。

现代软件工程是指采用项目化的思想，利用现代化的分析、开发、测试等辅助工具来实现软件的工程活动。

2. 软件工程的目标

软件工程是一门工程性学科，目的是成功开发出用户需要的软件产品。软件工程的目标往往是基于软件项目目标的成功实现而提出的，主要体现在以下几个方面：

- 付出较低的开发成本。
- 达到要求的软件功能。
- 取得较好的软件性能。
- 软件的可靠性较高。
- 软件易于使用、维护和移植。
- 能够按时完成开发任务，并及时交付使用。

在实际开发中，企图让以上几个质量目标同时达到理想的程度往往是不太现实的，如低开发成本与高可靠性、易于维护和移植的目标是彼此冲突的。因此，要根据软件项目的实际要求做目标的合理取舍，找到一个相对平衡的目标方案。

3. 软件工程的基本原则

软件工程的基本原理是指导软件开发与维护的最高准则和规范。为了确保软件质量和开发效率，必须遵守一些基本的原则。

（1）严格管理

在软件设计、开发、使用与维护的漫长的生命周期中，需要完成许多性质各异的工作。因此应该把软件生命周期划分成若干个阶段，并相应地制订出切实可行的计划，然后严格按照计划对软件的开发与维护工作进行管理。

（2）阶段评审

软件的质量保证工作不能等到编码阶段结束之后才进行。据统计，设计错误占软件错误的比例约 63%，编码错误仅占约 37%，错误发现与改正得越晚，所需付出的代价就越高。因此，在每个阶段都进行严格的评审，才能尽早发现在软件开发过程中所犯的错误，减少改正错误所需付出的代价。

（3）产品控制

一切有关修改软件的提议，必须严格按照规程进行评审，获得批准以后才能实施修改，绝不能谁想修改就可以修改。

（4）采用现代程序设计技术

程序设计尽可能采用当今成熟且先进的技术，以提高软件开发和维护的效率，同时也可以提高软件产品的质量。

（5）结果审查

软件产品不同于一般的物理产品，软件开发人员（或开发小组）的工作进展情况可见性差，难以准确度量，从而使得软件产品的开发过程更难以评价和管理。为了提高软件开发过程的可见性，更好地进行管理，应该根据软件开发项目的总目标及完成期限，规定开发组织的责任和产品标准，从而使得到的结果能够被清楚地审查。

（6）人员应该少而精

软件开发小组的组成人员的素质应该高，且人数不宜过多。合理安排人员可以减少开发成本并提高工作效率。

（7）不断改进软件工程实践

不断总结经验，勇于尝试新的软件技术和工具，以提高工作效率和产品质量。

4. 软件工程的内容

软件工程是一门新兴的交叉学科，涉及的学科多，研究的范围广。归结起来，软件工程的主要研究内容有以下几方面：方法与技术、工具与环境、软件工程管理、标准与规范。

方法与技术主要研究软件开发的各种方法与工作模型、软件开发过程及具体实现技术。

工具与环境主要指软件开发工具与开发环境，包括计算机辅助软件工程。

软件工程管理是指对软件工程全过程的控制和管理，包括计划安排、成本估算、项目管理、软件质量管理等。

标准与规范是指软件工程标准化与规范化，使得各项工作有章可循，以保证软件生产效率和软件质量。

1.2 软件的生命周期及其开发模型

软件开发是一个过程，为方便管理，借鉴工程领域中产品生存周期的概念，引入了软件生命周期的概念。

1.2.1 软件生命周期

软件生命周期（life cycle）也称软件生存周期，是指一个软件从提出开发要求开始，经过开发、交付使用，直到该软件报废为止的整个时期。在软件生存周期中，将软件的开发过程分为若干阶段，使得每个阶段有明确的任务，从而方便对规模大、结构和管理复杂的软件开发进行控制和管理。这对于软件生产的管理和进度控制有着非常重要的意义。

软件生命周期一般可分为三个主要阶段：定义（计划）阶段、开发阶段和运行维护阶

段。这三个阶段往往又可细分为一些子阶段。

1. 定义（计划）阶段

定义阶段可根据实际情况分为两个子阶段：软件计划和需求分析。

软件计划：这一阶段的主要任务是明确要解决的问题并确定工程的可行性，分析软件系统项目的主要目标和开发该系统的可行性，估计完成该项目所需的资源和成本，最后还要提出软件开发的进度安排，提交软件计划文档。软件计划又可细分为问题定义和可行性分析两个阶段。

需求分析：这一阶段的任务不是具体地解决问题，而是待开发软件的可行性分析与项目开发计划评审通过以后，进一步准确地理解用户的要求，确定软件系统必须“做什么”，并将其转成需求定义（确定软件系统必须具备哪些功能），提交软件的需求文档。

2. 开发阶段

开发阶段可分为三个子阶段：设计、编码和测试。

设计又可分为系统设计和详细设计两个阶段。系统设计是软件开发过程中的关键阶段，主要任务是将软件需求分解为系统架构及组件级别的设计，包括主要的模块、接口、数据流和数据存储。系统设计的目的是解决如何构建系统的问题，确保系统的各个部分能够协调工作，满足功能和非功能的需求，并为详细设计阶段奠定基础。详细设计是为每个模块完成的功能进行具体描述，即把功能描述转变为精确的过程描述。如模块的控制结构是怎样的，先做什么，后做什么，有什么样的条件判定等，并用相应的表示工具把这些控制结构表示出来。系统设计和详细设计都需要提交设计说明文档和测试文档。

编码就是按照设计说明选择合适的程序设计语言工具把每个模块的控制结构转换成计算机可接受的程序代码，即写成以某种特定程序设计语言表示的“源程序清单”。编码完成后会提交程序代码和相应文件。

测试就是根据测试计划对软件项目进行各种测试，其主要方式是使用测试用例检验软件的各个组成部分。测试的目的是发现软件中的问题，它是保证软件质量的重要手段。测试完成后需提交软件项目测试报告。

3. 运行维护阶段

运行维护阶段是软件生存周期中时间最长的阶段。软件经过评审确认后提交给用户使用，就进入了运行维护阶段。软件产品投入运行后，接下来的主要工作就是维护了。维护始终贯穿于软件运行期间，它可以持续几年甚至几十年，维护的过程漫长，维护的内容广泛（不仅要改正软件运行中出现的错误，还包括修改软件以适应环境的变化，根据用户需求扩充软件的功能等），因此，软件维护的工作量很大。

1.2.2　软件开发模型

根据软件生产工程化的需要，生存周期的划分也有不同，从而形成了不同的软件生存周期模型（life cycle model, LCM），或称软件开发模型（软件过程模型），它是描述软件生产过程中各种活动如何执行的模型，是一种对软件过程的抽象表示。软件开发模型有多种，常用的有瀑布模型、快速原型法模型、螺旋模型、构件组装模型和智能模型等。

1. 瀑布模型

瀑布模型（waterfall model, WM）遵循软件生存周期的划分，明确规定每个阶段的任务，各个阶段的工作按顺序展开，恰如奔流不息逐级下落的瀑布，如图 1-1 所示。

瀑布模型把软件生存周期分为软件定义、软件开发、软件运行维护三个时期。这三个时期又可细分为若干阶段：软件定义可分为问题定义、可行性分析、需求分析三个阶段，软件开发可分为系统设计、详细设计、编码、测试等阶段，软件投入运行后进入运行维护阶段。

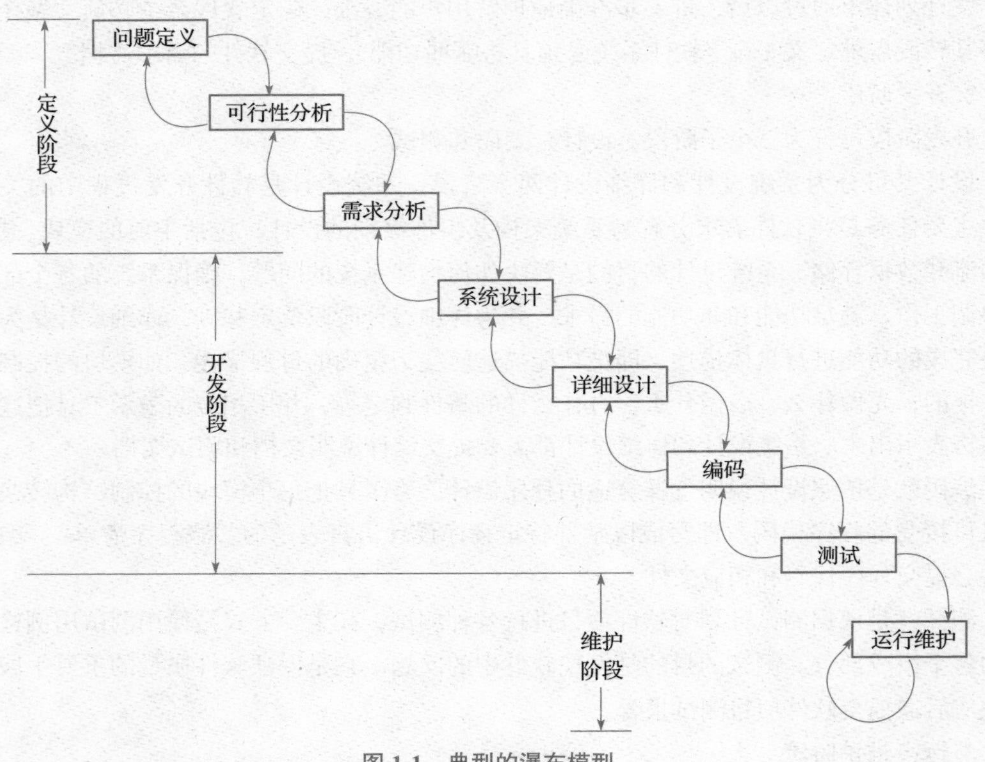

图 1-1　典型的瀑布模型

瀑布模型的优点如下：

- 清晰地提供了软件开发的全过程，明确了每一阶段的任务与目标。
- 阶段间的有序性和依赖性。有序性是指前一阶段的工作完成后，后一阶段的工作才能开始，有序地开展工作，避免了过程中的随意状态。依赖性指后一阶段的工作依赖于前一阶段的结果。
- 每个阶段都形成相应的文档，便于阶段性的进度管理。
- 质量保证。强调文档的作用，并对文档进行评审，强调尽早发现问题并及时改正；严格的计划性也会保证软件产品的按时交付。

瀑布模型的缺点如下：

- 缺乏灵活性，不能适应用户需求的不断变化。
- 如果大的错误在生存周期的后期才被发现，将可能导致灾难性的后果。
- 瀑布模型是一种以文档为驱动的模型，管理工作主要通过各种文档来反映和跟踪，大量规范性文档和严格的评审工作增加了项目的工作量。
- 应用范围有一定的局限性，主要适用于功能、性能明确且无重大改变、规模相对较小的软件开发。

2. 快速原型模型

原型是指一个具体的可执行模型，它实现了系统的若干功能。

快速原型模型（rapid prototype model, RPM）是指不断地运行系统“原型”来进行启发、揭示和判断的系统开发方法，也称为快速原型法。正确的需求定义是系统成功的关键，但是许多用户在开始时往往不能准确地叙述他们的需要，软件开发人员需要反复多次地和用户交流信息，才能全面、准确地了解用户的要求。当用户实际使用了目标系统以后，也常常会改变原来的某些想法，对系统提出新的需求。

快速原型法的主要思路如下：

- 根据用户的需求迅速构造一个低成本的用于演示及评价的试验系统（原型）。
- 由用户对原型进行评价。
- 在用户评价的基础上对原型进行修改或重构。

快速原型法的目标：用户对所用的原型满意。

快速原型模型的开发过程如图 1-2 所示。

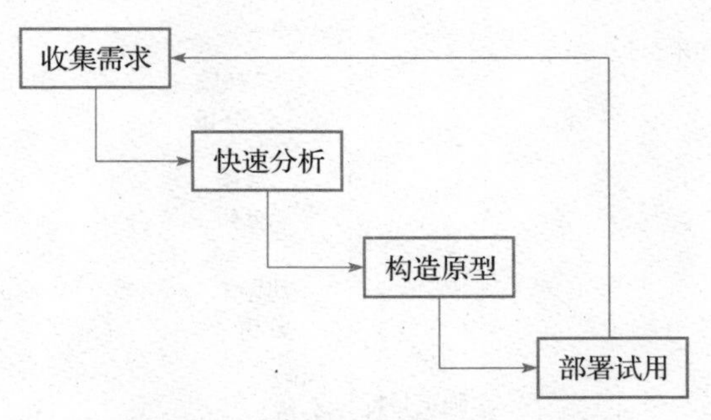

图 1-2　快速原型模型的开发过程

快速原型法有如下优势：

- 有直观的系统开发过程。
- 可以逐步明确用户需求。
- 用户参与系统开发的全过程，可以直接掌握系统的开发进度。
- 原型模型使用户接受程度高，系统更易维护。

快速原型法存在如下不足：

- 不适用于拥有大量计算或控制功能的系统。
- 不适用于大型或复杂的系统。

- 容易掩盖需求、分析、设计等方面的问题。
- 对资源规划和管理较为困难，随时更新文档也会带来麻烦。
- 对整体的考虑较少。

快速原型法的主要适用范围如下：

- 解决有不确定因素的问题。
- 对用户界面要求高的系统。
- 决策支持方面的应用。
- 中型系统。

快速原型法能尽早获得更正确、更完整的需求，可以减少测试的工作量，提高软件质量。当快速原型法使用得当时，它能减少软件开发的总成本，缩短开发周期，因此是目前比较流行的一种实用的开发模式。但是，快速原型法有其适用范围，对于嵌入式软件、实时控制软件、科技数值计算类软件以及大型的复杂系统来说，快速原型法可能并不适用。

3. 螺旋模型

螺旋模型（spiral model, SM）是一种引入了风险分析与规避机制的过程模型，它将瀑布模型与快速原型模型的迭代特征结合起来，并加入了两种模型都忽略的风险分析，弥补了两者的不足。螺旋模型是瀑布模型、快速原型模型和风险分析方法的有机结合，如图1-3所示。

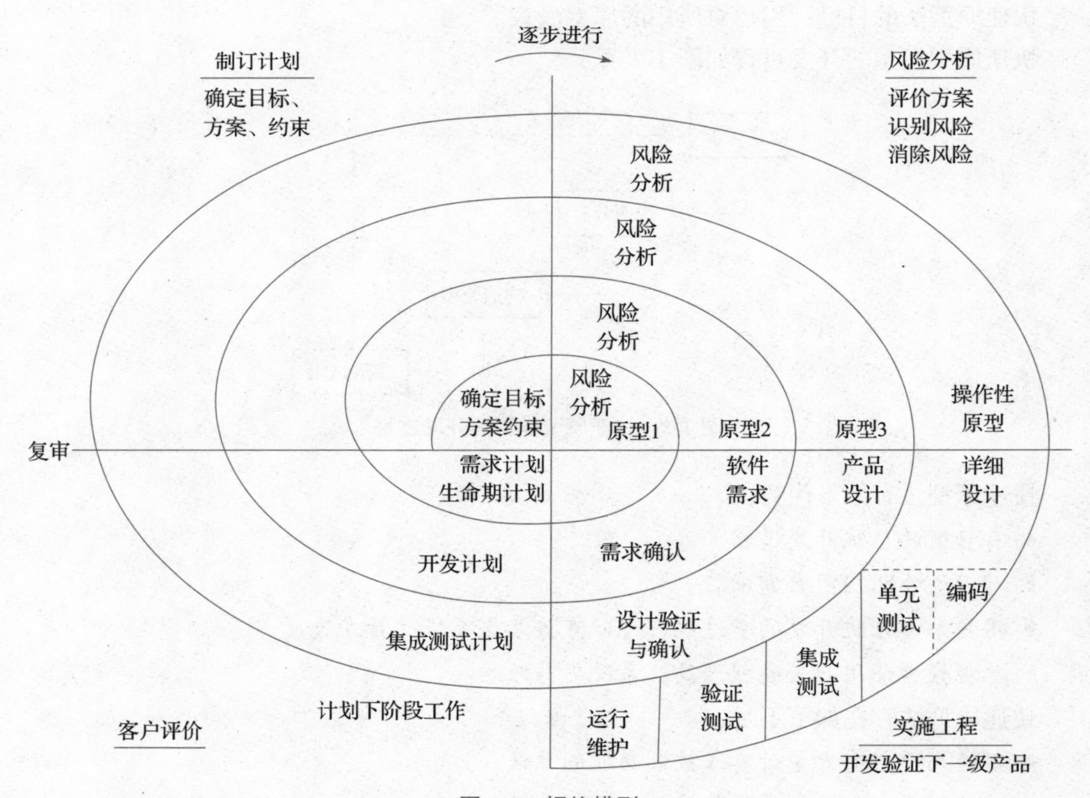

图 1-3　螺旋模型

螺旋模型用螺旋线表示软件项目的进展情况，螺旋线中的每个回路表示软件过程的一个阶段。最里面的回路与项目可行性有关，接下来的一个回路与软件需求定义有关，再下一个回路则与软件系统设计有关，以此类推。

螺旋模型将开发过程分为几个螺旋回路（螺旋周期），每个回路被分成以下 4 个工作步骤：

① 制定计划：确定项目阶段目标，选定实施方案，理清项目开发的限制或约束条件。

② 风险分析：分析所选方案，识别和消除风险，列出可能出现的问题及问题的严重程度，并估计可能产生的后果。

③ 实施工程：实施软件开发的过程。

④ 用户评估：评价开发工作，提出修改建议，并与开发人员一起讨论制订下一步的开发计划。

在螺旋模型中，沿螺旋线自内向外每旋转一圈便开发出一个更为完善的新的软件版本，自内向外逐步延伸，最终得到所期望的系统。

螺旋模型具有如下特点：

- 螺旋模型更适合人们认识事物的规律——由粗到细、由表及里、逐步深化。
- 系统开发的各个阶段可以回溯和重复，逐步发展，每一个螺旋周期都是对上一周期的深化和细化。
- 螺旋模型特别强调原型的可扩充性，原型的进化贯穿整个软件的生存周期。
- 螺旋模型是一种风险驱动模型，为项目管理人员及时调整决策方案提供了方便，降低了开发风险。

采用螺旋模型进行开发，需要有相当丰富的风险评估经验及专门知识。如果风险较大而又未能及时发现，则可能导致重大损失，因此，要求开发队伍具备较高的水平。

螺旋模型适用于内部的大规模软件的开发，而不太适合用于一般的合同软件的开发。

4. 构件组装模型

如今，大多数软件开发项目采用面向对象的方法，面向对象的软件开发过程将重点放在软件生存周期的定义阶段。这是因为在开发早期就定义了一系列面向问题域的对象，并在整个开发过程中统一使用这些对象，不断地充实和扩展对象模型。定义阶段得到的对象模型同样适用于设计和实现阶段，并在各个阶段都使用统一的概念和描述符号。因此，面向对象的软件开发过程具有以下特点：开发阶段的界限模糊，不同阶段之间没有明显的界限，使整个开发过程更为灵活；开发过程逐步求精，随着项目的进展逐步细化；开发活动反复迭代，不断改进和完善软件每次迭代都会增加或明确一些目标系统的性质，而不是对前期工作本质性的改动，这样才能减少不一致性，降低出错的可能性。

面向对象技术是将事物实体封装成包含数据和数据处理方法的对象，并将这些对象抽象为类。经过适当设计和实现的类或类的集合可以称为构件。由于构件具有一定的通用性，因而它们可以在不同的软件系统中被复用。在基于构件复用的软件开发中，软件由这些预定义的构件装配而成，就像使用标准零件组装汽车一样。

构件复用技术能带来更好的复用效果，并且具有良好的工程特性，更加适应软件按照工业流程生产的需要。构件组装模型（component assembly model, CAM）如图 1-4 所示。

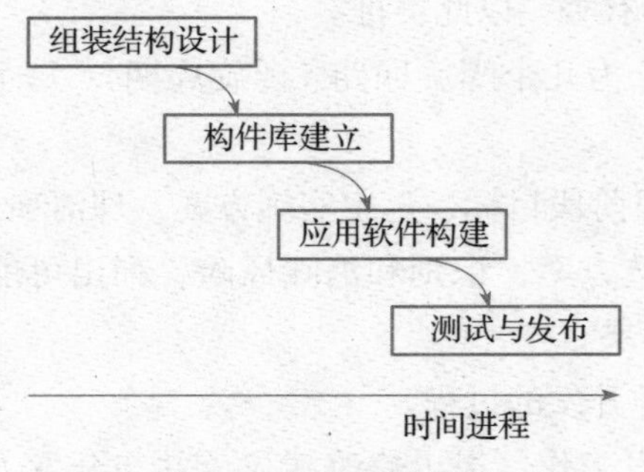

图 1-4　构件组装模型

构件组装模型有以下特点：

- 应用软件可由预先编好的、功能明确的产品构件定制而成，并可实现应用的扩展和更新。
- 利用模块化方法，将复杂的难以维护的系统分解为互相独立、协同工作的构件，并努力使这些构件可反复重用。
- 突破时间、空间及不同硬件设备的限制，利用客户和软件之间统一的接口实现跨平台的互操作。

构件组装模型的优点和缺点如下：

- 优点：由于构件的复用，减少了开发的工作量，缩短了软件开发周期，提高了软件的开发效率，并且提高了软件开发质量，降低了开发风险。
- 缺点：可重用性和软件高效性不易协调；需要精干的有经验的分析和开发人员，一般的开发人员可能不易上手；客户的满意度低。

构件组装模型主要用于面向对象开发方法中，因而是一种面向对象的软件过程模型；而瀑布模型、快速原型模型、螺旋模型等大都建立在传统的软件生存周期概念基础上，通常称它们为传统的软件过程模型。

5. 智能模型

智能模型（intelligent model, IM）也称为基于知识的软件开发模型，是知识工程与软件工程在开发模型上结合的产物，是以瀑布模型与专家系统的综合应用为基础建立的模型。该模型通过系统的知识和规则帮助设计者认识一个特定软件的需求和设计。这些专家系统已成为开发过程的伙伴，并对其有指导作用。智能模型如图 1-5 所示。

从图 1-5 中可以看到，智能模型与其他模型不同，它的维护并不在程序级别上进行，这样就大大降低了问题的复杂性。

智能模型的优点包括：

- 通过领域的专家系统，可使需求说明更加完整、准确和无二义性。
- 通过软件工程的专家系统提供一个设计库支持，在开发过程中成为设计者的助手。
- 通过对软件工程知识和特定应用领域的知识和规则的应用为开发提供帮助。

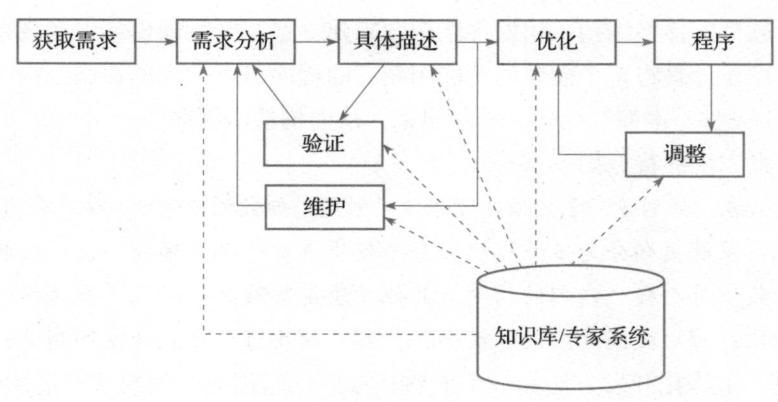

图 1-5　智能模型

建立适合于软件设计的专家系统，或建立一个既适合软件工程又适合应用领域的知识库，都是非常困难的。目前，在软件开发中已经开始应用人工智能（artificial intelligence, AI）技术，并取得了局部进展，如在计算机辅助软件工程（computer-aided software engineering, CASE）系统中使用专家系统。

1.3 软件开发方法

软件开发的目标是在规定的投资和时间内，开发出符合用户需求的高质量的软件。为此需要有成功的开发方法。对软件开发方法的重视不够也是导致软件危机产生的原因之一，因此自软件工程的概念诞生以来，人们就非常重视对软件开发方法的研究，已经提出了多种软件开发方法和技术，对软件工程及软件产业的发展起到了重要的作用。

软件开发方法可分为两大类：面向过程的开发方法和面向对象的开发方法。下面将着重介绍结构化开发方法、原型化开发方法、面向对象的开发方法及敏捷开发方法等几种常用的软件开发方法。

1. 结构化开发方法

结构化开发方法（structured developing method）是一种传统的软件开发方法，它以系统工程的思想和工程化的方法为基础，强调用户至上、结构化、模块化，并自顶向下地对信息系统进行分析与设计。

结构化开发方法的指导思想是“自顶向下，逐步求精”，其基本原则是功能的分解与抽象。它是软件工程中最早出现的开发方法，相应的支持工具也较多，是软件开发方法中发展很成熟、应用非常广泛的方法。

结构化开发方法由三部分组成：结构化分析、结构化设计和结构化程序设计。结构化分析是根据分解与抽象的原则，按照系统中数据处理的流程，通过数据流图来建立系统的功能模型，完成需求分析工作。结构化设计是根据模块独立性准则、软件结构准则将数

据流图转换为软件的体系结构，用软件结构图来建立系统的物理模型，实现系统的系统设计。结构化程序设计是将每个模块的功能用相应的程序语言的标准控制结构〔顺序、选择和循环（重复）三种基本控制结构〕表示出来，从而构造出程序。

结构化开发方法的特点如下：

- 面向数据流：特别适用于数据处理领域的问题，如数据库管理系统、信息管理系统等。
- 模块化：系统被划分为多个模块，每个模块负责一部分功能，便于维护和升级。
- 信息隐蔽：每个模块内部的信息对其他模块是隐蔽的，降低了模块间的耦合度。
- 模块独立：模块之间的依赖性最小化，每个模块可以独立开发和测试。

总的来说，结构化开发方法是一个成熟且被广泛应用的开发模式，适用于规模适中、需求明确、复杂度不高的项目。由于它是一种面向数据流的开发方法，因此在数据处理领域尤为适用，如财务系统、库存管理系统等。但这种方法不适合大规模的、特别复杂的项目，也难以适应需求快速变化的场景。

2. 原型化开发方法

原型化开发方法又称快速原型法（rapid prototyping），是一种迭代式的软件开发过程，其基本思想是花费少量代价建立一个可运行的系统，使用户及早获得试用和学习的机会。该方法强调在开发的早期阶段创建可交互的模型或原型，这些原型可以是简化的版本，用于演示系统的关键特性和功能，以便用户和开发者能够评估其可行性和实用性。然后，通过原型的不断改进和完善，直到满足用户的所有需求。原型化方法的核心在于通过不断的反馈和迭代来完善产品。

（1）原型化开发方法的步骤

① 需求收集：与所有相关方进行沟通，收集和定义初步的用户需求和目标。

② 原型设计：基于需求创建初始原型，这通常涉及界面设计和交互流程的草图。

③ 用户测试：让用户与原型互动，收集用户的反馈和建议。

④ 分析和迭代：根据用户反馈对原型进行分析，确定需要改进或调整的地方，并进行相应的迭代开发。

⑤ 重复测试和迭代：重复上述的用户测试和分析迭代过程，直到原型满足用户需求为止。

⑥ 最终开发：一旦原型被验证，就可以进入完整的软件开发阶段，将原型转化为成熟的产品。

（2）原型化开发方法的优势

与结构化开发方法相比，原型化开发方法具有以下优势：

- 快速验证想法：通过原型，开发团队可以迅速验证核心概念和设计选择，避免在错误的方向上浪费资源。
- 增强沟通：原型为用户或非技术人员提供了一个直观的理解工具，帮助他们更好地理解产品的功能和外观。
- 降低风险：早期的原型测试有助于识别潜在的问题和风险，从而减少后期开发中的

成本和时间损失。

- 提高用户满意度：用户参与原型的试用和评估过程，可确保产品更加符合用户的需求和期望。

（3）原型的类型

按照功能划分，通常原型有三种类型：界面原型、功能原型、性能原型。

原型化开发方法是一种强大的工具，它可以帮助团队快速学习和适应，创造出更符合用户需求的产品。通过有效的需求管理、设计、测试和迭代，原型化方法能够显著提高软件开发的效率和成功率。然而，为了克服挑战并充分发挥这种方法的优势，团队需要精心规划并采取灵活的策略来管理整个原型化过程。

3. 面向对象的开发方法

面向对象（object-oriented）的开发方法简称 OO 方法，是 20 世纪 90 年代至今的主流软件开发方法。面向对象的开发方法的基本出发点是尽可能按照人类认识世界的方法和思维方式来分析和解决问题。客观世界是由许多具体的事物、事件、概念和规则组成的，这些均可被看成对象。面向对象的方法正是以对象作为最基本的元素，对象是分析问题、解决问题的核心。

面向对象的方法追求的是软件系统对现实世界的直接模拟，它将现实世界中的事物抽象成对象，直接映射到解空间，以消息驱动对象实现操作。面向对象的方法符合人类的认识规律。

（1）面向对象方法的组成

面向对象的方法包括面向对象分析（object-oriented analysis, OOA）、面向对象设计（object-oriented design, OOD）、面向对象程序设计（object-oriented programming, OOP）。其中，OOA 解决的是“做什么”的问题，它的基本任务是要建立起对象模型，定义系统的类和对象及其属性与操作；定义系统内部数据的传送处理；定义对象状态的变化，即时序。OOD 是在需求分析的基础上，进一步解决“如何做”的问题，也分为系统设计与详细设计。OOP 解决的是系统的实现问题。

面向对象的方法以对象为核心，强调模拟现实世界中的概念而不是算法，尽量用符合人类认识世界的思维方式来渐进地分析、解决问题，对软件开发过程的所有阶段进行综合考虑。这种方法能有效降低软件开发的复杂度，提高软件的可复用性和可扩充性，并能更好地适应需求的变化，从而提高软件质量。

（2）面向对象编程的优势

面向对象编程之所以受到广泛欢迎，主要得益于它具有的优势。

- 模块化：通过封装，对象成为独立的模块，易于理解和修改。
- 重用性：类和继承机制使得代码可以在多个项目中重用，提高了开发效率。
- 易于维护：对象的责任分明，修改一个对象通常不会影响到其他对象。
- 灵活性：对象的多态性允许程序在运行时动态地决定要调用的方法，增加了系统的灵活性。

面向对象开发方法在软件工程中具有显著的优势，但也存在一些需要注意的问题，如复杂度高，对团队合作要求高。因此，在实际应用中，应根据项目的需求和团队的实际情况来选择合适的方法，并充分利用其优点，尽量克服其缺点。

4. 敏捷软件开发方法

敏捷软件开发方法又称敏捷开发，其核心思想在于“敏捷”，即能够快速适应变化。在传统的软件开发过程中，往往采用瀑布模型等线性流程，从需求分析、设计、编码、测试到部署，每个阶段都有严格的顺序和界限。然而，这种方式在面对需求变化时往往显得力不从心，常常导致项目延期、成本超支等问题。敏捷开发则打破了这种僵化的流程，通过迭代和增量的方式，不断交付可用的软件产品，并根据用户的反馈进行调整和优化，提倡只编写“必需、够用”的文档，而不把过多的精力放在编写详尽的文档上。

（1）敏捷开发的核心原则

- 个体和互动优于流程和工具：这一原则强调团队成员之间的直接交流与合作比严格的流程和工具更为重要，鼓励团队成员进行面对面的沟通，以促进更高效的协作和问题的解决。
- 可运行的软件优于完备的文档：敏捷开发更重视能够运行的软件而不是详尽的文档，这意味着开发工作的重点是创建可以交付给客户的实际产品，而不是编写大量的计划或文档。
- 与客户合作优于合同谈判：与客户建立紧密的合作关系比坚持严格的合同条款更为重要。敏捷团队倾向于与客户一起工作，以确保产品满足他们的需求，并迅速响应任何变化。
- 响应变化优于遵循计划：敏捷方法强调适应性和灵活性。团队应该准备好随时调整方向，以适应新的情况，而不是死板地遵循原始计划。

由此可见，敏捷开发更强调与客户的协作、人与人之间的交互与团队合作，更注重不断地向用户提交可运行的软件，而不在编写详细的文档上花费过多的精力，尤其强调对软件需求变化的快速应变能力。

（2）敏捷开发的主要方法

按照敏捷开发的思想和原则，业界已推出了不少敏捷开发的具体实践方法，常见的敏捷开发方法包括 Scrum、极限编程（XP）、精益开发、特性驱动开发（FDD）、水晶方法（Crystal）等。这些方法各有特点，在实际应用中，团队可以根据项目的特点和需求选择合适的方法，并结合实际情况进行灵活调整。

（3）敏捷开发的主要特点

- 适应性：敏捷方法强调适应性而非预测性，因而能够更好地应对需求变化。
- 与客户合作：与客户紧密合作，确保产品满足客户需求。
- 交付频率：通过频繁的迭代和交付，可以不断获得用户的反馈并快速改进产品，快速交付可运行的软件。
- 团队协作：团队成员之间进行紧密的合作，共享信息，共同解决问题。

总之，敏捷软件开发方法以其灵活、协作和快速响应变化的特点，为现代软件工程提供了一种有效的实践方式，已经得到了业界的广泛认可和应用。当然，敏捷软件开发方法并非万能，也有其局限性。例如，对于大型的复杂项目，可能需要更加严格的控制和规划；同时，敏捷开发对于团队成员的素质和能力要求较高，需要他们具备较高的自我管理、协作和创新能力。

在未来，随着技术的不断进步和需求的不断变化，敏捷开发方法将会继续发挥重要作用，推动软件工程的持续发展。

1.4 软件工具与集成化开发环境

软件工具是用于支持和辅助软件开发、运行、维护、管理等活动的特殊软件。使用功能强大、方便适用的软件工具可以降低软件开发和维护的成本，减轻开发人员的劳动强度，提高软件生产的效率，改善软件产品的质量。因此，软件工具是软件工程研究中的重要内容之一。

1. 软件工具

软件工具种类繁多，涉及面广，按软件开发过程可分为软件开发工具、软件维护工具、软件管理和支持工具三大类。

（1）软件开发工具

按软件开发阶段可分为分析工具、设计工具、编码工具和测试工具。

- 分析工具：用于需求分析阶段，辅助系统分析员完成软件系统需求分析的活动，包括根据需求的定义，生成完整、准确、一致的需求分析说明。常用的分析工具有PingCode、Worktile、ONES、JIRA、DOORS Next 等。
- 设计工具：用于帮助软件设计人员完成软件系统的设计活动的工具。通常，软件设计工具包括三类：基于图形或语言描述的设计工具、基于形式化描述的设计工具和面向对象的设计工具。常用的设计工具有 Enterprise Architect、Rational Rose 等。
- 编码工具：用于编程阶段的工具，包括语言程序、编译程序、解释程序等。这些编码工具可以是独立的应用程序，也可以是一个集成的程序开发环境，集成了源代码的编辑、编译和链接程序，以及用于源代码排错的调试程序和可供发布产品的发布程序。典型的集成程序开发环境有 Microsoft Visual Studio、Eclipse、PyCharm 等。
- 测试工具：用于测试阶段的工具。软件的测试包含很多方面，从不同的角度有不同的划分，如单元测试、集成测试、功能测试、性能测试、安全测试等。不同的测试的关注点不同，因而测试工具也有很多种，不同的测试工具实现的测试功能不同。例如，常用的功能测试工具有 WinRunner，性能测试工具有 LoadRunner、

WebLOAD、JMeter 等，单元测试工具有 Junit、NUnit、PyTest 等，接口测试工具有 JMeter 等。

（2）软件维护工具

软件维护的主要任务是在软件产品投入运行以后，纠正软件开发过程中未发现的错误，改进和完善软件的功能和性能，以适应用户新的需求，延长软件产品的使用寿命。这一阶段的软件工具包括版本控制工具、文档管理工具、逆向工程工具和再工程工具。

- 版本控制工具：用于存储、更新、恢复和管理某个软件的多个版本。常用的版本控制管理工具有 Visual SourceSafe（VSS）、git、SVN、PingCode、ONES 等。
- 文档管理工具：用于对软件过程中形成的文档进行分析、组织、维护和管理，这对提高软件的质量和软件维护具有重要的意义。常用的文档管理工具软件有 Confluence、ONES Wiki 等。
- 逆向工程工具：软件的逆向工程是指对已有的软件进行分析，获取比源代码更高级的表现形式，如提取出数据结构、体系结构、程序总体设计等各种有用的软件开发信息。早期的逆向工程工具有反汇编工具、反编译工具等。现在的逆向工程工具能够分析出高级程序设计语言的源程序，恢复程序的控制结构、流程图、PAD 图等更高级的抽象信息，为软件的理解和维护提供方便。常用的逆向工程工具有 IDA Pro。
- 再工程工具：软件的再工程是指在通过逆向工程获得软件设计等信息的基础上，利用这些信息修改或重构软件系统，增加新的功能和改进性能。再工程工具可以用来辅助软件开发人员重构一个功能和性能更为完善的软件系统。再工程工具的使用主要集中在代码重构、程序结构重构和数据结构重构等方面。

（3）软件管理和支持工具

软件产品管理与支持工具用于确保软件产品的质量和软件产品的开发效率，这类工具主要包括项目管理工具、配置管理工具、软件评价工具和风险分析工具。

- 项目管理工具：辅助软件管理人员进行项目计划、成本估算、资源分配、质量监控等。常用的项目管理工具有 MS Project、ONES、PingCode 等。
- 配置管理工具：对软件配置项进行标识、版本控制、变化控制的工具。常用的配置管理工具有 Visual SourceSafe、Git、SVN 等。
- 软件评价工具：对软件质量进行评价的工具。如 ISO 软件质量度量模型、McCall 软件度量模型等。
- 风险分析工具：风险管理对于一个大型项目是极为重要的。风险分析工具可以通过提供风险标示和分析，使项目管理者能有效地对软件开发过程中出现的风险进行控制和规避。

2. 集成化开发环境

现在的软件开发工具往往不是单一功能的，而是按照一定的开发模式或者开发方法组织起来、在一定的领域内使用的一个辅助软件开发的工具集合，这个工具集合就是“集成

化开发环境”。例如，Microsoft Visual Studio、Eclipse、PyCharm 等都是编程人员熟悉的集成开发环境。集成化开发环境也有一些不同的叫法，如“工具箱”“工具盒”“软件支撑环境”“软件工程环境”等，这些指的都是集成化开发环境。

软件工程工具和软件工程的理论是相辅相成的，正确地使用这些工具，需要掌握软件工程的基本概念、原理、方法和技术。利用这些工具辅助软件开发，将提高软件开发的效率和质量，同时也会让使用者加深对软件工程的概念、原理、方法和技术的认识。

习题 1

一、填空题

1. 软件工程是一门________学科，其知识结构主要有________、________、________。
2. 软件开发模型有多种，常用的有________、________、________、________和________。
3. 软件开发工具按软件开发阶段可分为________、________、________和________四类。

二、选择题

1. 软件是一种__________产品。
   A. 物质　　B. 逻辑　　C. 工具　　D. 文档
2. 软件工程是一门________学科。
   A. 理论性　　B. 原理性　　C. 工程性　　D. 心理性
3. 软件工程着重于________。
   A. 理论研究　　B. 原理探讨　　C. 建造软件系统　　D. 原理的理论
4. 软件危机的主要表现之一是________。
   A. 软件成本太高　　B. 软件产品的质量低劣
   C. 软件开发中人员明显不足　　D. 软件生产率低下
5. 适用于企业内部大型软件开发方法的主要工作模型有________。
   A. 螺旋模型　　B. 循环模型　　C. 瀑布模型　　D. 专家模型
6. 准确地解决“软件系统必须做什么”是________阶段的任务。
   A. 可行性研究　　B. 需求分析　　C. 详细设计　　D. 编码
7. 软件生存周期中时间最长的是________阶段。
   A. 需求分析　　B. 系统设计　　C. 测试　　D. 维护
8. 下列不属于软件开发工具的是________。
   A. 分析工具　　B. 设计工具　　C. 编码工具　　D. 项目管理工具
9. 下列描述中正确的是________。
   A. 软件工程只是解决软件项目的问题
   B. 软件工程主要解决软件产品的生产率问题
   C. 软件工程的主要思想是强调在软件开发过程中需要运用工程化的原则
   D. 软件工程主要解决软件开发中的技术问题

10. 下列描述中正确的是________。

A. 程序就是软件　　B. 软件开发不受计算机系统的限制

C. 软件既是逻辑实体，又是物理实体　　D. 软件是程序、数据与相关文档的集合

三、简答题

1. 软件危机产生的原因是什么？
2. 软件工程的目标和内容是什么？
3. 软件生存周期有哪几个阶段？
4. 软件生存周期模型有哪些主要模型？
5. 常见的软件过程模型有哪几种，各种模型都有什么特点？
6. 软件开发方法主要有哪几种？
7. 软件工具分为哪几类？软件开发工具分为哪几类？

模块 2

软件可行性分析与需求分析

学习目标

❖ 理解可行性分析的意义和任务，掌握可行性分析的要素和过程，了解软件工程与社会可持续发展的关系。
❖ 理解需求分析的概念，掌握需求分析的内容、任务、过程和模型。
❖ 掌握结构化分析方法、数据流图和数据字典的设计方法。
❖ 了解基于数学模型方法正确表达软件工程问题的方法。

即刻学习
○配套学习资料
○软件工程导论
○技术学练精讲
○软件测试专讲

2.1 项目可行性分析

问题被提出之后，首先要解决的是这个问题是否值得去解决，有没有可行的解决方案，这就是可行性分析要做的事情。可行性分析也称可行性研究，其目的是用尽可能小的代价在尽可能短的时间内确定问题是否能够解决，以及是否值得去解决。它通常是所有工程项目在开始阶段必须进行的一项工作。

2.1.1 可行性分析的意义和任务

软件工程中的可行性分析是指在软件开发之前对项目的可行性进行评估，以确定项目是否值得投资时间和资源去开发。可行性分析是软件工程中的一个重要环节，它通常在项目启动初期进行，目的是评估项目是否可行，是否能够满足预期的目标和需求，分析后得出项目是否可行的结论。

可行性分析的结论一般有以下三种：

- 可行，建议项目可以继续进入下一阶段（如需求分析或设计阶段）。
- 基本可行，对项目要求和方案做必要修改后是可行的。
- 不可行，不立项或终止项目。

可行性分析这一阶段的分析结果将是决策的依据，将决定项目是否继续进行，或者是否需要调整项目的范围、目标或者方案。通过可行性分析，可以在项目早期就识别潜在的风险和问题，从而避免在后期投入更多资源后才发现项目不可行而造成的比较大的损失。如果不做充分的可行性分析，可能会严重影响以后各阶段的工作，导致花费更多的时间、资源、人力和经费，甚至使得整个系统以失败告终。因此，可以说可行性分析决定了整个软件系统是否能朝着正确的方向推进。

可行性分析的本质是解决“做还是不做”的问题，也就是对“实施与否”做出理性且科学的决策。它的核心目标是在尽可能短的时间内以尽可能小的成本精准判断问题能否得到有效解决。值得注意的是，此阶段并不追求直接解决问题，而是评估该问题是否值得去解决。因此，在特定条件下，必须审视预设的系统目标和规模是否切实可达，对比项目的预期经济效益与所需投资，倘若成本效益比过高，则应审慎考虑终止投资，转而寻求其他更具可行性的替代方案或者终止项目。

2.1.2 可行性分析的要素

在做可行性分析时既不能以偏概全，也不可能什么细节都要加以考虑，而是通过可行性分析为决策提供有价值的依据。一般地，软件工程领域的可行性分析主要考虑 4 个要

素：经济、技术、社会环境和操作。

1. 经济可行性

经济可行性主要是通过对项目开发成本的估算和取得效益的评估，确定要开发的项目是否值得投资开发。经济可行性分析是可行性分析中的一个重要组成部分，它主要关注项目的经济效益和成本效率，目的是评估项目在整个生命周期内（包括开发、实施和维护阶段）的财务状况是否合理。

经济可行性分析通常涉及以下几个关键方面：

- 成本估计：估算项目的总成本，包括开发成本、运营成本、维护成本以及可能的风险成本等。
- 收益预测：预测项目实施后能够带来的收益，包括直接收益（如销售收入）和间接收益（如提高效率、降低其他成本）两种。
- 投资回报率：即计算项目带来的收益与项目成本之间的比率，以评估项目的盈利能力。
- 风险评估：分析可能的风险因素及其对成本和收益的影响，包括市场风险、技术风险、法律风险等。
- 财务分析：包括现金流量分析、净现值分析和盈亏平衡点分析等，以评估项目的财务可行性。其中，盈亏平衡点分析很关键。

通过经济可行性分析，可以确定项目是否具有经济效益，是否值得投资。如果分析结果显示项目的经济效益不佳或风险过高，则可能需要重新考虑项目的可行性或调整项目计划。经济可行性分析有助于确保项目在经济上是合理的，从而提高项目成功的可能性。

需要注意的是，在进行成本－收益分析时不应忽视间接收益，有些软件可能投入大于直接收益，但是给企业带来的间接收益很大，那么这类软件也是值得立项开发的。

2. 技术可行性

技术可行性是指通过评估现有的技术条件、技术水平、开发工具、人员能力等因素，判断在给定的时间内解决软件问题的可能性和现实性。

技术可行性是可行性分析的关键组成部分，它主要关注项目是否具有可实施的技术方案，以及当前技术是否能够支持项目的开发和实现。在进行技术分析时，有以下几方面的问题需要引起注意。

（1）全面考虑技术问题

软件开发过程涉及多方面的技术，如软件开发方法、软件平台、网络结构、软件结构、输入输出技术等，应全面、客观地分析软件开发所涉及的技术以及这些技术的成熟度和实现可能。如果在项目开发过程中遇到难以克服的技术问题，就会给项目带来很大的麻烦：轻则拖延进度，重则导致项目不能完成。

（2）尽可能采用成熟的技术

成熟技术是被多人用过并被反复证明行之有效的技术，因此采用成熟技术一般具有较高的成功率。另外，成熟技术经过长时间、大范围的使用、补充和优化，其精细程度、优化程度、可操作性、经济性一般都要比新技术好。基于以上原因，在软件开发过程中，在可以满足系统开发需要、能够适应系统发展、保证开发成本的条件下，应该尽量采用成熟的技术。

（3）着眼于具体的开发环境和开发人员

尽管许多技术总体上是成熟和可行的，但是如果自己的开发队伍中没有人掌握这种技术，项目组又没有引进具备这种技术的人员，或者现有的技术人员的技术水平不足以支撑采用这种技术，那么这种技术对系统的开发来说就是不可行的。

技术可行性分析可以简单地表述为：做得了吗？做得好吗？技术可行性分析的目标是确认在技术层面上实施项目是切实可行的，不会遇到无法克服的技术障碍。如果分析结果显示项目存在严重的技术障碍或风险，就需要重新考虑项目的可行性或调整项目计划。技术可行性分析有助于提高项目成功的可能性。

3. 社会可行性

社会可行性包含的内容比较广泛，它需要从市场、法律、健康、安全、环境以及经济和社会可持续发展等社会因素分析软件开发的可能性和现实性。社会可行性分析中包含两个重要的因素：市场与法律。

市场又分为未成熟的市场、成熟的市场和将要消亡的市场。涉足未成熟的市场要冒很大的风险，要尽可能准确地估计潜在的市场有多大，自己能占多少份额，多长时间能实现，最终的报偿是否能表明所冒的开发风险是值得的。对于成熟的市场，虽然风险不高，但能创造的利润也将比较少。

在法律方面需要考虑的是，软件的开发和配置是否会有违法的责任风险？对责任问题是否给了足够的保护？是否存在潜在的破坏性问题？对于这些方面的问题，必要时应咨询知识产权和相关方面的法律顾问，以免给企业带来不必要的损失。

4. 操作可行性

操作可行性需要评估系统的用户界面、功能设计、操作流程等是否符合用户的实际需求和操作习惯，并要考虑系统的运行环境、培训需求和日常维护等因素，以确保软件投入使用后能够顺利被用户接受和有效使用。

分析操作可行性必须立足于实际操作和使用软件系统的用户环境。通过对操作可行性的深入分析，可以帮助组织避免不必要的成本和风险，提高项目成功的概率，确保新系统能够有效地支持组织的业务流程和长期发展目标。

2.1.3 可行性分析的过程

在进行可行性分析时，如果遵循一定的研究过程，那么工作将会更加规范化、合理化。下面介绍一般可行性分析的过程。

1. 确定系统规模和目标

在这个过程中，分析员应该访问一些关键的人员，咨询一些相关业务方面的专家，并仔细阅读和分析相关的材料，然后进一步复查问题定义阶段编写的关于规模和目标的报告

书，确认系统的规模和目标（对其中含糊不清或不确切的地方加以改正），清晰地描述目标系统的所有限制和约束，以确保正在分析的问题确实是要解决的问题。

2. 研究目前正在使用的系统

研究目前正在使用的系统，对新系统的开发有很大的帮助。由于现有系统处于正在使用的状态中，分析它便可以知道它具有什么功能、存在什么问题、所需要的费用等，这些是新系统开发的重要信息来源。

如何研究现有系统呢？首先，分析员应该仔细阅读和分析现有系统的文档资料和使用手册，以便了解系统的基本功能和使用代价。接下来便是实地考察现有系统，并访问相关方面的人员，以了解系统的一些缺点和用户不满意的地方。然后，分析员应该画出描绘整个现有系统的高层系统流程图，这个高层系统流程图只要说明现有系统能做什么就行，而没有必要去描绘现有系统的实现细节。最后，请有关人员检验分析对现有系统的认识是否正确。如果系统流程出现不合理、烦琐的流程，可以考虑进行流程优化。

3. 导出新系统的高层逻辑模型

通过研究现有系统的工作，逐渐明确新系统的功能、处理流程以及所受的约束，然后使用建立逻辑模型的工具——数据流图和数据字典描述出数据在系统中的流动和处理情况，把新系统描绘得更加清晰准确。数据流图和数据字典共同定义了目标系统的逻辑模型。注意，这里只是概括地描述高层的数据处理和流动。

4. 重新定义问题

事实上，分析员提出的目标系统的逻辑模型表达了新系统必须做什么的看法，但用户的观点可能不一定与之相同。因此，分析员和用户必须以数据流图和数据字典为基础来讨论问题定义、工程规模和目标，以改正分析员对问题的误解，增加用户曾经遗漏的某些要求。

前面 4 个过程在可行性分析中构成了一个循环。首先，分析员进行相关问题的定义，分析问题，导出一个初步的解；然后再在此基础上复查问题定义，分析问题，修正解；如此循环直到提出的逻辑模型能完全满足系统的功能。

5. 导出和评价供选择的方案

经过上述几步后，分析员得出了其所建议的高层逻辑模型，接下来就应该从技术角度出发，提出实现高层逻辑模型的不同方案。也就是说，根据这个模型导出几个较高层次的物理解法（方案）供比较和选择。

当提出一些可能的方案之后，就要根据可行性分析的几个要素来对这些方案进行评价，摈弃那些不合实际的、费用过高的方案，同时推荐一个最佳的方案，并为这个方案制定一个实现进度表。

6. 推荐行动方针

在这一步中，分析员应该根据可行性分析的结果来评估是否继续进行这项工程的开发。如果认为这项工程值得继续开发，那么分析员应该选择一个最好的方案，并详细地阐述选择这个方案的理由。分析员的建议及其所阐述的理由会成为使用部门决定是否采用这一方案的决策依据。

7. 草拟开发计划

如果分析员推荐了行动方针，使用部门也决定开发该系统，那么接下来分析员就应该为推荐的方案草拟一份开发计划。草拟开发计划需要估计各种开发人员、开发资源和开发资金的需求情况，在开发计划中指明它们在什么时候使用，使用多长时间以及各种情况下的需要量；同时给出需求分析阶段的详细进度表和成本估计。开发计划应该尽可能详细，并尽量多地考虑实际中可能遇到的情况，如果条件允许还可以在计划中给出一个应急方案。

8. 编写文档提交审查

将上述可行性分析的各个步骤的工作结果编写成详细的文档，请用户和有关部门的负责人仔细核对和审查，以决定是否继续投资该工程以及是否接受分析员所推荐的方案。当审查完毕后就完成了整个可行性分析。如果不能接受分析员所推荐的方案，那么分析员必须再根据其具体审查意见重新对该工程进行可行性研究；如果决定开发该项目，就进入下一阶段——需求分析阶段。

2.1.4 系统流程图与工作流程

在进行可行性分析过程中，分析员首先要了解原有系统的工作流程，或是企业的手工工作流程，通过对流程的了解，为新系统确定要实现的功能奠定基础，然后要以概括的形式描述现有系统的高层逻辑模型。系统流程图是描绘物理模型的传统工具，它用图形符号来表示系统中的各个元素，如人工处理、数据处理、数据库、文件、设备等，并表达出系统中各个元素之间信息流动的情况。

1. 系统流程图的符号

系统流程图的符号如表 2-1 所示。

表 2-1 系统流程图符号

符号	名　称	说　明
	处理	能改变数据值或数据位置的加工或部件，如程序、处理机等
	输入 / 输出	表示输入或输出，或既输入又输出，是广义的不指明具体设备的符号
	连接	指转出到图的另一部分或从图的另一部分转来，通常在同一页上
	换页连接	指转出到另一页图上或从另一页图转来
	手动操作	由人工完成的处理
	数据流	用来连接其他符号，指明数据流动方向
	磁盘	磁盘输入输出，也可表示存储在磁盘上的文件或数据库

（续表）

符号	名　称	说　明
	文档	通常表示单个文档
	多文档	表示多个文档
	显示	显示终端或类似的显示部件，可用于输入或输出，也可既输入又输出

2. 系统流程图分析实例

下面以图书馆的借书流程为例，说明系统流程图的使用方法。

某图书馆借书流程如下：首先读者要出示证件，验明证件后才能进入图书馆；读者在查询室内通过借阅卡或利用终端检索图书数据库来查找自己所需的图书，找到所需图书并填好索书单后到服务台借书；如果所借图书还有剩余，管理员根据填好的借书单从库房中取出图书交与读者。图书馆借书系统流程图如图 2-1 所示。

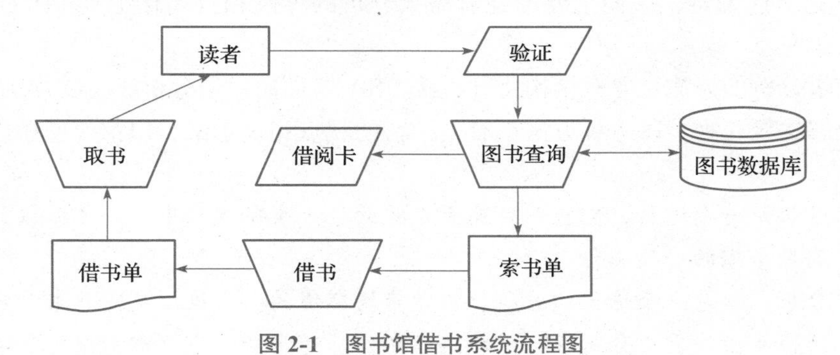

图 2-1　图书馆借书系统流程图

系统流程图描述的是系统的概貌，表达的是数据在系统各部件间的流动情况，而不是对数据进行加工处理的控制过程。因此，尽管系统流程图的某些符号与程序流程图的符号形式相同，但是它是物理的数据流图，而不是程序流程图。

2.2 需求分析

需求分析是软件开发过程开始阶段的一项至关重要的工作，它为后续的开发活动提供基础。需求分析是一个过程，涉及的内容和方法不少，本节介绍需求分析的相关知识。

2.2.1 需求分析的概念

需求分析是指开发人员准确理解用户的要求，进行细致的调查分析，并将用户非形式的需求陈述转化为完整的需求定义，再由需求定义转换到相应的形式功能规约（需求规格说明）的过程。

需求分析虽处于软件开发过程的开始阶段，但它对于整个软件开发过程以及软件产品质量是至关重要的。在计算机发展的早期，所求解问题的规模较小，需求分析因此常被忽视。随着软件系统复杂性的提高及规模的扩大，需求分析在软件开发中所处的地位愈加突出，同时也愈加困难，它的难点主要体现在以下几个方面：

- 问题的复杂性。这是由于用户需求所涉及的因素繁多而引起的，如运行环境和系统功能等。
- 交流障碍。这是由于需求分析所涉及人员较多而引起的，所涉及的人员可能包括软件系统的用户、问题领域专家、需求工程师和项目管理员等。这些人具备不同的背景知识，处于不同的角度，扮演不同角色，造成了相互之间交流的困难。
- 不完备性和不一致性。由于各种原因，用户对问题的陈述往往不完备，其各方面的需求还可能存在着矛盾，需求分析要消除这些矛盾，形成完备及一致的定义。
- 需求易变性。用户需求的变动是一个极为普遍的问题，即使是部分变动，也往往会影响到需求分析的全部，导致不一致性和不完备性。

为了克服上述困难，人们主要围绕着需求分析的方法和自动化工具（如 CASE 技术）等方面进行研究。

软件需求分析的方法主要有结构化分析法（SA）、面向对象分析法（OOA）、信息建模法和功能分解法等几种，每一种方法都有其独特的观点和表示法，但都应遵循以下一些基本原则：

- 需求分析是一个过程，它应该贯穿于系统的整个生命周期中，而不是仅仅属于软件生命周期早期的一项工作。
- 需要分析应该是一个迭代的过程。由于市场环境的易变性以及用户本身对于新系统要求的模糊性，需求分析往往很难一步到位。通常情况下，需求是随着项目的深入而不断变化的，因此，需求分析的过程应该是一个迭代的过程。
- 必须能够表达和理解问题的信息域，信息域包括数据域和功能域。数据域包括数据流（即数据通过一个系统时的变化方式）、数据内容和数据结构，而功能域反映上述三方面的控制信息。
- 一个复杂的问题可以按功能进行分解并可逐层细化。通常，软件要处理的问题如果太大、太复杂就很难理解，需要划分成几部分，并确定各部分间的接口，以完成整体功能。在需求分析过程中，软件领域中的数据、功能、行为都可以划分。
- 建立系统模型。基于对信息域的理解，接下来建立一个描述系统信息、功能和行为的模型。该模型应清楚地表示系统组件之间的相互作用和关系，帮助分析人员更好地理解软件系统的信息、功能、行为，该模型也是软件设计的基础，可以帮助开发团队深化对实际问题的理解。此阶段使用的模型通常包括用例图、活动图等，它们可以将需求从文字转化为具体的可视化表达。
- 需求的表述应该具体、清晰，并且是可测量的、可实现的，最好能够对需求进行适当的量化，如系统的响应时间应低于 0.5 s 等。

2.2.2 需求分析的内容

为了确保软件开发项目能够满足用户的期望，需求分析过程中必须针对待开发软件提出完整、清晰、具体的要求，确定软件必须实现哪些任务，这就是需求分析的内容。具体包括功能性需求、非功能性需求与设计约束三方面。

1. 功能性需求

功能性需求是需求分析的核心内容之一，它主要描述软件需要完成哪些具体的任务，提供什么样的功能以及如何与用户或其他系统交互等。通过详细地定义这些功能，开发团队可以清楚地理解软件应该实现的具体任务。在某些情况下，功能需求还必须明确系统不应该做什么，这取决于开发的软件类型及用户要求。例如，一个在线购物平台通常具备用户登录、商品浏览、购物车管理、订单处理等功能。

2. 非功能性需求

非功能性需求也是需求分析的重要组成部分，这些需求不直接描述系统的特定功能，而是涉及系统在运行时需要满足的各种条件和约束。常见的非功能性需求包括性能需求（如响应时间、吞吐量等）、安全需求（数据加密、用户认证等）、可用性需求（错误恢复、用户友好界面设计等）以及兼容性和可扩展性需求等。这些需求确保了软件在实际使用中不仅能有效运行，还具备稳定、安全、易于维护的特性。

3. 设计约束

设计约束也称作设计限制条件，通常是对一些设计或实现方案的约束说明，它也是需求分析中必须考虑的另一个重要方面。例如，要求待开发软件必须使用 Oracle 数据库，必须基于 Linux 环境运行等，这些通常是对软件实现方式的具体限制，明确这些设计约束有助于开发团队在后续的设计和实现过程中做出合理的技术选择，避免在项目后期出现不必要的返工和调整。常见的一些设计约束包括使用特定的硬件平台、操作系统、编程语言或第三方服务等。

需求分析的内容涵盖了软件的功能性需求、非功能性需求和设计约束，通过详尽、准确的需求分析，开发团队可以有效地规避项目风险，提高开发效率，最终交付出符合用户期望和市场要求的高质量软件产品。

2.2.3 需求分析的任务

需求分析的基本任务是要准确地定义新系统的目标，明确系统必须“做什么”才能满足用户需要。在可行性研究和软件计划阶段对这个问题的回答是概括的、粗略的。此阶段需要进行以下几个方面的工作。

1. 问题识别

双方确定对问题的综合需求，这些需求主要包括：

① 功能需求：所开发软件必须具备什么样的功能，这是最重要的。

② 性能需求：待开发软件的技术性能指标，如存储容量、运行时间限制等。

③ 环境需求：软件运行时所需要的软件和硬件（如机型、外部设备、操作系统、数据库管理系统等）的要求。

④ 用户界面需求：人机交互方式、输入 / 输出数据格式等方面的需求。

另外，还有可靠性、安全性、保密性、可移植性、可维护性等方面的需求。这些需求一般通过双方交流、调查研究来获取，并达到共同的理解。

2. 分析与综合，导出软件的逻辑模型

分析人员对获取的需求进行一致性分析检查，在分析、综合中逐步细化软件功能，并划分成若干个子功能。这里也包括对数据域进行分解，并分配到各个子功能上，以确定系统的构成和主要成分。然后用图文结合的形式，建立起新系统的逻辑模型。

3. 编写文档

需求分析阶段需编写若干文档，这些文档主要包括：

① 编写“需求规格说明”，把双方共同的理解与分析结果用规范的方式描述出来，作为今后各项工作的基础。

② 编写初步用户使用手册，着重反映被开发软件的用户功能界面和用户使用的具体要求，用户手册能够促使分析人员从用户使用的观点考虑软件的开发。、

③ 编写确认测试计划，作为今后确认和验收的依据。

④ 修改完善软件开发计划。在需求分析阶段对待开发的系统有了进一步的了解，因此能更准确地估计开发成本、进度和资源要求，对原计划进行适当修正。

软件需求分析是软件开发早期的一个重要阶段。它在问题定义和可行性研究阶段之后进行。需求分析的基本任务是软件人员和用户一起完全弄清用户对系统的确切要求，这是关系到软件开发成败的关键步骤，是整个系统开发的基础。软件需求分析阶段要求用需求规格说明表达用户对系统的要求。规格说明可用文字表示，也可用图形表示。软件需求规格说明一般含有以下内容：软件的目标、系统的数据描述、功能描述、有效性准则、资料目录、附录等。

2.2.4 需求分析的过程

需求分析是一个过程，为了准确、有效地获取需求，必须采取合理的需求分析步骤。一般来说，需求分析分为需求获取、分析建模、需求描述和需求验证 4 步。

1. 需求获取

需求获取就是收集并明确用户需求的过程，即开发方人员从功能、性能、界面和运行环境等多个方面识别目标系统要解决哪些问题、要满足哪些限制条件。这一步骤中需要与用户进行深入沟通，了解用户的业务流程、工作环境以及期望解决的问题等。常见的需求获取方法包括：

- 面谈：通过直接与用户或利益相关者交谈来收集信息。
- 收集资料：就是将用户日常业务中所用的计划、原始凭据、单据和报表等原始资料收集起来，以便对它们进行分类研究。
- 问卷调查：设计问卷发放给用户填写，以获取用户的反馈信息。
- 观察法：观察用户的工作环境和操作过程，发现潜在需求。
- 原型法：构建简单的工作模型展示给用户，根据用户的反馈调整模型，逐步明确需求。
- 研讨会：邀请用户、分析师等相关人员参与，共同讨论并确定需求。

需求获取工作量大，所涉及的过程、人员、数据、信息非常多。在需求获取的初期，用户提出的需求通常模糊且凌乱，不同用户的需求还有可能会发生冲突，这就需要分析人员仔细考虑并做出选择。需求获取的工作质量对整个软件系统开发的成败具有决定性的影响。

2. 分析建模

获得需求后，就应该对问题进行分析抽象，并在此基础上建立目标系统模型。模型就是为了理解事物而对事物做出的一种抽象，通常由一组符号和组织这些符号的规则组成。对待开发系统建立各种角度的模型，有助于人们更好地理解问题。通常，从不同角度描述或理解软件系统，就需要不同的模型。常用的建模方法有数据流图、实体联系图、状态转换图、控制流图、用例图、类图、对象图等。

3. 需求描述

需求描述指编制需求分析阶段的文档。一般情况下，对于复杂的软件系统，需求阶段会产生三个文档：系统定义文档（用户需求报告）、系统需求文档（系统需求规格说明）、软件需求文档（软件需求规格说明）。而对于简单的软件系统而言，需求阶段只需要编制软件需求文档就可以了。软件需求规格说明（software requirement specification, SRS）主要描述软件部分的需求，它从开发人员的角度对目标系统的业务模型、功能模型、数据模型、行为模型等内容进行描述，作为后续的软件设计和测试的重要依据。

需求阶段的输出文档应该具有清晰性、无二义性和准确性，并且能够全面地、确切地描述用户需求。

4. 需求验证

需求分析阶段的工作成果是后续软件开发的重要基础。为了提高软件开发的质量，降低软件开发的成本，必须对需求的正确性进行严格的验证，以确保需求的一致性、完整性、正确性和有效性。同时，需求验证也是确保需求变更可回溯的重要手段。需求验证的方法主要有以下几种。

- 同行评审：由项目团队成员互相审查需求文档。
- 专家评审：邀请领域内的专家对需求进行评审。
- 原型验证：构建系统原型让用户进行测试。
- 模拟测试：模拟实际应用场景进行测试。

在需求分析过程中，以上 4 个步骤是一个不断迭代的过程，只有需求分析全面、系统、准确无误，才能开发出令用户满意的系统。图 2-2 描述了需求分析过程中迭代优化的过程。

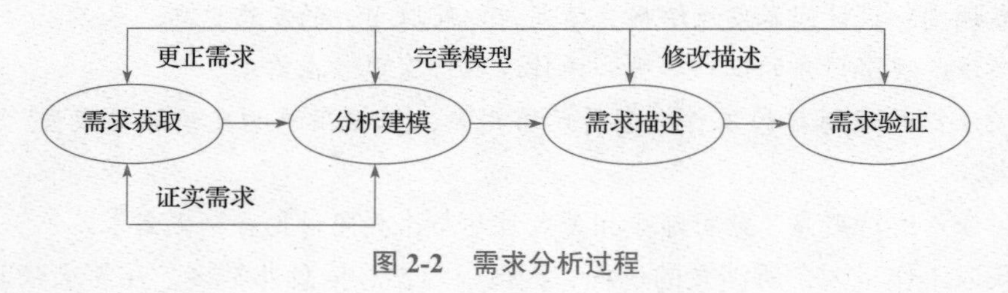

图 2-2　需求分析过程

2.2.5 需求分析模型

需求分析模型是准确地描述系统需求的图形化工具，在软件工程中扮演着至关重要的角色，它为开发者提供了一种系统地理解和表达用户需求的方法。

需求分析建模的方法包括结构化分析建模和面向对象分析建模，这两种建模方法如图 2-3 所示。

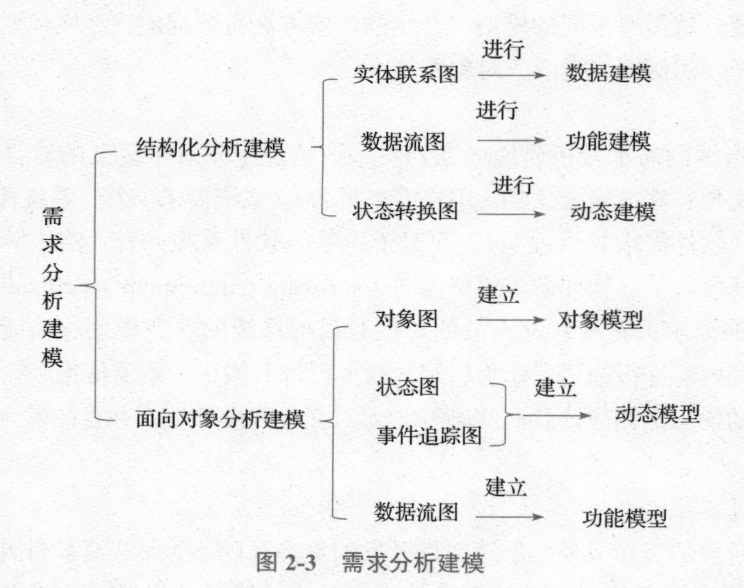

图 2-3　需求分析建模

结构化分析导出的模型包括数据模型、功能模型和行为模型。其中，数据模型描述系统工作前的数据来自何处，工作中的数据暂存在什么地方，工作后的数据放在何处，以及这些数据之间的关联，即对数据结构进行定义。功能模型描述系统能做什么，即对系统的功能、性能、接口和界面进行定义。行为模型描述系统在何时、何地、由何角色、按何种业务规则去实施，以及实施的步骤或流程，即对系统的操作流程进行定义。图 2-4 描述了结构化分析中各种模型之间的关系。

图 2-4　结构化分析模型图

由图 2-4 可见，结构化分析模型是以数据字典为核心描述软件中使用的所有对象的，围绕这个核心的是“实体联系图”“数据流图”和“状态转换图”，由这些图建模导出对应的“数据模型”“功能模型”和“行为模型”。

面向对象分析建模则侧重于理解问题域并从中抽象出对象模型，进而指导后续的设计和实现工作。面向对象分析强调从现实世界的角度出发，通过识别、分析对象（包括实体对象和服务对象）、属性以及对象之间的交互来描述系统的行为。这种分析方法的核心是识别和定义系统中的类及其属性、操作、关联和约束，从而形成对系统的抽象描述。

面向对象分析建模现在一般采用统一建模语言（unified modeling language, UML）来实现。UML 是一种基于面向对象、定义良好、易于表达、功能强大且普遍实用的建模语言。它用模型来描述系统的结构、静态特征及动态特征，从不同的视角为系统建模，形成了不同的视图（view）。OOA 中主要用到的模型有：对象模型、动态模型和功能模型，这三种模型分别关注系统的静态结构、动态行为及数据流变化等方面。

- 对象模型（object model）：主要描述系统的静态结构，如类和对象的组成、属性及其关系等，用来表示系统的静态视图。UML 中常用的类图就是表达对象模型的重要工具。
- 动态模型（dynamic model）：主要描述系统的动态行为，即系统随时间变化的行为，包括状态图、事件追踪（event trace）等，用于捕捉对象之间的消息交互、状态转换等内容。UML 中的状态图、顺序图等都属于动态模型的一部分，用来表示系统的动态视图。
- 功能模型（functional model）：主要描述系统的数据处理逻辑，即数据如何在系统中流动和变化。通过数据流图等方式来表达系统输入输出之间的一系列变换过程。在 UML 中通过用例图来描述系统与外部参与者之间的交互，用例图对应功能模型。

总之，采用不同的分析方式、不同的工具建模，所产生的模型会有所不同，但不管哪种方式，需求分析与建模的目的是相同的，都是为了提供一个全面的需求分析框架，确保软件能够满足用户的实际需求，提升开发效率和项目成功率。

2.3 数据流分析技术

数据流分析在需求分析阶段很关键，通过识别系统内数据流动的路径，可以帮助开发人员正确理解和实现系统的功能性需求，对后续整个软件的设计、开发和验证有至关重要的作用。下面详细介绍数据流分析的方法、工具及数据流图、数据字典等知识。

2.3.1 分析方法

1. 结构化分析方法

结构化分析（structured analysis）方法简称SA方法，是一种面向数据流的需求分析方法，适用于分析大型数据处理系统，是一种被广泛使用的简单又实用的方法。结构化分析方法的基本思想是自顶向下逐层分解。

面对一个复杂的问题，分析人员不可能一开始就考虑到问题的所有方面以及全部细节，往往采取分解的策略，把一个复杂的问题划分成若干小问题，然后再分别解决，从而将问题的复杂性降低到可以掌握的程度。分解可分层进行，先考虑问题最本质的方面，忽略细节，形成问题的高层概念；然后再逐层添加细节，在分层过程中采用不同程度的“抽象”级别，最高层的问题最抽象，而低层的问题则较为具体。图2-5为对一个问题的自顶向下逐层分解的示意图。

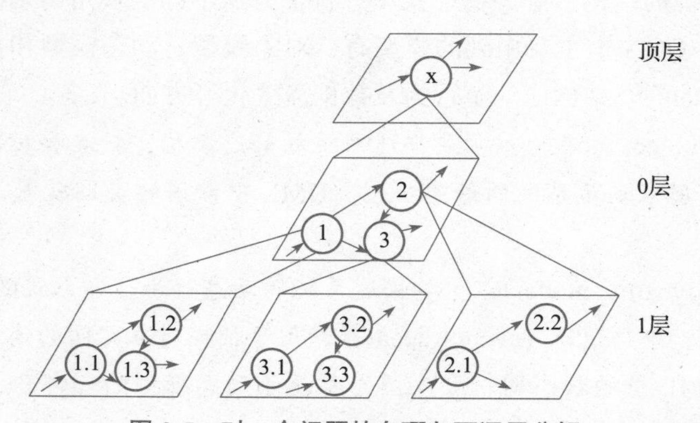

图 2-5　对一个问题的自顶向下逐层分解

顶层的系统X很复杂，可以把它分解为0层的1、2、3三个子系统，若0层的子系统仍很复杂，可以再分解为下一层的子系统，如子系统1分解为1.1、1.2、1.3，子系统2分解为2.1、2.2，子系统3分解为3.1、3.2、3.3。若1层的子系统还比较复杂，可继续分解，直到子系统都能被清楚地理解为止。

图 2-5 的顶层抽象地描述了整个系统，底层具体地画出了系统的每一个细节，而中间层是从抽象到具体的逐步过渡，这种层次分解使分析人员分析问题时不至于一下子陷入细节，而是逐步地去了解更多的细节。在顶层只考虑系统外部的输入和输出，而其他各层反映系统内部情况。依照这个策略，对于任何复杂的系统，分析工作都可以有条不紊地进行。

尽管目前存在许多不同的结构化分析方法，但大都遵守下述准则：

- 必须理解和表示问题的信息域，根据这条准则应该建立数据模型。
- 必须定义软件应完成的功能，这条准则要求建立功能模型。
- 必须表示作为外部事件结果的软件行为，这条准则要求建立行为模型。
- 必须对描述信息、功能和行为的模型进行分解，用层次的方式展示细节。
- 分析过程应该从要素信息移向实现细节。

2. 描述工具

SA 方法利用图形等半形式化的描述方式表达需求，简明易懂，可用它们形成需求说明中的主要部分。这些描述工具有：

- 数据流图。
- 数据字典。
- 描述加工逻辑的结构化语言、判定表、判定树。

其中，“数据流图”描述系统的分解，即描述系统由哪几部分组成，各部分之间有什么联系等；“数据字典”定义了数据流图中每一个图形元素；结构化语言、判定表和判定树则详细描述数据流图中不能被再分解的每一个加工。

2.3.2 数据流图

1. 数据流图简述及其基本符号

数据流图（dataflow diagram, DFD）是 SA 方法中用于表示系统逻辑模型的一种工具。它以图形的方式描绘数据在系统中流动和处理的过程，由于只反映系统必须完成的逻辑功能，所以它是一种功能模型。

例如，图 2-6 是一个飞机机票预订系统的数据流图，它反映的功能是：旅行社把预订机票的旅客信息（姓名、年龄、单位、身份证号码、旅行时间、目的地等）输入机票预订系统，系统为旅客安排航班，打印出取票通知单（附有应交的账款）。旅客在飞机起飞的前一天凭取票通知等交款取票，系统检验无误，输出机票给旅客。

数据流图有以下 4 种基本图形符号：

→：箭头，表示数据流。

⬭：圆或椭圆，表示加工。

═：双杠，表示数据存储。

□：方框，表示数据的源点或终点。

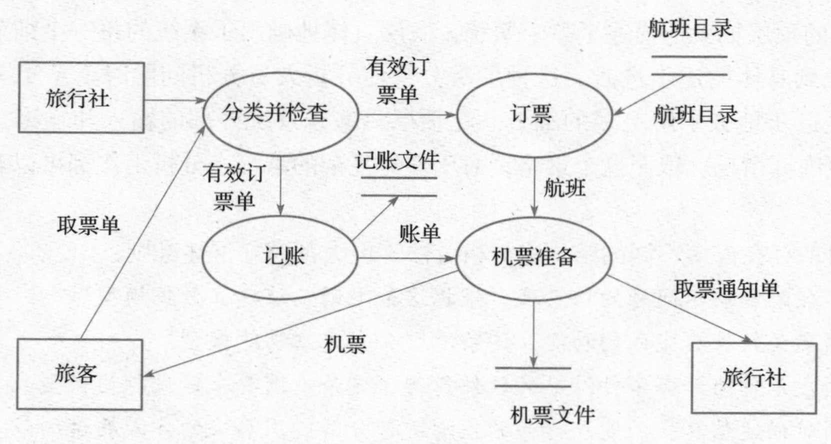

图 2-6　飞机机票预订系统

（1）数据流

数据流是数据在系统内传播的路径，由一组成分固定的数据项组成，如订票单由旅客姓名、年龄、单位、身份证号、日期、目的地等数据项组成。由于数据流是流动中的数据，所以必须有流向，在加工之间、加工与源点或终点之间、加工与数据存储之间流动。除了与数据存储之间的数据流不用命名外，数据流还应用名词或名词短语命名。

（2）加工（也称数据处理）

加工是对数据流进行某些操作或变换。每个加工要有名字，通常是动词短语，简明地描述完成什么加工。在分层的数据流图中，加工还应编号。

（3）数据存储（也称文件）

数据存储是指暂时保存的数据，可以是数据库文件或任何形式的数据组织。流向数据存储的数据流可理解为写入文件或查询文件，从数据存储流出的数据可理解为从文件读数据或得到查询结果。

（4）数据源点或终点

数据源点或终点是指软件系统外部环境中的实体（包括人员、组织或其他软件系统），统称为外部实体。它是为了帮助理解系统接口界面而引入的，一般只出现在数据流图的顶层图中。

有时为了增加数据流图的清晰性，防止数据流的箭头线太长，在一张图上可重复画同名的源点或终点（如某个外部实体既是源点也是终点的情况），在方框的右下角加斜线则表示是一个实体。有时数据存储也需重复标识。

2. 画数据流图的步骤

为了表达较为复杂问题的数据处理过程，用一张数据流图是不够的。应按照问题的层次结构进行逐步分解，并以一套分层的数据流图反映这种结构关系。

（1）画系统的输入输出，即先画顶层数据流图。顶层流图只包含一个加工，用以表示被开发的系统，然后考虑该系统有哪些输入数据，这些输入数据从哪里来；有哪些输出数据，输出到哪里去。这样就定义了系统的输入、输出数据流。顶层图的作用在于表明待开发系统的范围以及它和周围环境的数据交换关系。顶层图只有一张。图 2-7 为飞机机票预

订系统的顶层图。

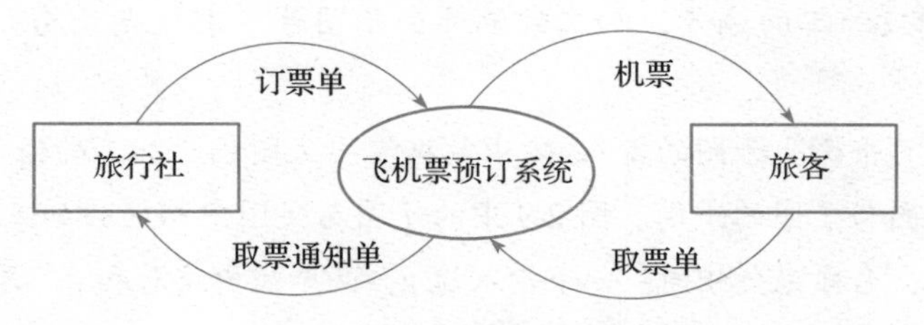

图 2-7　飞机机票预订系统的顶层图

（2）画系统内部，即画下层数据流图。一般将层号从 0 开始编号，采用自顶向下、由外向内的原则。画 0 层数据流图时，一般根据当前系统工作分组情况，并按新系统应有的外部功能，分解顶层数据流图的系统为若干子系统间的数据接口和活动关系。例如，机票预订系统按功能可分成两部分：一部分为旅行社预订机票，另一部分为旅客取票。这两部分通过机票文件的数据存储联系起来，0 层数据流图如图 2-8 所示。画更下层数据流图时，需分解上层图中的加工，一般沿着输入流的方向，凡数据流通渠道的组成或值发生变化的地方则设置一个加工，这样一直进行到输出数据流（也可沿输出流到输入流方向画）。如果加工的内部还有数据流，那么此加工在下层图中继续分解，直到每一个加工足够简单，不能再分解为止。不能再分解的加工称为基本加工。

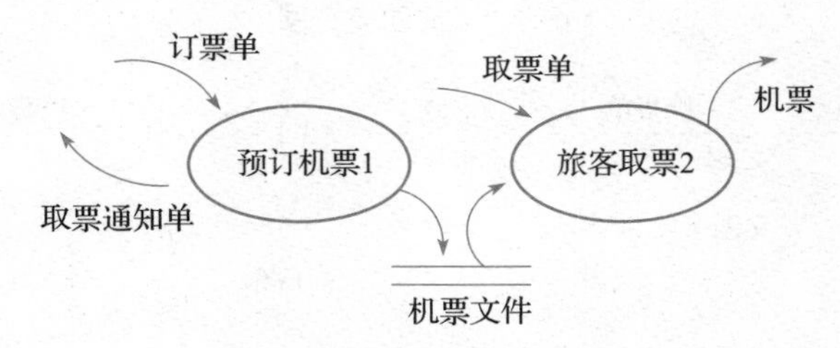

图 2-8　飞机机票预订系统 0 层数据流图

3. 画数据流图的注意事项

- 命名。不论是数据流、数据存储还是加工，合适的命名使人们易于理解其含义。数据流的名字代表整个数据流的内容，而不仅仅是它的某些成分，不使用缺乏具体含义的名字，如“数据”“信息”等；数据流的名字还应反映整个处理的功能，一般也不使用“处理”“操作”这些笼统的词。
- 箭头上的数据流名称只能用名词或名词短语。数据流图反映的是系统“做什么”，并不反映“如何做”。另外，整个图中也不反映加工的执行顺序。
- 一般不画物质流。数据流反映能用计算机处理的数据，而不是实物，因此对目标系统的数据流图一般不画物质流。
- 每个加工至少有一个输入数据流和一个输出数据流，反映出此加工数据的来源与加工的结果。
- 编号。如果一张数据流图中的某个加工分解成另一张数据流图时，那么上层图为父图，直接下层图为子图。子图应编号，子图上的所有加工也应编号，子图的编号就是父图中相应加工的编号，加工的编号由子图号、小数点及局部号组成，如图 2-9 所示。

- 父图与子图的平衡。子图的输入/输出数据流同父图相应加工的输入/输出数据必须一致，此即父图与子图的平衡。图 2-9 中的子图与父图中相应的加工 2.1 的输入/输出数据流的数目、名称完全相同：一个输入流 a，两个输出流 b 和 c。再看图 2-10，好像父图与子图不平衡，因为父图中加工 4 与子图 4 中输入/输出数据流数目不相等，但是借助于数据字典中数据流的描述可知，父图的数据流“订货单”由“客户”“账号”“数量”三部分数据组成，即子图 4 是由父图中加工、数据流同时分解而来，因此这两张图也是平衡的。

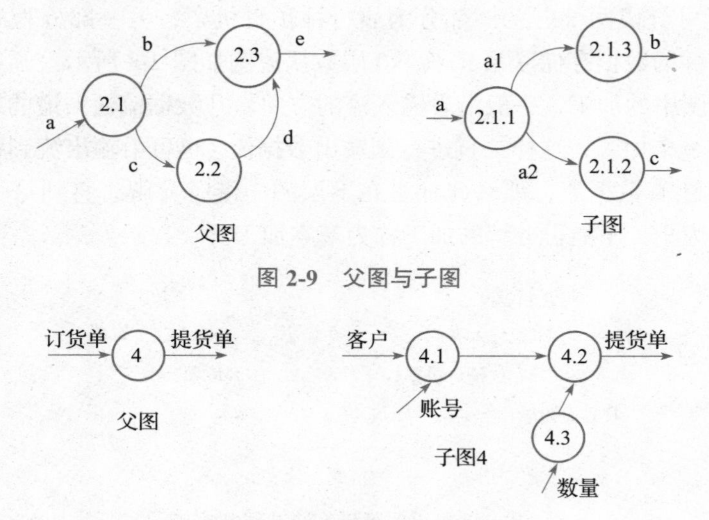

图 2-9　父图与子图

图 2-10　父图与子图的平衡

有时考虑平衡可忽略一些枝节性的数据流，如出错处理。父图与子图的平衡，是分层数据流图中的重要性质，它保证了数据流图的一致性，便于分析人员的阅读与理解。

- 局部数据存储。当某层数据流图中的数据存储不是图中相应加工的外部接口，而只是本图中某些加工之间的数据接口，则称这些数据存储为局部数据存储。一个局部数据存储只要当它作为某些加工的数据接口或某个加工特定的输入或输出时，就把它画出来，否则不必画出，这样有助于实现信息隐蔽。
- 提高数据流图的易理解性。注意合理分解，要把一个加工分解成几个功能相对独立的子加工，这样可以减少加工之间输入/输出数据流的数目，增加数据流图的可理解性。分解时要注意子加工的独立性，还应注意均匀性，特别是画上层数据流时，要注意将一个问题划分成几个大小接近的组成部分，这样做便于理解。在一张数据流图中，如果某些加工已是基本加工，就不需要再分解了。

2.3.3 数据字典

数据流图仅描述了系统的“分解”情况，说明系统由哪几部分组成以及各部分之间的联系，并没有对各个数据流、加工、数据存储进行详细说明，如数据流、数据存储的名字并不能反映其中的数据成分、数据项目内容和数据特性，在加工中不能反映处理过程等。分析人员仅靠“图”来完整地理解一个系统的逻辑功能是不可能的。数据字典（data dictionary, DD）是用来定义数据流图中的各个成分的具体含义，并以一种准确的、无二义性的说明方式为系统的分析、设计及维护提供有关元素一致的定义和详细的描述。它和数据流图共同构成了系统的逻辑模型，是需求规格说明的主要组成部分。

1. 数据字典的内容及格式

数据字典可帮助分析人员查找数据流图中有关名字的详细定义，它像普通字典一样，要把所有条目按一定的次序排列起来，以便查阅。数据字典有以下 4 类条目：数据流、数据存储、数据项、加工。数据项是组成数据流和数据存储的最小元素。源点、终点不在系统之内，故一般不在数据字典中说明。

（1）数据流条目

数据流条目给出了 DFD 中数据流的定义，通常列出该数据流的各组成数据项。在定义数据流或数据存储组成时，使用表 2-2 给出的符号。下面给出几个定义数据流组成及数据项的例子：

机票 = 姓名 + 日期 + 航班号 + 起点 + 终点 + 费用

姓名 = $\{字母\}_{2}^{18}$

航班号 = “Y7100” .. “Y8100”

终点 = [上海 | 北京 | 西安]

表 2-2　在数据字典的定义式中出现的符号

符号	含义	举例及说明
=	被定义为	—
+	与	$x=a+b$ 表示 x 由 a 和 b 组成
[… | …]	或	$x=[a\|b]$ 表示 x 由 a 或 b 组成
{ … }	重复	$x=\{a\}$ 表示 x 由 0 个或多个 a 组成
$m\{\cdots\}n$ 或 $\{\cdots\}_m^n$	重复	$x=2\{a\}5$ 或 $x=\{a\}_2^5$ 表示 x 中最少出现 2 次 a，最多出现 5 次 a。5、2 为重复次数的上、下限
(…)	可选	$x=(a)$ 表示 a 可在 x 中出现，也可不出现
“…”	基本数据元素	x=“a”，表示 x 是取值为字符 a 的数据元素
..	连接符	$x=1..9$，表示 x 可取 1 到 9 中任意一个值

数据流条目主要内容举例如下：

数据流名称：订单

别名：无

简述：顾客订货时填写的项目

来源：顾客

去向：加工 1“检验订单”

数据流量：1 000 份 / 每周

组成：编号 + 订货日期 + 顾客编号 + 地址 + 电话 + 银行账号 + 货物名称 + 规格 + 数量

其中，数据流量是指单位时间内（每小时、每天、每周或每月）的传输次数。

（2）数据存储条目

数据存储条目是对数据存储的定义，其主要内容举例如下：

数据存储名称：库存记录

别名：无

简述：存放库存所有可供货物的信息

组成：货物名称 + 编号 + 生产厂家 + 单价 + 库存量

组织方式：索引文件，以货物编号为关键字

查询要求：要求能立即查询

（3）数据项条目

数据项条目是不可再分解的数据单位，其定义格式举例如下：

数据项名称：货物编号

别名：G-No，G-num，Goods-No

简述：本公司的所有货物的编号

类型：字符串

长度：10

取值范围及含义：第 1 位：进口 / 国产

第 2 ～ 4 位：类别

第 5 ～ 7 位：规格

第 8 ～ 10 位：品名编号

（4）加工条目

加工条目用来说明 DFD 中基本加工的处理逻辑，由于下层的基本加工是由上层的加工分解而来，因此只要有了基本加工的说明就可理解其他加工。加工条目的主要内容举例如下：

加工名：查阅库存

编号：1.2

激发条件：接收到合格订单时

优先级：普通

输入：合格订单

输出：可供货订单、缺货订单

加工逻辑：根据库存记录

IF 订单项目的数量≤该项目库存量值

THEN 可供货处理

ELSE 此订单缺货，登录，待进货后再处理

ENDIF

加工条目中的加工逻辑主要描述该加工“做什么”，即实现加工的策略，而不是实现加工的细节，它描述如何把输入数据流变换为输出数据流的加工规则。为了使加工逻辑直观易读，易被用户理解，通常可用结构化语言、判定表、判定树等方法描述。

2. 数据字典的实现方式

数据字典主要用来定义系统中所有数据元素的具体含义、属性和约束条件。在不同的软件开发方法论和技术框架下，数据字典的实现方式有所不同。下面从传统的结构化开发方法、面向对象开发方法以及现代的基于 Web 的开发方法三个方面来介绍数据字典的实现方式。

（1）结构化开发方法中数据字典的实现

在传统的结构化开发方法中，数据字典主要用于支持数据流图，以便清晰地定义数据流图中的各个元素。在这种开发方法下，数据字典的实现主要包括以下方式。

- 文本形式：早期的数据字典多采用纯文本的方式记录，如使用 Excel 表格或 Word 文档来详细描述每一个数据项的信息，包括名称、别名、类型、长度、取值范围、默认值等。
- 数据库存储：随着技术的发展，开始使用数据库系统来管理数据字典中的信息。这样做的好处是可以提高查询效率，便于维护和更新，并且可以更好地支持多个用户的共享访问。
- 集成工具：一些集成开发环境或者专业的计算机辅助软件工程（computer aided software engineering, CASE）工具提供了数据字典的管理和编辑功能，如 Rational Rose、Enterprise Architect 等，这些工具能够方便地与模型图进行交互，自动更新字典内容。

（2）面向对象开发方法中数据字典的实现

面向对象的软件开发强调通过封装、继承和多态等机制来构建系统，其中数据字典的实现更加注重对对象及其属性的描述。数据字典的实现主要包括以下方式。

- UML 建模：统一建模语言 UML 提供了一套标准的符号体系来描述系统的静态结构和动态行为，UML 类图可以很好地表示出类的属性和方法，从而成为面向对象开发中数据字典的重要组成部分。
- 元数据管理：在实际开发中，可以通过元数据管理系统来维护类及其属性的信息，这种方式不仅能够保证信息的一致性和完整性，还能够有效地支持代码生成和版本控制等功能。

（3）基于 Web 的开发方法中数据字典的实现

随着互联网技术和云计算的迅速发展，越来越多的应用程序选择基于 Web 的开发模式。在此背景下，数据字典的实现方式也有了一些新的变化，除了仍然可采用传统的实现方式（如数据库存储方式、UML 建模方式等）以外，还可以采用以下三种新的方式。

- Web 服务接口：为了实现跨平台的数据交换和应用集成，数据字典经常会被设计成 Web 服务的形式。例如，通过 RESTful API 暴露数据元信息，供前端或后端系统调用。
- 云存储解决方案：借助云存储服务（如 AWS S3、Google Cloud Storage 等），可以在分布式环境中高效地存储和访问数据字典，并支持大数据量下的高性能查询需求。
- 微服务架构：在微服务架构中，每个微服务都可能维护自己的数据字典，这种分散式的管理模式能够更好地适应高并发场景下的弹性伸缩要求。

综上所述，数据字典的实现方式有多种，采用何种实现方式往往取决于具体的软件开发方法和技术路线的选择。无论哪种方式，其核心目标都是为了更好地管理系统的数据资源，提高软件开发的效率和质量。

习题 2

一、填空题

1. 在需求分析阶段，分析人员要确定对问题的综合需求，其中最主要的是________。
2. 需求分析阶段产生的最重要的文档之一是________。
3. 解决一个复杂问题，往往采取的策略是________。
4. SA 方法中的主要描述工具是________与________。
5. 数据流图中的箭头表示________。
6. 数据流图中，每个加工至少有________个输入流和________个输出流。
7. 数据字典中有 4 类条目，分别是________、________、________、________。

二、选择题

1. 需求分析最终结果是产生________。

A. 项目开发计划　　B. 可行性分析报告
C. 需求规格说明　　D. 设计说明

2. 需求分析中，开发人员要从用户那里解决的最重要的问题是________。

A. 要清楚软件做什么　　B. 要给软件提供哪些信息
C. 要求软件工作效率怎样　　D. 要清楚该软件具有何种结构

3. 分层 DFD 是一种比较严格又易于理解的描述方式，它的顶层图描述了系统的________。

A. 细节　　B. 输入与输出　　C. 软件的作者　　D. 绘制的时间

4. 数据字典中一般不包括________条目。

A. 数据流　　B. 数据存储　　C. 加工　　D. 源点与终点

5. 需求规格说明的内容不应包括对________的描述。

A. 主要功能　　B. 算法的详细过程

C. 性能需求　　D. 环境需求

6. 需求规格说明的作用不应包括________。

A. 软件设计的依据

B. 用户与开发人员对软件要做什么的共同理解

C. 软件验收的依据

D. 软件可行性研究的依据

7. DFD 中的每个加工至少有________。

A. 一个输入流　　B. 一个输出流　　C. 一个源点　　D. 一个终点

8. 一个局部数据存储当它作为________时，就把它画出来。

A. 某些加工的数据接口

B. 某个加工的特定输入

C. 某个加工的特定输出

D. 某些加工的数据接口或某个加工的特定输入 / 输出

9. 对于分层的 DFD，父图与子图的平衡指子图的输入、输出数据流同父图相应加工的输入、输出数据流________。

A. 必须一致　　B. 数目必须相等

C. 名字必须相同　　D. 数目必须不等

10. 软件需求分析是保证软件质量的重要步骤，它的实施应该是在________。

A. 编码阶段　　B. 软件开发全过程

C. 软件定义阶段　　D. 软件设计阶段

三、简答题

1. 什么是需求分析？该阶段的基本任务是什么？

2. 数据流图与数据字典的作用是什么？画数据流图应注意什么？

3. 简述 SA 方法的优点。

即刻学习

○配套学习资料　○软件工程导论

○技术学练精讲　○软件测试专讲

模块 3

软件设计

学习目标

❖ 理解软件设计的基本任务与基本原理，了解软件设计优化的原则，掌握数据库逻辑设计、物理设计的方法。

❖ 掌握 HIPO 图、结构图、判定表、判定树、Jackson 图等设计方法和技术。

❖ 了解 PAD 图、程序流程图、盒图和典型软件体系结构的相关知识。

❖ 了解 C/S、B/S 两种常用的软件体系结构。

3.1 系统设计

软件设计阶段包括软件系统设计和详细设计两个阶段，是需求分析之后又一重要环节。需求分析解决的是软件“做什么”的问题，设计阶段解决的是“如何做”的问题。系统设计也称总体设计，主要确定软件的系统结构；详细设计是对各模块内部的具体设计。

3.1.1 系统设计的基本任务与基本原则

1. 基本任务

（1）设计软件系统结构（简称软件结构）

为了实现目标系统，最终必须设计出组成这个系统的所有程序和数据库（文件）。对于程序，首先进行结构设计，具体任务如下：

- 采用某种设计方法，将一个复杂的系统按功能划分成模块。
- 确定每个模块的功能。
- 确定模块之间的调用关系。
- 确定模块之间的接口，即模块之间传递的信息。
- 评价模块结构的质量。

软件结构的设计是以模块为基础的，在需求分析阶段，已经把系统分解成层次结构。设计阶段以需求分析的结果为依据，从实现的角度进一步划分为模块，并组成模块的层次结构。

软件结构的设计是系统设计关键的一步，直接影响到下一阶段详细设计与编码的工作，也会影响软件系统的整体质量。因此，软件结构的设计应由经验丰富的软件人员担任，采用合适的设计方法进行设计。

（2）数据结构设计

对于大型的数据处理软件系统，除了控制结构的模块设计外，数据结构设计也是重要的。逐步细化的方法也适用于数据结构的设计。在需求分析阶段，已通过数据字典对数据的组成、操作约束、数据之间的关系等方面进行了描述，确定了数据的结构特性，在系统设计阶段则要加以细化，详细设计阶段则是规定具体的实现细节。在系统设计阶段，宜使用抽象的数据类型，如“队列”的数据结构概念。设计有效的数据结构，将大大简化软件模块处理过程的设计。

（3）编写系统设计文档

系统设计文档主要有以下几个：

① 系统设计说明。

② 数据库设计说明，主要给出所使用的数据库管理系统（database management system，DBMS）简介、数据库的概要模型、逻辑设计、结果。

③ 用户手册，对需求分析阶段编写的用户手册进行补充。

④ 修订的测试计划，内容包括对测试策略、方法、步骤提出明确要求。

（4）评审

对设计部分是否完整地实现了需求中规定的功能、性能等要求，设计方案的可行性，关键的处理及内外部接口定义的正确性、有效性，各部分之间的一致性等都要逐一进行评审。

2. 软件设计的基本原则

软件设计中最重要的一个问题就是软件质量问题。软件设计应遵循下面一些基本原则，以保证软件设计的质量。

（1）模块化

模块化的概念早在程序设计技术中就出现了。在程序设计中，模块是数据说明、可执行语句等程序对象的集合，如高级语言中的过程、函数、子程序等。而在软件的体系结构中，模块是可组合、分解和更换的单元。模块具有以下几种基本属性：

- 接口：指模块的输入与输出。
- 功能：指模块实现什么功能。
- 逻辑：描述内部如何实现功能及所需的数据。
- 状态：指该模块的运行环境，即模块的调用与被调用关系。

接口、功能与状态反映模块的外部特性，逻辑反映模块的内部特性。

模块化是指解决一个复杂问题时自顶向下逐层把软件系统划分成若干模块的过程。每个模块完成一个特定的子功能，所有的模块按某种方法组装起来，成为一个整体，完成整个系统所要求的功能。在面向对象设计中，模块和模块化的要领将进一步扩充。模块化是软件工程解决复杂问题的有效手段。

开发一个大而复杂的软件系统，将它进行适当的分解，不仅可降低其复杂性，还可减少开发工作量，从而降低开发成本，提高软件生产率。当然，模块数目增加后，模块之间接口的工作量也就相应增加了，因此在划分模块时，应避免数目过多或过少。一个模块的规模应当取决于它的功能和用途。同时，应减少接口的代价，提高模块的独立性。

（2）抽象

抽象是人类认识复杂现象过程中使用的思维工具，即抽出事物本质的共同的特性而暂不考虑它的细节和其他因素。抽象被广泛应用于计算机软件领域，在软件工程学中更是如此。软件工程过程中的每一步都可以看作是对软件解决方法的抽象层次的一次细化：在系统定义阶段，软件作为整个计算机系统的一个元素来对待；在软件需求分析阶段，软件的解决方案使用问题环境中的术语来描述；从系统设计到详细（软件）设计阶段，抽象的层次逐步降低，将面向问题的术语与面向实现的术语结合起来描述解决方法，直到产生源程

序时到达最低的抽象层次；这是软件工程整个过程的抽象层次。具体到详细设计阶段，又有不同的抽象层次，在进行详细设计时，抽象与逐步求精、模块化密切相关，可以定义软件结构中模块的实体，由抽象到具体地分析和构造出软件的层次结构，提高软件的可理解性。

（3）信息隐蔽

信息隐蔽是指在设计和确定模块时，使得一个模块内包含的信息（过程或数据），对于不需要这些信息的其他模块来说，是不能访问的。通过定义一组相互独立的模块来实现有效的模块化，这些独立的模块彼此之间仅仅交换那些为了完成系统功能所必需的信息，而将那些自身的实现细节与数据“隐藏”起来。一个软件系统在整个生存期中要经过多次修改，信息隐蔽为软件系统的修改、测试及以后的维护都带来好处。因此，在划分模块时要采取措施，如采用局部数据结构，使得大多数过程（即实现细节）和数据对软件的其他部分是隐藏的，这样在修改软件时，由偶然引入的错误所造成的影响只局限在一个或少量几个模块内部，不会涉及其他部分。

（4）模块独立性

为了降低软件系统的复杂性，提高其可理解性、可维护性，通常把系统划分成为多个模块，但模块不能任意划分，应尽量保持其独立性。模块独立性是指每个模块只完成系统要求的独立子功能，并且与其他模块的联系尽可能少且接口简单。模块独立性是模块化、抽象、信息隐蔽等软件工程基本原则的直接产物，只有符合和遵守这些原则才能得到高度独立的模块。良好的模块独立性能使开发的软件具有较高的质量。另外，接口简单、功能独立的模块易于开发，且可并行工作，能有效地提高软件的生产率。

如何衡量软件的独立性呢？根据模块的外部特征和内部特征，提出了两个定性的度量标准——耦合性和内聚性。

① 耦合性，也称块间联系，是软件系统结构中各模块间相互联系的紧密程度的一种度量。模块之间联系越紧密，其耦合性就越强，模块的独立性就越差。模块间耦合高低取决于模块间接口的复杂性、调用的方式及传递的信息。

为了降低模块间的耦合度，可采取以下措施：

- 在耦合方式上降低模块间接口的复杂性。模块间接口的复杂性包括模块的接口方式、接口信息的结构和数量。接口方式不采用直接引用，而采用调用方式（如过程语句调用方式）；接口信息通过参数传递且传递信息的结构尽量简单，不用复杂参数结构（如过程、指针等类型参数）；参数的个数也不宜太多。
- 在传递信息类型上尽量使用简单的数据值，避免使用控制变量，慎用或有控制地使用公共变量（全局变量）。这只是原则，具体要根据实际情况综合考虑。

② 内聚性，又称块内联系，是对模块的功能强度的度量，即一个模块内部各个元素彼此结合的紧密程度的度量。若一个模块内各元素（语句之间、程序段之间）联系得越紧密，则它的内聚性就越高。内聚性越高，模块的独立性就越强。

耦合性与内聚性是模块独立性的两个定性标准，将软件系统划分成模块时，要尽量做到高内聚低耦合，提高模块的独立性，为设计高质量的软件结构奠定基础。但也存在内聚性与耦合性发生矛盾的情况，为了提高内聚性而可能使耦合性变差，在这种情况下，建议给予耦合性以更高的重视。

3.1.2 软件结构的设计优化原则

软件系统设计的主要任务就是软件结构的设计。为了提高设计的质量，必须根据软件设计的原则改进软件设计。下面介绍软件结构设计的优化原则。

① 划分模块时，尽量做到高内聚、低耦合，保持模块的相对独立性，并以此原则优化初始的软件结构。

- 如果若干模块之间耦合强度过高，每个模块内功能不复杂，可将它们合并，以减少信息的传递和公共区的引用。
- 若有多个相关模块，应对它们的功能进行分析，消去重复功能。

② 一个模块的作用范围应在其控制范围之内，且判定所在的模块应与受其影响的模块在层次上尽量靠近。

在软件结构中，由于存在着不同事务处理的需要，某上层模块会存在着判断处理，这样可能影响其他层的模块处理。为了保证含有判定功能模块的软件设计的质量，引入了模块的作用范围（或称影响范围）与控制范围的概念。

一个模块的作用范围是指受该模块内一个判定影响的所有模块的集合。一个模块的控制范围是指模块本身以及其所有下属模块（直接或间接从属于它的模块）的集合。

③ 软件结构的深度、宽度、扇入、扇出应适当。深度用于表示软件结构中控制的层次，能粗略地反映系统的规模和复杂程度。宽度是指软件结构内同一个层次上的模块总数的最大值。扇入表明有多少个上级模块调用它。扇出是一个模块直接控制（调用）的模块数目。宽度与模块的扇出有关，一个模块的扇出太多，说明该模块过分复杂，缺少中间层，一般扇出数在 7 以内。单一功能模块的扇入数大比较好，说明该模块为上层几个模块共享的公用模块，重用率高。但是不能把彼此无关的功能凑在一起形成一个通用的超级模块，虽然它扇入高，但内聚性低。因此非单一功能的模块扇入高时应重新分解，以消除控制耦合的情况。软件结构从形态上，总的考虑是顶层扇出数较高一些（扇入数为 0，如 C 语言程序中的主函数），中间层扇出数较低一些，底层扇入数较高一些（扇出数为 0）。

④ 模块的大小要适中。在考虑模块的独立性同时，为了增加可理解性，模块的大小最好为 50 ～ 150 条语句，可以用 1 ～ 2 页打印出来，便于人们阅读与研究。

⑤ 模块的接口要简单、清晰、含义明确。模块的接口设计得简单、含义明确，才能便于理解，易于实现，也易于测试与维护。

⑥ 力争降低模块接口的复杂程度。模块接口复杂是软件发生错误的一个主要原因。

应该仔细设计模块接口，使用信息传递系统。接口复杂或不一致（即看起来传递的数据之间没有联系），是高耦合或低内聚的征兆，应该重新分析这个模块的独立性。

⑦ 设计单入口、单出口的模块。这样设计的软件是比较容易理解的，也是比较容易维护的。

⑧ 模块功能应该可以预测。如果一个模块可以当作一个黑盒子，也就是说，只要输入的数据相同就产生同样的输出，那么这个模块的功能就是可以预测的。带有内部“存储器”的模块的功能可能是不可预测的，因为它的输出可能取决于内部存储器（如某个标记）的状态。由于内部存储器对于上级模块而言是不可见的，这样的模块既不易理解又难以测试和维护。

以上几条优化原则都是人们在开发软件的长期实践中总结出的一些启发式规则，本模块介绍的面向数据流的设计方法和模块 5 介绍的面向对象的设计方法都遵循这些规则。这些启发规则多数是经验规律，能给软件开发人员以有益的启示，对改进设计、提高软件质量往往具有重要的参考价值。

3.1.3　软件系统的设计技术

1. 层次图和 HIPO 图

通常使用层次图来描绘软件的层次结构。图 3-1 就是一个销售管理系统的层次图。在层次图中，一个矩形框代表一个模块，框间的边线表示调用关系（位于上方的矩形框所代表的模块调用位于下方的矩形框所代表的模块）。图 3-1 的层次图中，最顶层的矩形框代表销售管理系统的主控模块，它调用下层 5 个子模块以完成销售管理系统的全部功能；第二层的每个模块通过调用第三层子模块来完成本模块的功能。在自顶向下逐步求精设计软件的过程中，使用层次图很方便。

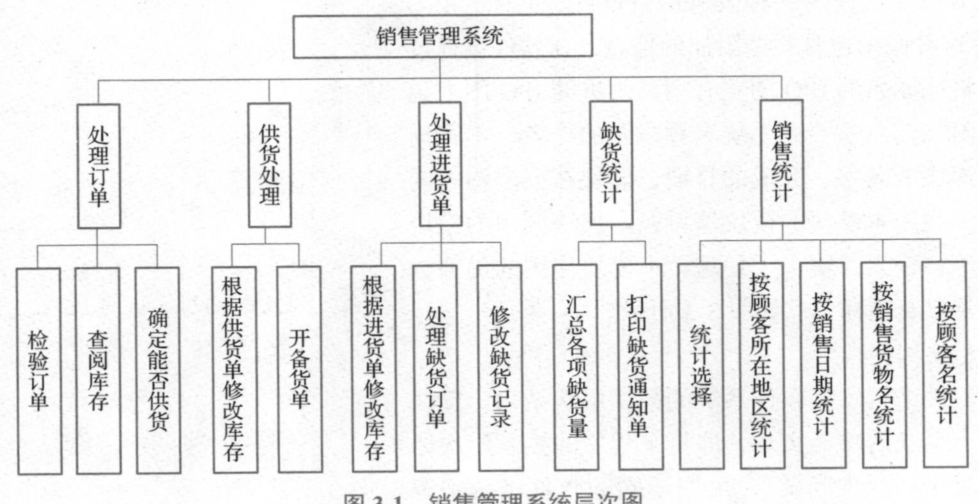

图 3-1　销售管理系统层次图

HIPO 图是“层次图加输入/处理/输出图”的英文缩写。为了使 HIPO 图具有可追踪性，在 H 图（即层次图）里除了顶层的方框之外，每个方框都加了编号。图 3-2 即为销售管理系统的 HIPO 图。

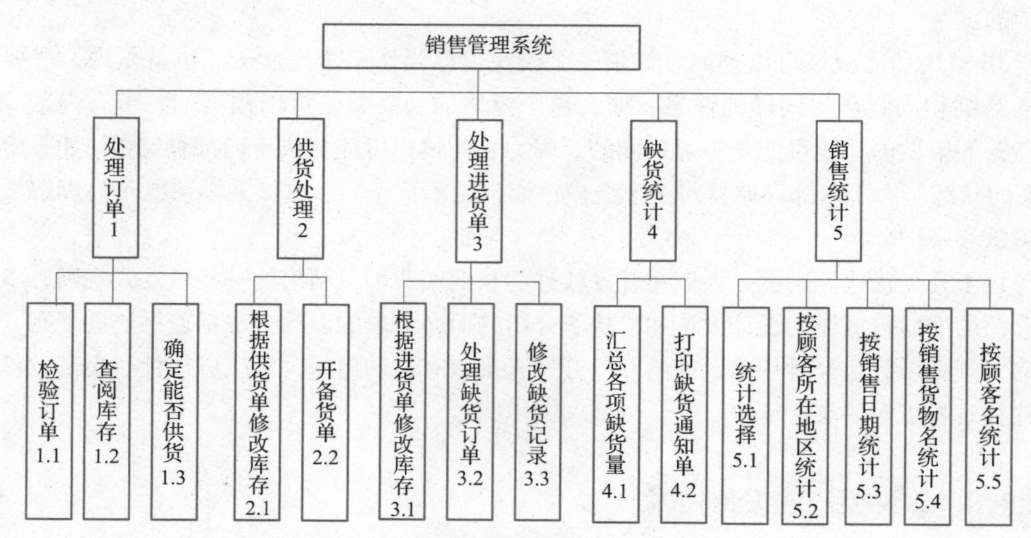

图 3-2　销售管理系统的 HIPO 图

和层次图中的每个方框相对应，应该有一张 IPO 图描绘这个方框代表模块的处理过程。IPO 图使用的基本符号既少又简单，因此很容易学会使用这种图形工具。它的基本形式是在左边的框中列出有关的输入数据，在中间的框内列出主要的处理，在右边的框内列出产生的输出数据。处理框中列出处理的次序暗示了执行的顺序，但是用这些基本符号还不足以精确地描述执行处理的详细情况。因此在 IPO 图中还应使用类似向量符号的粗大箭头清楚地指出数据通信的情况。

本书建议使用一种改进的 IPO 图（也称为 IPO 表），这种图中包含某些附加的信息，在软件设计过程中将比原始的 IPO 图更有用。改进的 IPO 图中包含的附加信息主要有系统名称、图的作者、本图描述的模块的名字、完成的日期、模块在层次图中的编号、调用本模块的模块清单、本模块调用的模块的清单、输入、输出、处理、本模块使用的局部数据元素以及注释等，如图 3-3 所示。

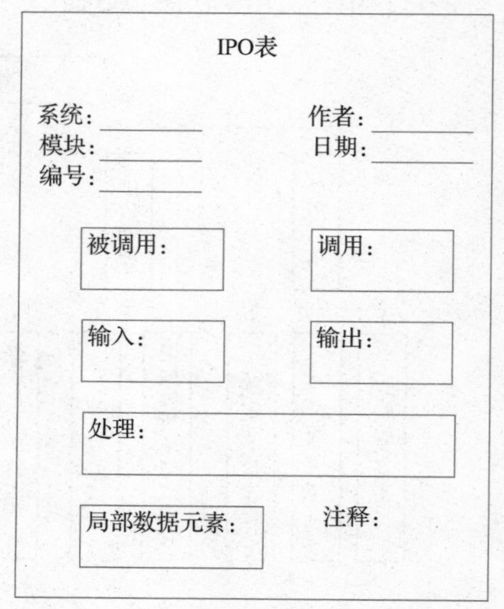

图 3-3　改进的 IPO 图（IPO 表）的形式

2. 结构图

软件结构图是软件系统的模块层次结构，反映了整个系统的功能实现，即将来程序的控制层次体系。对于一个“问题”，可用不同的软件结构来解决。不同的设计方法和不同的划分与组织，得出不

同的软件结构。

软件结构往往用树状或网状结构的图来表示。软件工程中一般使用结构图（structure chart, SC）来表示软件结构。结构图中主要包括：

- 模块：模块用方框表示，并用名字标识该模块，名字应体现该模块的功能。
- 模块的控制关系：两个模块间用单向箭头（或直线）连接表示它们的控制关系，如图 3-4 所示。按照惯例，图中位于上方的模块总是调用下方的模块，所以不用箭头也不会产生二义性。
- 模块间的信息传递：模块间还经常用带注释的短箭头表示模块调用过程中来回传递的信息。箭头尾部带空心圆的表示传递的是数据，带实心圆的表示传递的是控制信息，如图 3-4 所示。
- 两个附加符号：表示模块有选择地调用或循环调用，如图 3-5 所示。

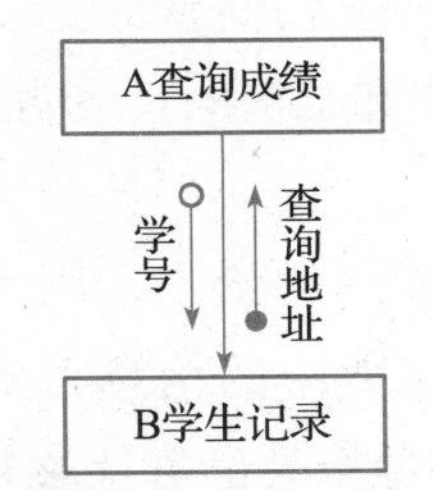

图 3-4　模块间的控制关系及信息传递

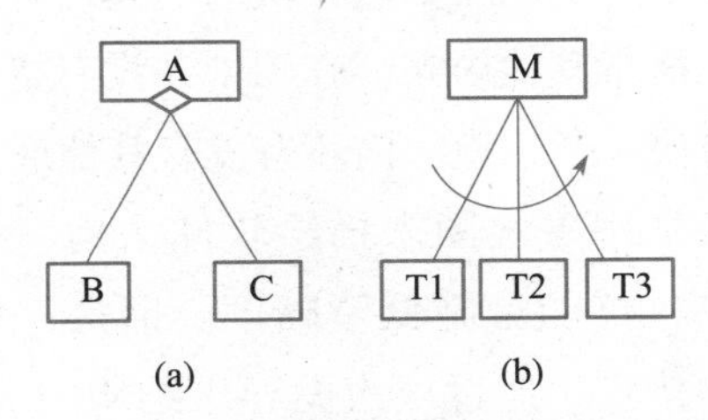

图 3-5　选择调用和循环调用的表示

图 3-5(a) 所示的 A 模块中有一个菱形符号，表示 A 有判断处理功能，它有条件地调用 B 或 C；图 3-5(b) 所示的 M 模块下方有一个弧形箭头，表示 M 模块循环调用 T1、T2、T3 模块。图 3-6 是结构图的一个实例。

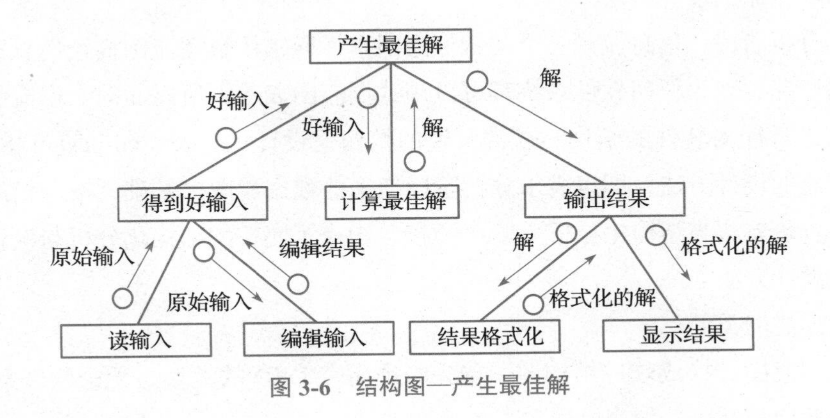

图 3-6　结构图—产生最佳解

结构图的形态特征如下：

- 深度：指结构图控制的层次，也是模块的层数，图 3-6 的深度为 3。
- 宽度：指一层中最多的模块个数，图 3-6 的宽度为 4。

- 扇出：指一个模块直接下属模块的个数，图 3-6 顶层模块的扇出为 3。
- 扇入：指一个模块直接上属模块的个数，图 3-6 除顶层模块外，各模块的扇入为 1。

画结构图应注意的事项如下：

- 同一名字的模块在结构图中仅出现一次。
- 调用关系只能从上到下。
- 不严格表示模块的调用次序，习惯上从左到右。有时为了减少连线的交叉，适当地调整同一层模块的左右位置，以保持结构图的清晰性。

注意：层次图和结构图并不严格表示模块的调用次序。虽然多数人习惯于按调用次序从左到右画模块，但并没有这种规定，出于其他方面的考虑（如为了减少交叉线），也完全可以不按这种次序画。另外，层次图和结构图并不指明什么时候调用下层模块。通常上层模块中除了调用下层模块的语句之外还有其他语句，究竟是先执行调用下层模块的语句还是先执行其他语句，在图中并没有指明。事实上，层次图和结构图只表明一个模块调用哪些模块，至于模块内还有没有其他成分则完全没有表示。

通常用层次图来描绘软件结构。结构图作为文档可能不够恰当，因为它包含的信息过多，可能会降低清晰度。但是，利用 IPO 图或数据字典中的信息得到模块调用时传递的信息，通过层次图导出结构图的过程，可以作为一种有效的方法来检查设计的正确性，并评估模块的独立性。例如，这种方法可以用来检验每个传递的数据元素是否都是完成模块功能所必需的；无论完成模块功能所需的每个数据元素是否都只与单一的功能相关联，如果发现结构图上模块之间的联系难以解释，则应当考虑是否存在设计上的问题。

3. 面向数据流的设计方法

在需求分析阶段，信息流是一个关键考虑因素，通常用数据流图描绘信息在系统中加工和流动的情况。因为任何软件系统都可以用数据流图表示，所以面向数据流的设计方法理论上可以设计任何软件的结构。通常所说的结构化设计（structured design, SD）方法就是基于数据流的设计方法，即以需求分析阶段产生的数据流图为基础，按一定的步骤映射成软件结构。该方法与结构化分析（SA）衔接，构成了完整的结构化分析与设计技术，是主要的软件设计方法之一。

（1）数据流的类型

要把数据流图转换成软件结构图，首先必须研究 DFD 的类型。无论软件系统的 DFD 如何庞大与复杂，都可分为变换型和事务型两类。

① 变换型的数据流图。变换型的 DFD 是由输入、变换（或称处理）和输出三部分组成（见图 3-7），虚线为标出的流界。

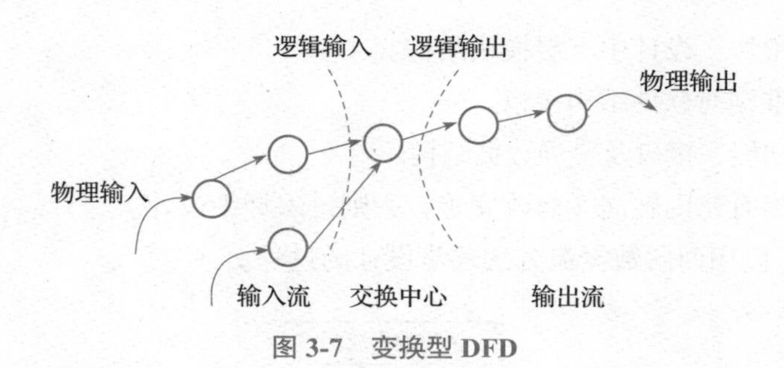

图 3-7 变换型 DFD

变换型数据处理的工作过程一般分为三步：取得数据、变换数据和输出数据，这三步体现了变换型 DFD 的基本思想。变换是系统的主加工，变换输入端的数据流为系统的逻辑输入，输出端为逻辑输出。直接从外部设备输入数据称为物理输入；反之称为物理输出。外部的输入数据一般要经过输入正确性和合理性检查、编辑、格式转换等预处理，这部分工作都由逻辑输入部分完成，它将外部形式的数据变成内部形式，传送给主加工。同理，逻辑输出部分把主加工产生数据的内部形式转换成外部形式，然后进行物理输出。因此变换型的 DFD 是一个顺序结构。

② 事务型的数据流图。若某个加工将它的输入流分离成多条发散的数据流，形成多条加工路径，并根据输入的值选择其中一个路径来执行，这种特征的 DFD 称为事务型的数据流图，这个加工称为事务处理中心。事务型 DFD 如图 3-8 所示。

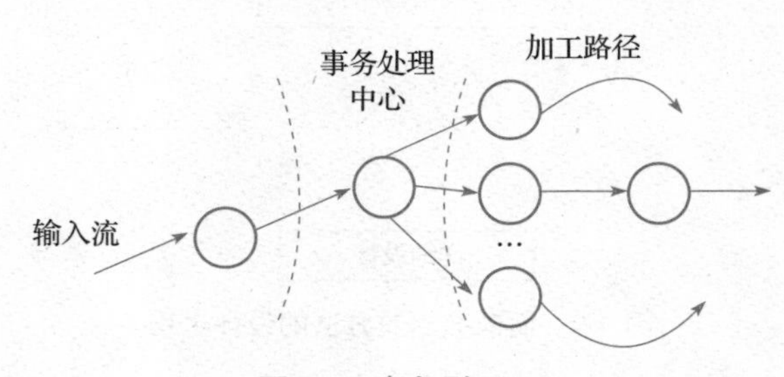

图 3-8 事务型 DFD

一个大型软件系统的 DFD，经常既具有变换型的特征，又具有事务型的特征。例如，事务型 DFD 中的某个加工路径可能是变换型。

（2）设计过程

面向数据流的设计方法的过程如下：

① 精化 DFD。将 DFD 转换成软件结构图前，设计人员要仔细地研究分析 DFD，并按照数据字典认真理解其中的有关元素，检查有无遗漏或不合理之处，并进行必要的修改。

② 确定 DFD 类型。如果是变换型，确定变换中心和逻辑输入、逻辑输出的界线，映射为变换结构的顶层和第一层；如果是事务型，确定事务中心和加工路径，映射为事务结构的顶层和第一层。

③ 分解上层模块，设计中下层模块结构。

④ 根据优化准则对软件结构求精。

⑤ 描述模块功能、接口及全局数据结构。

⑥ 复查，如果有错则转向②修改完善，否则进入详细设计。

图 3-9 说明了使用面向数据流方法逐步设计的过程。

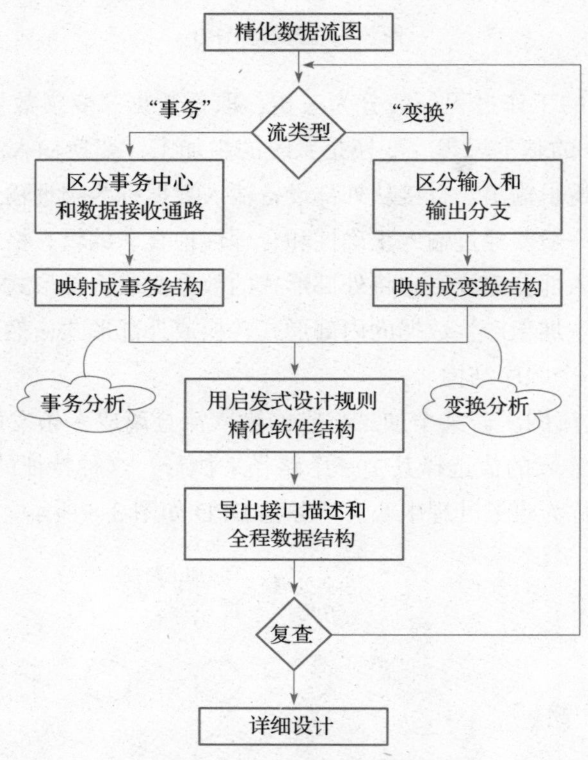

图 3-9　面向数据流方法的设计过程

应该注意，任何设计过程都不是一成不变的，设计首先需要人的判断力和创造精神，这往往会凌驾于方法和规则之上。

（3）变换分析设计

当 DFD 具有较明显的变换特征时，应按照下面所述的步骤设计。

① 确定 DFD 中的变换中心、逻辑输入和逻辑输出。如果设计人员经验丰富，则容易确定系统的变换中心，即主加工。例如，几股数据流的汇合处往往是系统的主加工。若不能确定，则可以用下面的方法：从物理输入端开始，沿着数据流方向向系统中心寻找，直到找到这样的数据流——它不能再被看作是系统的输入，此时它的前一个数据流就是系统的逻辑输入；同理，从物理输出端开始，逆数据流方向向中间移动，可以确定系统的逻辑输出。介于逻辑输入和逻辑输出之间的加工就是变换中心，用虚线划分出流界，这样 DFD 的三部分就确定了。

② 设计软件结构的顶层和第一层——变换结构。变换中心确定以后，就相当于决定了主模块的位置，这就是软件结构的顶层（见图 3-10）。其功能是完成所有模块的控制，它的名称应该是系统名称，以体现完成整个系统的功能。模块确定之后，设计软件结构的第一层。第一层一般至少要有 3 种功能的模块：输入、输出和变换模块，即为每个逻辑输入设计一个输入模块，其功能是为顶层模块提供相应的数据，如图 3-10 中的 f3；为每个逻辑输出设计一个输出模块，其功能是输出顶层模块的信息，如图 3-10 中的 f7、f8。同时，为变换中心设计一个变换模块，它的功能是将逻辑输入进行变换加工，然后逻辑输出，如图 3-10 中将 f3 变换成 f7 和 f8。这些模块之间的数据传送应该与 DFD 相对应。

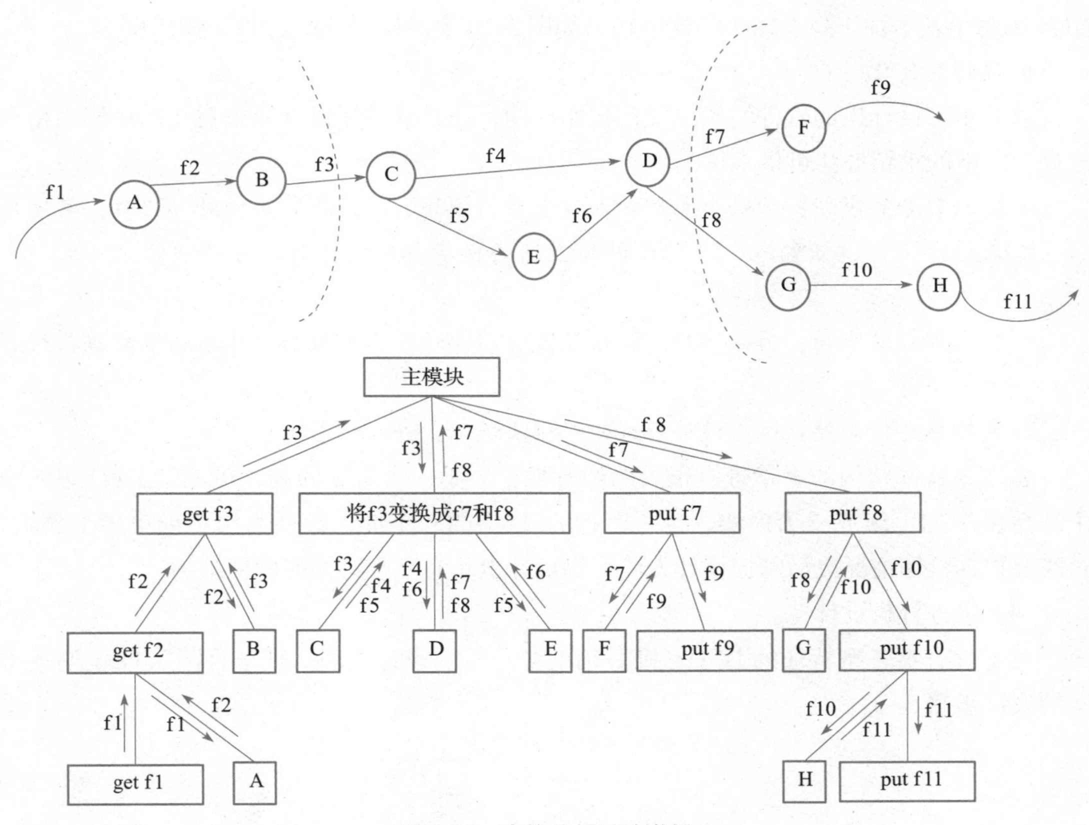

图 3-10　变换分析设计举例

③ 设计中、下层模块。对第一层的输入、变换、输出模块自顶向下逐层分解。

● 输入模块下属模块的设计。

输入模块的功能是向它的调用模块提供数据，所以必须要有数据来源。输入模块由两部分组成：一是接收数据，二是转换成调用模块所需的信息。

每个输入模块可以设计成两个下属模块：一个接收，一个转换。用类似的方法一直分解下去，直到物理输入端，如图 3-10 中模块“ get f3”和“ get f2”的分解。模块“ get f1”为物理输入模块。

- 输出模块下属模块的设计。

输出模块的功能是将它的调用模块产生的结果输出，它由两部分组成：一是将数据转换成下属模块所需的形式，二是发送数据。

每个输出模块可以设计成两个下属模块：一个转换，一个发送，一直到物理输出端。例如，图 3-10 中模块“put f7”“put f8”和“put f10”的分解，其中模块“put f9”和“put f11”为物理输出模块。

- 变换模块下属模块的设计。

根据 DFD 中变换中心的组成情况，按照模块独立性的原则来组织其结构。一般对 DFD 中每个基本加工建立一个功能模块，如图 3-10 中的模块“C”“D”和“E”。

- 设计的优化。

以上步骤设计出的软件结构仅仅是初始结构，还必须根据设计原则对初始结构求精和改进，以下的求精办法可供参考。

- 输入部分的求精：为每个物理输入设置专门模块，以体现系统的外部接口；其他输入模块并非真正输入，当它与转换数据的模块都很简单时，可将它们合并成一个模块。
- 输出部分的求精：为每个物理输出设置专门模块，其他输出模块与转换数据模块可适当合并。
- 变换部分的求精：根据设计原则，对模块进行合并或调整。

总之，软件结构的求精带有很大的经验性。对于一个实际问题，可能把 DFD 中的两个甚至多个加工组成一个模块，也可能把 DFD 中的一个加工扩展为两个或更多个模块，这需要根据具体情况灵活掌握设计方法，以设计出具有良好特性的软件结构。

（4）事务分析设计

对于具有事务型特征的 DFD，则采用事务分析的设计方法。现结合图 3-11 说明该方法的设计步骤。

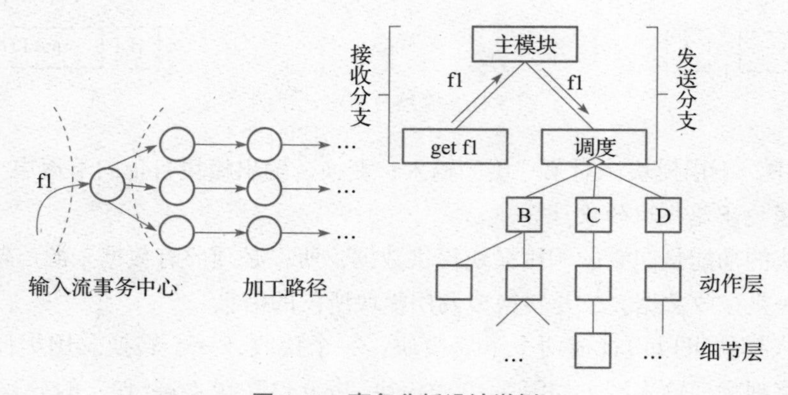

图 3-11　事务分析设计举例

① 确定 DFD 中的事务中心和加工路径：当 DFD 中的某个加工具有明显地将一个输入数据流分解成多个发散的输出数据流时，该加工就是事务中心。从事务中心辐射出去的数据流为各个加工路径。

② 设计软件结构的顶层和第一层——事务结构：设计一个顶层模块是一个主控模块，有两个功能：一是接收数据，二是根据事务类型调度相应的处理模块。事务型软件结构应包括两个部分：一个接收分支，另一个发送分支。

③ 事务结构中、下层模块的设计。

其中：

- 接收分支：负责接收数据，它的设计与变换型 DFD 的输入部分设计方法相同。
- 发送分支：通常包含一个调度模块，它控制管理所有下层的事务处理模块。当事务类型不多时，调度模块可与主模块合并。
- 事务结构中、下层模块的设计、优化等工作同变换结构，在此不再赘述。

（5）综合型数据流图与分层数据流图映射成软件结构的设计

① 综合 DFD 的映射。当一个系统的 DFD 中既有变换流，又有事务流时，这就是一个综合的数据流，其软件结构设计方法如下：

- 确定 DFD 整体上的类型。变换型 DFD 具有顺序处理的特点，而事务型 DFD 具有平行处理的特点。只要从 DFD 整体、主要功能处理分析其特点，就可区分出该 DFD 整体类型。
- 标出局部的 DFD 范围，确定其类型。
- 按整体和局部的 DFD 特征，设计出软件结构。

② 分层 DFD 的映射。对于一个复杂问题的数据流图，往往是分层的。分层的数据流图映射成的软件结构图也应该是分层的，这样便于设计，也便于修改。由于数据流图的顶层图反映的是系统与外部环境的界面，所以系统的物理输入与物理输出都在顶层图或 0 层图，相应软件结构图的物理输入与输出部分放在主图中较为合适，以便和 DFD 中顶层图的 I/O 对照检查。

事务型 DFD 通常用于高层数据流图的转换，其优点是把一个大的、复杂的系统分解成较小的、简单的、相对独立的子系统。而变换型 DFD 通常用于较低层数据流图的转换，这样输入、输出模块放在各自的子图中更加合理。

（6）设计后的处理

由系统设计的工作流程可知，经过变换分析或事务分析设计，形成软件结构并经过优化和改进后，还需要做以下工作。

① 为每个模块写一份处理说明。处理说明从设计的角度描述模块的主要处理任务、条件选择等，以需求分析阶段产生的加工逻辑的描述为参考。这里的说明应该是清晰、无二义性的。

② 为每个模块提供一份接口说明。接口说明包括通过参数表传递的数据、外部的输入与输出、访问全局数据区的信息等，并指出它的下属模块与上属模块。

为清晰易读，对以上两个说明可用设计阶段常采用的图形工具——IPO 图。

③ 数据结构说明。软件结构确定之后，必须定义全局的和局部的数据结构，因为它对每个模块的过程细节有着深远的影响。数据结构的描述可用伪码（如 PDL 语言等）或 Warnier 图、Jackson 图等形式表达。

④ 给出设计约束或限制。例如，数据类型和模式的限制、内存容量的限制、时间的限制、数据的边界值、个别模块的特殊要求等。

⑤ 进行系统设计评审。在软件设计阶段，不可避免地会有人为的错误，如果不及时纠正，就会延续到开发的后续阶段中去，进而可能导致更多的错误。因此，一旦系统设计文档完成以后，就应当进行评审，有效的评审可以显著地降低后续开发阶段和维护阶段的费用。在评审中，应着重评审软件需求是否得到满足，软件结构的质量、接口说明、数据结构说明、实现和测试的可行性以及可维护性等。

⑥ 设计优化。设计的优化应贯穿整个设计的过程。在设计的开始就应给出几种可选方案，对其进行比较与分析，挑选出最好的方案。设计中的每一步都应该考虑软件结构的简明、合理、高效等性能要求，以及尽量简单的数据结构。

3.2 详细设计

详细设计又称过程设计，也称为软件设计。在系统设计阶段，已经确定了软件系统的总体结构，给出系统中各组成模块的功能和模块间的调用关系。详细设计就是要在此结果的基础上，考虑“怎样实现”这个软件系统，对系统中的每个模块给出足够详细的过程性描述。

3.2.1 详细设计的基本任务

在详细设计中，对于每一个模块，需要给出其详细设计说明，如模块中采用的算法、数据结构、物理结构等。具体任务包括以下一些内容。

① 对每个模块进行详细的算法设计，用图形、表格、语言等工具将每个模块处理过程的详细算法描述出来。

② 对模块内的数据结构进行设计，对于需求分析、系统设计确定的概念性的数据类型进行确切的定义。

③ 对数据库进行物理设计，即确定数据库的物理结构。数据库的物理结构主要指数据库的存储记录格式、存储记录安排和存储方法，这些都依赖于具体所使用的数据库系统。

④ 其他设计。根据软件系统的类型，还可能要进行其他一些方面的设计。例如：

- 输入 / 输出格式设计。
- 人机对话设计。对于一个实时系统，用户与计算机频繁对话，因此要进行对话方式、内容、格式的具体设计。

⑤ 编写详细设计说明文档。

⑥ 评审。对处理过程的算法和数据库的物理结构都要评审。

3.2.2　详细设计的描述方法

详细描述处理过程常用 3 种工具：图形、表格和语言。下面主要介绍结构化程序流程图、盒图和问题分析图 3 种图形工具。

1. 程序流程图

程序流程图又称为程序框图，是被广泛的一种描述程序逻辑结构的工具。图 3-12 为流程图的 3 种基本控制结构。

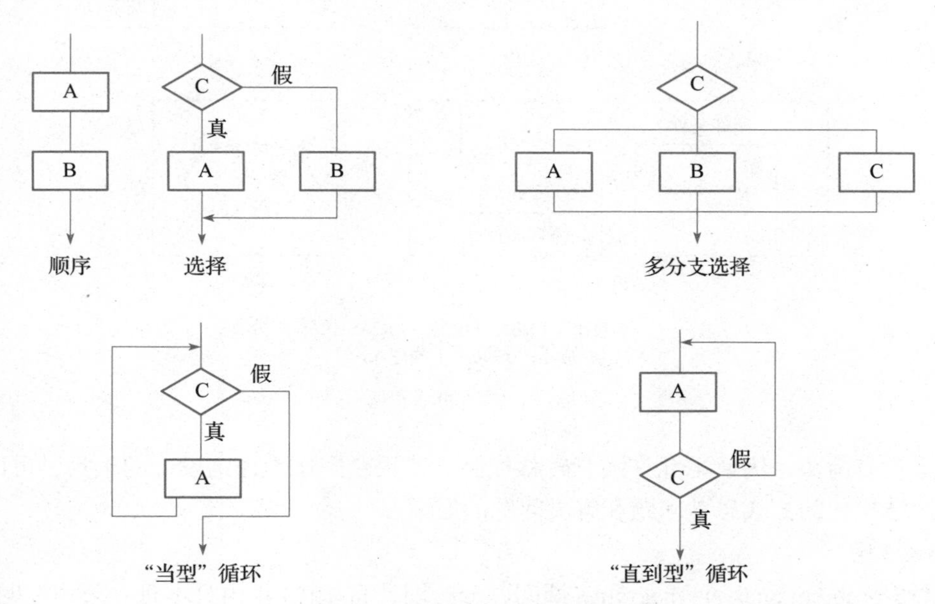

图 3-12　三种基本控制结构的流程图

流程图一般是由 3 种基本控制结构顺序组合和完整嵌套而成，不能有相互交叉的情况，这样的流程图称为结构化的流程图。

流程图的优点是直观清晰、易于使用，是开发者普遍采用的工具，但是它也存在明显的缺点。

- 因其可以随心所欲地画控制流程线的流向，因而容易造成非结构化的程序结构，导致编码时可能出现与软件设计原则相违背的情况。
- 流程图不易反映逐步求精的过程，而反映的往往是最后的结果。
- 不易表示数据结构。

2. 盒图（N-S 图）

为了克服流程图的缺陷，Nassi 和 Shneiderman 提出了另一种图形工具——盒图，又称为 N-S 图。它是一种不违背结构程序设计精神的图形工具，具有以下特点：

- 功能域（即一个特定控制结构的作用域）明确，可以从盒图上一眼就看出来。
- 不能任意转移控制。
- 很容易确定局部和全程数据的作用。

● 很容易表现嵌套关系，也可以表示模块的层次结构。

图 3-13 给出了结构化程序控制结构的盒图表示，也给出了调用子程序的盒图表示方法。

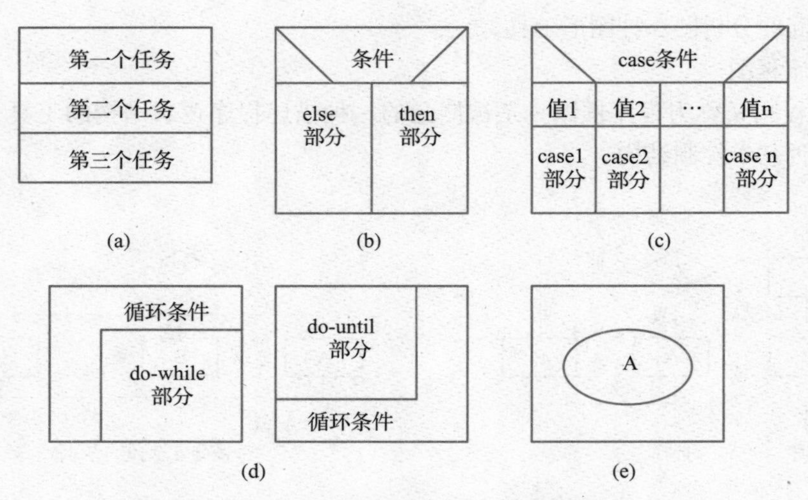

(a)顺序；(b)IF-THEN-ELSE型分支；(c)CASE型多路分支；
(d)循环；(e)调用子程序A。

图 3-13　盒图的基本符号

盒图没有箭头，因此不允许随意转移控制。使用盒图作为详细设计的工具，可以培养程序员用结构化的方式思考问题和解决问题的习惯。

3. PAD 图

PAD（problem analysis diagram）即问题分析图，自 1973 年由日本日立公司发明以后，已得到一定程度的推广。它用二维树形结构的图来表示程序的控制流，将这种图翻译成程序代码比较容易。图 3-14 给出 PAD 图的基本符号。

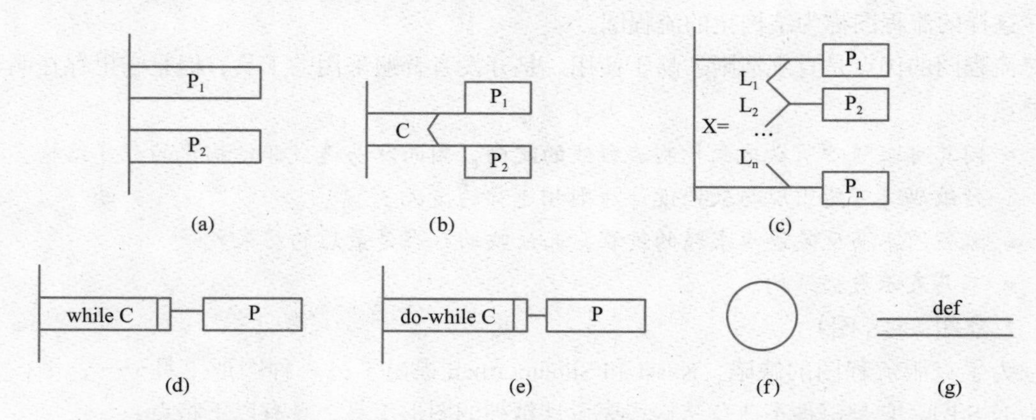

(a)顺序（先执行P1后执行P2）；(b)选择（if（C）P1; else P2;）；(c)switch型多路分支；
(d)while型循环（while（C）P;）；(e)do-while型循环（do P; while（C）;）；(f)语句标号；(g)定义。

图 3-14　PAD 图的基本符号

PAD 图的主要优点如下：

- 使用 PAD 符号所设计出来的程序必然是结构化程序。
- PAD 图所描绘的程序结构十分清晰。图 3-15(a) 中最左面的竖线是程序的主线，即第一层结构。随着程序层次的增加，PAD 图逐渐向右延伸，每增加一个层次，图形向右扩展一条竖线。PAD 图中竖线的总条数就是程序的层次数。
- PAD 图表述程序的逻辑易读、易懂、易记。PAD 图是二维树形结构的图形，程序从图中最左竖线上端的结点开始执行，自上而下，从左向右顺序执行，直至遍历完所有节点。
- 容易将 PAD 图转换成高级语言源程序，这种转换可用软件工具自动完成，从而可节省人工编码的工作，有利于提高软件可靠性和软件生产率。
- PAD 图既可用于表示程序逻辑，也可用于描绘数据结构。
- PAD 图的符号支持自顶向下、逐步求精的方法。开始时设计者可以定义一个抽象的程序，随着设计工作的深入而使用 def 符号逐步增加细节，直至完成详细设计，如图 3-15(b) 所示。

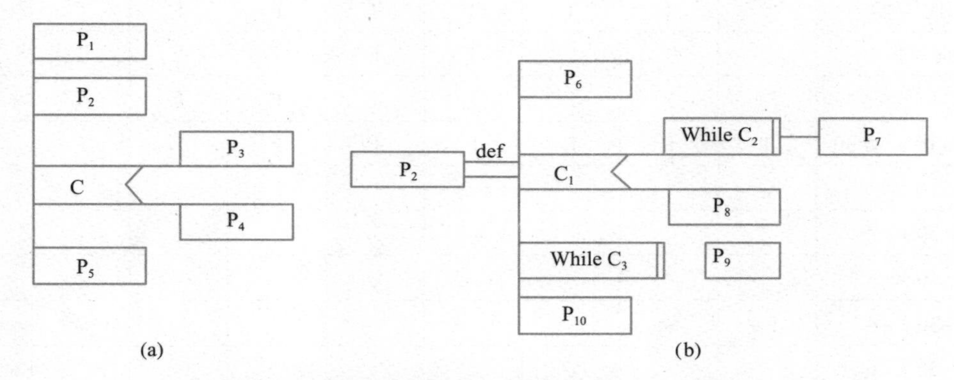

(a)初始的PAD图；(b)使用def符号细化处理框P2。

图 3-15 使用 PAD 图提供的定义功能来逐步求精的例子

PAD 图是面向高级程序设计语言的，如 C、C++ 等语言。每种高级程序设计语言的控制语句都有一个图形符号与之对应，因此将 PAD 图转换成与之对应的高级语言程序比较容易。

4. 判定表

当算法中包含多重嵌套的条件选择时，使用程序流程图、盒图或 PAD 图可能都难以清晰地描述这些复杂结构。相比之下，判定表能更有效地表示复杂的条件组合及其对应的动作之间的关系。

一张判定表由 4 部分组成，左上部列出所有条件，左下部是所有可能做的动作，右上部是表示各种条件组合的一个矩阵，右下部是和每种条件组合相对应的动作。判定表右半部的每一列实质上是一条规则，规定了与特定的条件组合相对应的动作。用双线分割开 4 个区域。判定表结构如图 3-16 所示。

条件定义	条件取值的组合
动作定义	在各种取值的组合下应执行的动作

图 3-16 判定表结构

下面以行李托运费的算法为例说明判定表的组织方法，各部分的含义在表中标出。

【例 3-1】 假设某航空公司规定，乘客可以免费托运重量不超过 30 kg 的行李。当行李重量超过 30 kg 时，对头等舱的国内乘客超重部分每千克收费 4 元，对其他舱的国内乘客超重部分每千克收费 6 元，对外国乘客超重部分每千克收费比国内乘客多一倍，对残疾乘客超重部分每千克收费比正常乘客少一半。用判定表可以清楚地表示与上述每种条件组合相对应的动作（算法），如表 3-1 所示。

表 3-1 用判定表表示计算行李托运费的算法

	1	2	3	4	5	6	7	8	9
国内乘客		T	T	T	T	F	F	F	F
头等舱		T	F	T	F	T	F	T	F
残疾人士客舱		F	F	T	T	F	F	T	T
行李重量 $w \leqslant 30$	T	F	F	F	F	F	F	F	F
0	√								
$(w-30)\times 2$				√					
$(w-30)\times 3$					√				
$(w-30)\times 4$		√						√	
$(w-30)\times 6$			√						√
$(w-30)\times 8$						√			
$(w-30)\times 12$							√		

在表的右上部分中“T”表示它左边那个条件成立，“F”表示条件不成立，空白表示这个条件成立与否并不影响对动作的选择。判定表右下部分中画“√”表示做它左边的那项动作，空白表示不做这项动作。从表 3-1 中可以看出，只要行李重量不超过 30 kg，不论这位乘客持有何种机票，是中国人还是外国人，是残疾人还是正常人，一律免收行李费，这就是表右部第一列（规则 1）表示的内容。当行李重量超过 30 kg 时，根据乘客机票的等级、国籍、是否残疾而使用不同算法计算行李费，这就是规则 2 到规则 9 表示的内容。

从上述例子可以看出，判定表能够简洁而又无歧义地描述处理规则。对判定表容易进行校验或化简，但是判定表并不适于作为一种通用的设计工具，没有一种简单的方法使它能同时清晰地表示顺序和重复等处理特性。

5. 判定树

尽管判定表能够清晰地表示复杂的条件组合与相应动作之间的对应关系，但其含义并非一目了然。对于初次接触这种工具的人来说，理解判定表需要一个简短的学习过程。此外，当数据元素的值多于两个时，判定表的简洁程度会有所下降。

判定树的优点在于，它的形式简单到不需任何说明，一眼就可以看出其含义，因此易于掌握和使用。多年来判定树一直受到人们的重视，是一种比较常用的系统分析和设计的工具。图 3-17 是和表 3-1 等价的判定树。从图 3-17 可以看出，虽然判定树比判定表更直观，但简洁性却不如判定表，数据元素的同一个值往往要重复写多遍，而且越接近树的叶端重复次数越多。此外还可以看出，画判定树时分枝的次序可能对最终画出的判定树的简洁程度有较大影响。在这个例子中，如果不是把行李重量作为第一个分枝，而是将它作为最后一个分枝，则画出的判定树将有 16 片树叶而不是只有 9 片树叶。显然，判定表并不存在这样的问题。

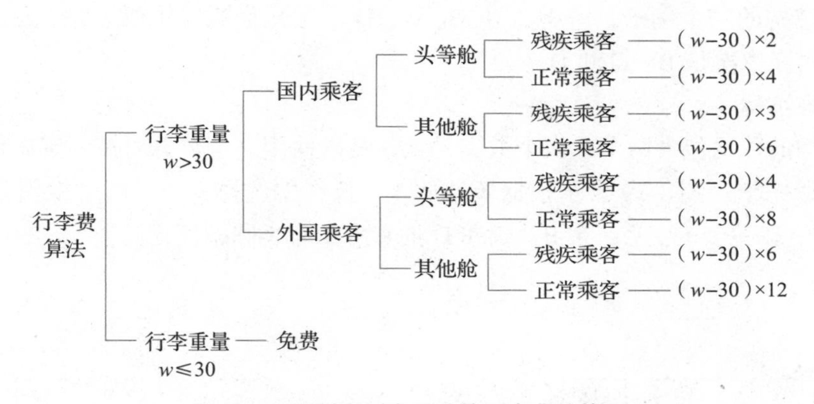

图 3-17 用判定树表示计算行李费的算法

对于存在多个条件组合的复杂判断问题，可使用判定表和判定树来描述。判定树比判定表直观易读，判定表进行逻辑验证较严格，并能考虑到所有的可能性。通常可将两种工具结合起来使用，先用判定表做底稿，再在此基础上产生判定树。

3.2.3 Jackson 程序设计方法

绝大多数计算机软件本质上都是信息处理系统，因此可以根据软件处理的信息来设计软件。

在许多应用领域中，信息都有清楚的层次结构，输入数据、内部存储的信息（数据库或文件）以及输出数据都可能有独特的结构。数据结构既影响程序的结构，又影响程序的处理过程，重复出现的数据通常由具有循环控制结构的程序来处理，选择数据（即可能出现也可能不出现的信息）要用带有分支控制结构的程序来处理。数据组织的层次通常和使用这些数据的程序的层次结构十分相似。

面向数据结构设计方法的最终目标是得出对程序处理过程的描述。这种设计方法并不明显地使用软件结构的概念。因此，这种方法最适合于在详细设计阶段使用，也就是说，在完成了软件结构设计之后，可以使用面向数据结构的方法来设计每个模块的处理过程。

使用面向数据结构的设计方法，当然首先需要分析确定数据结构，并且用适当的工具清晰地描绘数据结构。本节先介绍 Jackson 方法的工具——Jackson 图，然后介绍 Jackson 程序设计方法的基本步骤。

1. Jackson 图

虽然程序中实际使用的数据结构种类繁多，但是数据元素彼此间的逻辑关系却只有顺序、选择和重复三类，因此逻辑数据结构也只有这三类。

（1）顺序结构

顺序结构的数据由一个或多个数据元素组成，每个元素按确定次序出现一次，图 3-18 是表示顺序结构的一个例子，图中 A 由 B、C、D 三个元素顺序组成（每个元素只出现一次，出现的次序依次是 B、C 和 D）。

（2）选择结构

选择结构的数据包含两个或多个数据元素，每次使用这个数据时按一定条件从这些数据元素中选择一个。图 3-19 表示根据条件从 3 个选择中选择一个，图中根据条件 A 选择 B 或 C 或 D 中某一个（注意：在 B、C 和 D 的右上角有小圆圈标记）。

图 3-18　顺序结构　　图 3-19　选择结构

（3）循环结构

循环结构的数据，是根据使用时的条件由一个数据元素出现零次或多次构成。图 3-20 是表示循环结构的 Jackson 图，图中 A 由 B 出现 N 次（N ≥ 0）组成（注意：在 B 的右上角有星号标记）。

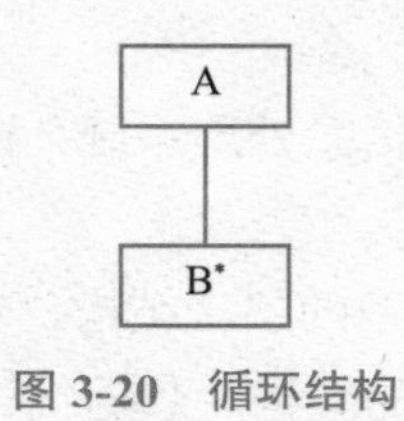

图 3-20　循环结构

Jackson 图有下述优点：

- 便于表示层次结构，而且是对结构进行自顶向下分解的有力工具。
- 形象直观，可读性好。

- 既能表示数据结构，也能表示程序结构（因为结构化程序设计也只使用上述三种基本结构）。

2. 改进的 Jackson 图

Jackson 图的缺点是：用这种图形工具表示选择或重复结构时，选择条件或循环结束条件不能直接在图上表示出来，影响了图的表达能力，也不易直接把图翻译成程序。此外，框间连线为斜面线，不易在行式打印机上输出。为了解决上述问题，建议使用图 3-21 中给出的改进的 Jackson 图。

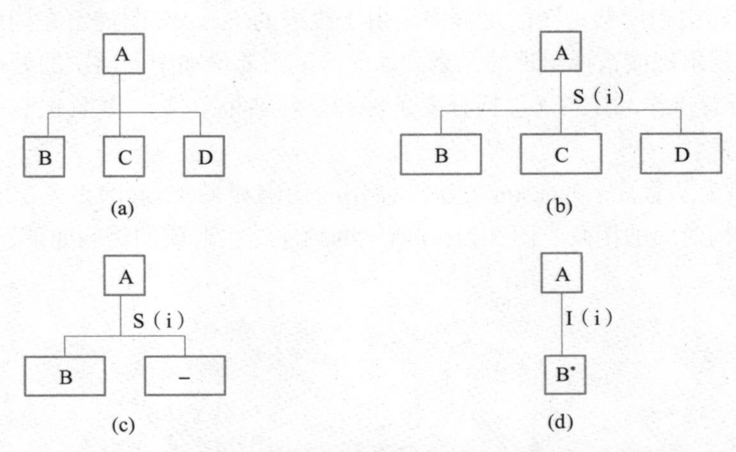

(a)顺序结构（B、C、D中任一个都不能是选择出现或重复出现的数据元素，即不能是右上角有小圆或星号标记的元素）；(b)选择结构（S右面括号中的数字i是分支条件的编号）；(c)可选结构（可选结构是选择结构的一种常见的特殊形式）；(d)循环结构（循环结束条件的编号为i）。

图 3-21　改进的 Jackson 图

Jackson 图实质上是对层次图的一种精化。虽然 Jackson 图和描绘软件结构的层次图形式相当类似，但是含义却很不相同。层次图中的一个方框通常代表一个模块；Jackson 图即使用在描绘程序结构时，一个方框也并不代表一个模块，通常一个方框只代表一条或多条语句。层次图表现的是调用关系，通常一个模块除了调用下级模块外，还完成其他操作；Jackson 图表示的是组成关系，也就是说，一个方框中包括的操作仅仅由它下层框中的那些操作组成。

3. Jackson 方法

Jackson 结构程序设计方法基本上由 5 个步骤组成。

① 分析并确定输入数据和输出数据的逻辑结构，并用 Jackson 图描绘这些数据结构。

② 找出输入数据结构和输出数据结构中有对应关系的数据单元。所谓有对应关系是指有直接的因果关系，在程序中可以同时处理的数据单元（对于重复出现的数据单元必须重复的次序和次数都相同才可能有对应关系）。

③ 用下述三条规则从描绘数据结构的 Jackson 图导出描绘程序结构的 Jackson 图。

- 为每对有对应关系的数据单元，按照它们在数据结构图中的层次，在程序图的相应层次画一个处理框（注意：如果这对数据单元在输入数据结构和输出数据结构中所处的层次不同，则和它们对应的处理框在程序结构图中所处的层次与它们之中在数据结构图中层次低的那个对应)。

- 根据输入数据结构中剩余的每个数据单元所处的层次，在程序结构图的相应层次分别为它们画上对应的处理框。
- 根据输出数据结构中剩余的每个数据单元所处的层次，在程序结构图的相应层次分别为它们画上对应的处理框。

总之，描绘程序结构的 Jackson 图应该综合输入数据结构和输出数据结构的层次关系而导出来。在导出程序结构图的过程中，由于改进的 Jackson 图规定在构成顺序结构的元素中不能有重复出现或选择出现的元素，因此可能需要增加中间层次的处理框。

④ 列出所有操作和条件（包括分支条件和循环结束条件），并且把它们分配到程序结构图的适当位置。

⑤ 用伪码表示程序。Jackson 方法中使用的伪码和 Jackson 图是完全对应的，下面是和 3 种基本结构对应的伪码。图 3-21(a) 所示的顺序结构对应的伪码如下，其中 seq 和 end 是关键字。

```
A  seq
    B
    C
    D
A  end
```

图 3-21(b) 所示的选择结构对应的伪码如下，其中 select、or 和 end 是关键字，cond1、cond2 和 cond3 分别是执行 B、C 或 D 的条件。

```
A  select  cond1
    B
    A  or  cond2
    C
    A  or  cond3
    D
A  end
```

图 3-21(d) 所示的重复结构对应的伪码如下，其中 inter、until、while 和 end 是关键字（重复结构有 until 和 while 两种形式），cond 是条件。

```
A inter until(或  while) cond
      B
A end
```

下面结合一个具体例子进一步说明 Jackson 结构的程序设计方法。

【例 3-2】 考试后将考生的基本情况文件（简称考生情况文件）和考生成绩文件（简称考分文件）合并成一个新文件（简称考生新文件）。考生情况文件和考分文件都是由考生记录组成的。为简便起见，考生情况文件中的考生记录的内容包括：准考证号、姓名、通信地址。考分文件中的考生记录的内容包括：准考证号和考分。合并后的考生新文件自然也是由考生记录组成，内容包括：准考证号、姓名、通信地址和考分。

用 Jackson 程序设计方法，由以下 5 个步骤组成。

第一步，数据结构表示。

对要求解的问题进行分析，确定输入数据和输出数据的逻辑结构，并用 Jackson 图描述这些数据结构，如图 3-22 所示。

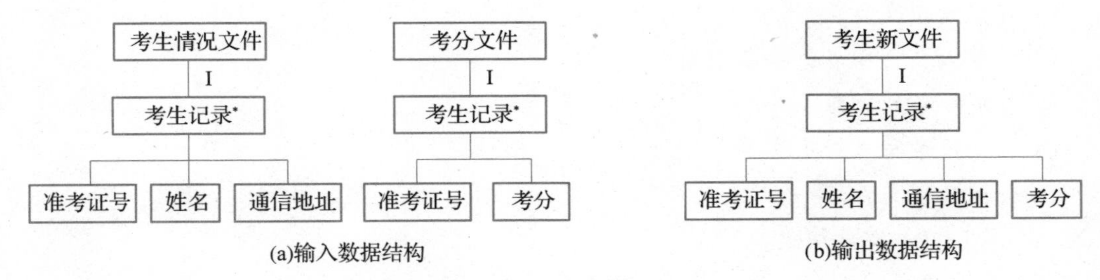

图 3-22　数据结构图

第二步，找出输入数据结构和输出数据结构的对应关系。

找出输入数据结构和输出数据结构中有对应关系的数据单元，即有直接因果关系、在程序中可以同时处理的数据单元（见图 3-23）。需要注意的是，对于重复的数据单元，必须是重复的次序、次数都相同才有可能有对应关系。

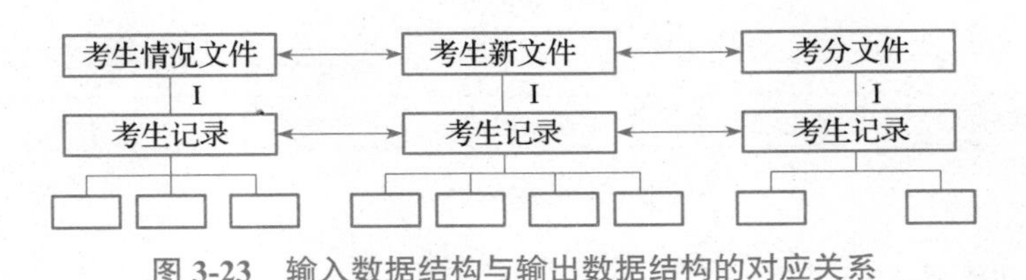

图 3-23　输入数据结构与输出数据结构的对应关系

第三步，确定程序结构图。

根据下述三规则，由 Jackson 图导出相应的程序结构图。

- 为每对有对应关系的数据单元，按照它们在数据结构图中所处的层次，在程序结构图中的相应层次画一个处理框。如果这对数据单元在输入数据结构图和输出数据结构图中所处的层次不同，那么应以在输入数据结构图和输出数据结构图中较低的那个层次作为在程序结构图中的处理框所处的层次。
- 对于输入数据结构中剩余的数据单元，根据它们所处的层次，在程序结构图的相应层次为每个数据单元画上相应的处理框。
- 对于输出数据结构中剩余的数据单元，根据它们所处的层次，在程序结构图的相应层次为每个数据单元画上相应的处理框。

实际上，这一步是一个综合的过程：每对有对应关系的数据单元合画一个处理框，没有对应关系的数据单元则各画一个处理框。

第四步，列出并分配所有操作和条件。

列出所有操作和条件（包括分支条件和循环结束条件），并把它们分配到程序结构图的适当位置。

操作包括：

① 停止。

② 打开两个输入文件。

③ 建立输出文件。

④ 从输入文件中各读一条记录。

⑤ 生成一条新记录。

⑥ 将新记录写入输出文件。

⑦ 关闭全部文件。

条件：I（1）文件结束。

把操作和条件分配到程序结构图的适当位置，如图 3-24 所示。

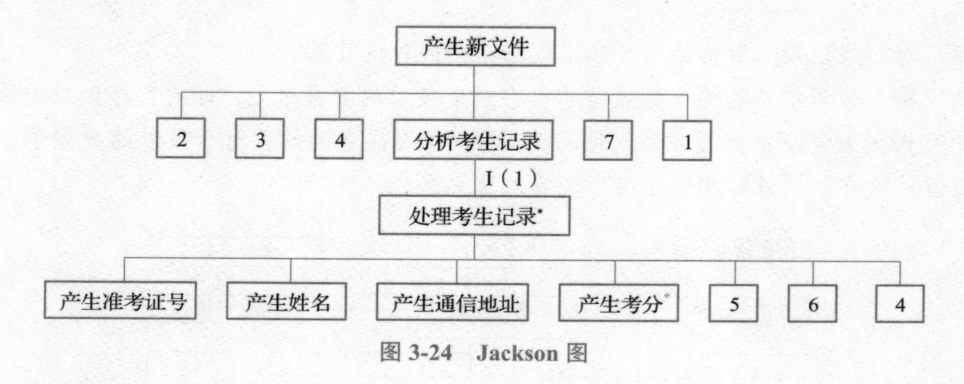

图 3-24　Jackson 图

第五步，用伪码表示程序。

Jackson 方法中使用的伪码与 Jackson 图是完全对应的。针对三种基本程序结构，有相对应的 Jackson 伪码。

用 Jackson 伪码描述的程序如下：

```
产生新文件  seq
    打开两个输入文件
    从输入文件中各读一条记录
    分析考生记录 inter  until 文件结束
        处理考生记录  seq
            产生准考证号
            产生姓名
            产生通信地址
            产生考分
            生成一条新记录
            将新记录写入输出文件
            从输入文件中各读一条记录
        处理考生记录  end
    关闭全部文件
    停止
产生新文件  end
```

Jackson 方法在设计比较简单的数据处理系统时特别方便。但是，在设计比较复杂的软件程序时，常常遇到输入数据可能有错、条件不能预先测试、数据结构冲突等问题，这时 Jackson 方法便不太适用了。

3.3 数据库的结构设计

数据库的应用越来越广泛，目前绝大多数的系统都要用到数据库技术。在软件的系统设计阶段，就必然要考虑到数据库的设计，这也是软件设计非常重要的一项工作。数据库的设计指数据存储文件的设计，主要进行以下三方面设计：概念设计、逻辑设计、物理设计。

数据库的“逻辑设计”对应于系统开发中的“需求分析”与“系统设计”，而数据库的“物理设计”对应于系统开发中的“详细设计”。

3.3.1 逻辑结构设计

1. 逻辑结构设计的任务和步骤

概念结构是独立于任何一种数据模型的信息结构。逻辑结构设计的任务就是把概念结构设计阶段设计好的基本 E-R 图转换为与选用 DBMS 产品所支持的数据模型相符合的逻辑结构。

从理论上讲，设计逻辑结构应该选择最适合于相应概念结构的数据模型，然后对支持这种数据模型的各种 DBMS 进行比较，从中选出最适合的 DBMS。但实际情况往往是已给定了某种 DBMS，设计人员没有选择余地。目前 DBMS 主要支持关系模型，对某一种数据模型，各个系统可能有许多的限制，提供的环境与工具也会存在差异，所以设计逻辑结构时一般要分三步进行。

第一步，将概念结构转换为一般的联系、网状、层次模型。

第二步，将转换形成的关系、网状、层次模型向 DBMS 支持下的数据模型转换。

第三步，对数据模型进行优化。

2. E-R 图向关系模型的转换

E-R 图向关系模型的转换能够将实体和实体间的联系转换为关系模式，并确定这些关系的属性和码。

关系模型的逻辑结构是一组关系模式的集合，而 E-R 图则是由实体、实体的属性和实体之间的联系 3 个要素组成的。要将 E-R 图转换为关系模型，实际上就是将实体、实体属性和实体之间的联系转换为关系模式。这种转换一般按照下面的规则进行。

① 一个实体转换为一个关系模式。实体的属性就是关系的属性，实体的码就是关系的码。对于实体间的联系，分为以下三种不同情况：

- 一个1∶1联系可以转换为一个独立的关系模式，也可以与任意一端对应的关系模式合并。如果转换为一个独立的关系模式，则与该联系相加的各实体的码以及联系本身的属性均转换为关系的属性，每个实体的码均是该关系的候选码。如果与某一端实体对应的关系模式合并，则需要在该关系模式的属性中加入另一个关系模式的码和联系本身的属性。
- 一个1∶N联系可以转换为一个独立的关系模式，也可以与N端对应的关系模式合并。如果转换为一个独立的关系模式，则与该联系相连的各实体的码以及联系本身的属性均转换为关系的属性，而关系的码为N端实体的码。
- 一个M∶N联系转换为一个关系模式。与该联系相连的各实体的码以及联系本身的属性均转换为关系的属性，而关系的码为各实体码的组合。

② 3个或3个以上实体间的一个多元联系可以转换为一个关系模式。与该多元联系相连的各实体的码以及联系本身的属性均转换为关系的属性，而关系的码为各实体码的组合。

③ 具有相同码与关系模式的模式可以合并。

3. 用户子模式的设计

将概念模型转换为全局模型后，还应该根据局部应用需求，结合具体DBMS的特点，设计用户的外模式。

目前关系型数据库管理系统一般都提供了视图的概念，可以利用这一功能设计更符合局部用户需要的用户外模式。

定义数据库全局模式主要是从系统的时间效率、空间效率、易维护等角度出发。由于用户外模式与模式是相对独立的，因此，在定义用户外模式时可以注重考虑用户的习惯与方便，主要包括以下三点：

① 使用更符合用户习惯的别名。在合并各分E-R图时，要做消除命名冲突的工作，使数据库系统中同一关系和属性具有唯一名字。这在设计数据库整体结构时是非常必要的。用视图机制可以在设计用户视图时重新定义某些属性名，使其与用户习惯一致，以便使用。

② 可以对不同级别的用户定义不同的视图，以保证系统的安全性。

③ 简化用户对系统的使用。如果某些局部应用中经常要使用某些很复杂的查询，为了方便用户，可以将这些复杂查询定义为视图，用户每次只需对定义好的视图进行查询，从而大幅简化操作。

3.3.2 物理结构设计

数据库在物理设备上的存储结构与存取方法为数据库的物理结构，依赖于给定的计算机系统。为一个给定的逻辑数据模型选取一个最适合应用要求的物理结构的过程，就是数

据库的物理设计。

数据库的物理设计通常分为以下两步：

① 确定数据库的物理结构，在关系数据库中主要指存取方法和存储结构。

② 对物理结构进行评价，评价的重点是时间和空间的效率。

如果评价结果满足原设计要求，那么可进入到物理实施阶段；否则就需要重新设计和修改，甚至可能要返回逻辑设计阶段来修改数据模型。

1. 设计的内容和方法

由于不同的数据库产品所提供的物理环境、存取方法和存储结构各不相同，供设计人员使用的设计变量、参数范围也各不同，所以数据库物理设计没有通用的设计方法可遵循，仅有一般的设计内容和设计原则供数据库设计者参考。

数据库设计人员都希望自己设计的物理数据库结构能满足事务在数据库上运行时响应时间少、存储空间利用率高和事务吞吐率大的要求。为此，设计人员应该对要运行的事务进行详细的分析，取得设计所需要的参数，并且全面了解给定的 DBMS 的功能、物理环境和工具，尤其是存储结构和存取方法。

数据库设计者在确定数据存取方法时，必须清楚以下三种相关信息：

① 数据库查询事务的信息，包括查询所需要的关系、查询条件所涉及的属性、连接条件所涉及的属性、查询的投影性等信息。

② 数据库更新事务的信息，包括更新操作所需要的关系、每个更新操作所涉及的属性、修改操作要改变的属性等信息。

③ 每个事务在各关系上运行的频率和性能要求。

关系数据库物理设计的内容主要指选择存取方法和存储结构，包括确定关系、索引、聚簇、日志、备份安排和存储结构，确定系统配置等。

2. 存取方法的选择

由于数据库是为多用户共享的系统，它需要提供多条存取路径才能满足多用户共享数据的要求。数据库物理设计的任务之一是确定建立哪些存取路径和选择哪些数据存取方法。关系数据库常用的存取方法有索引方法、聚簇方法和 Hash 方法等。

（1）索引存取方法的选择

选择索引存取方法实际上就是根据应用要求确定对关系的哪些属性列建立索引，哪些属性列建立组合索引，哪些索引建立唯一索引等。选择索引方法的基本原则如下：

① 如果一组属性经常在查询条件中出现，那么考虑在这组属性上建立组合索引。

② 如果一组属性经常作为最大值和最小值等聚集函数的参数，那么考虑在这个属性上建立索引。

③ 如果一个属性经常在连接操作的连接条件中出现，那么考虑在这个属性上建立索引。同理，如果一组属性经常在连接操作的连接条件中出现，那么考虑在这组属性上建立索引。

④ 关系上定义的索引数要适当，并不是越多越好，因为系统为维护索引要付出代价，查询索引也要付出代价。例如，更新频率很高的关系定义的索引，数量就不能太多。因为更新一个关系时，必须对这个关系上有关的索引做相应的更新。

（2）聚簇存取方法的选择

为了提高某个属性或属性组的查询速度，把这个属性或属性组上具有相同值的元组集中存放在连续物理块上的处理称为聚簇，这个属性或属性组称为聚簇码。

聚簇功能可以大大提高按聚簇码进行查询的效率。例如，查询计算机系的所有学生名单时，假设计算机系有 2 000 名学生，在极端情况下，这 2 000 名学生所对应的数据元组分布在 2 000 个不同的物理块上。尽管学生关系表已按所在系建立了索引，根据索引就能够很快找到计算机系学生的元组标识，避免了全表扫描，但在根据元组标识访问数据模块时，仍需存取 2 000 个物理块，执行 2 000 次 I/O 操作。而如果将同一系的学生元组集中存放，那么每读一个物理块即可得到多个满足查询条件的元组，从而显著减少访问磁盘的次数。聚簇功能不但适用于单个关系，而且适用于经常进行连接操作的多个关系，即把多个连接关系的元组按连接属性值聚集存放，聚集中的连接属性称为聚簇码。这就相当于把多个关系按“预连接”的形式存放，从而大大提高了连接操作的效率。

一个数据库可以建立多个聚簇，但一个关系只能加入一个聚簇。选择聚簇存取方法就是确定需要建立多个聚簇，确定每个聚簇中包括哪些关系。聚簇设计时可分两步进行：先根据规则确定候选聚簇，再从候选聚簇中去除不必要的关系。

设计候选聚簇的原则如下：

- 对经常在一起进行连接操作的关系可以建立聚簇。
- 如果一个关系的一组属性经常出现在相等、比较条件中，那么此单个关系可建立聚簇。
- 如果一个关系的一个（或一组）属性上的值重复率很高，那么此单个关系可建立聚簇。也就是说，对应每个聚簇码值的平均元组不能太少，太少时，聚簇的效果不明显。
- 如果关系的主要应用是通过聚簇码进行访问或连接，而其他属性访问关系的操作很少时，可使用聚簇。

检查候选聚簇，取消其中不必要关系，方法如下：

- 从聚簇中删除经常进行全表扫描的关系。
- 从聚簇中删除更新操作远多于连接操作的关系。
- 不同的聚簇中可能包括相同的关系，一个关系可以在某一个聚簇中，但不能同时加入多个聚簇。要从这多个聚簇方案中选择一个较优的，其标准是在这个聚簇上运行各种事务的总代价最小。

3. 确定数据库的存储结构

确定数据的存放位置和存储结构要综合考虑存取时间、存取空间利用率和维护代价三个方面的因素。这三个方面常常相互矛盾，因而需要进行权衡，选择一个折中的方案。

（1）确定数据的存放位置

为了提高系统性能，应根据现有的情况将数据的易变部分与稳定部分、经常存取部分与存取频率较低部分分开存放。

由于不同 DBMS 对数据进行物理安排的手段、方法存在差异，因此设计人员应仔细了解给定的 DMBS 提供的方法和参数，针对具体应用环境的要求，对数据进行适当的物理安排。

（2）确定系统配置

DBMS 产品一般都提供了一些系统配置变量和存储分配参数，以供设计人员和数据库管理员（database adminstrator, DBA）对数据库进行物理优化。在初始情况下，系统都为这些变量赋予了合理的缺省值，但这些缺省值不一定适合每一种应用环境。在进行数据库的物理设计时，可能还需要重新对这些变量赋值，以改善系统的性能。

系统配置变量通常较多，在系统运行时要根据实际运行情况进一步调整参数，改进系统性能。

4. 评价物理结构

数据库物理设计过程中需要对时间效率、空间效率、维护代价和各种用户要求进行权衡，其结果可以产生多种方案，数据库设计人员必须对这些方案进行细致的评价，从中选择一个较优的方案作为数据库的物理结构。

评价物理数据库的方法完全依赖于所选用的 DBMS，主要是从定量估算各种方案的存储空间、存取时间和维护代价入手，对估算结果进行权衡、比较，选择一个较优的、合理的物理结构。如果该结构不符合用户的要求，那么需要修改设计。

3.4 典型的软件体系结构

目前，典型的软件体系结构包括客户端 / 服务器结构和浏览器 / 服务器结构，这两种体系结构也是网络环境下最常用的软件体系结构。

3.4.1 客户端 / 服务器结构

客户端/服务器（client/server, C/S）软件体系结构是基于资源不对等，且为实现共享而提出的，是 20 世纪 90 年代成熟起来的技术，C/S 体系结构定义了客户端如何与服务器相连，以实现数据和应用分布到多个处理机上。C/S 体系结构有 3 个主要组成部分，分别为数据库服务器、客户应用程序和网络。

数据库服务器负责有效地管理系统的资源，其任务如下：

- 实现数据库安全性的要求。
- 控制数据库访问并发性。

● 执行数据库前端的客户应用程序的全局数据完整性规则。

● 备份与恢复数据库。

客户应用程序的主要任务如下：

● 提供用户与数据库交互的界面。

● 向数据库服务器提交用户请求并接收来自数据库服务器的信息。

● 利用客户应用程序对存在于客户端的数据执行应用逻辑要求。

网络通信软件的主要作用是完成数据库服务器和客户应用程序之间的数据传输。

C/S 体系结构将应用一分为二，服务器（后台）负责数据管理，客户端（前台）完成与用户的交互任务。服务器为多个客户应用程序管理数据，而客户程序发送、请求和分析从服务器接收的数据，这是一种“胖客户机”（fat client）或“瘦服务器”（thin server）的体系结构，其数据流图如图 3-25 所示。

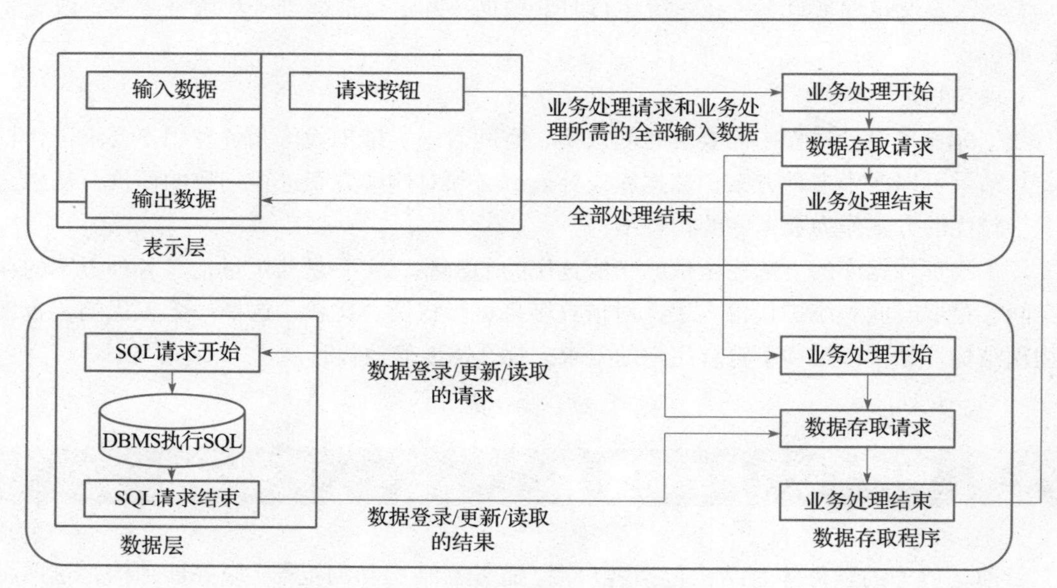

图 3-25　C/S 结构的一般处理流程

在一个 C/S 体系结构的软件系统中，客户应用程序往往针对一个小的、特定的数据集（如一个表的一行）来进行操作，而不是像文件服务器那样针对整个文件进行操作；只对某一条记录进行封锁，而不对整个文件进行封锁。因此保证了系统的并发性，并使网络上传输的数据量减到最少，从而改善了系统的性能。

C/S 体系结构的优点主要在于系统的客户应用程序和服务器构件分别运行在不同的计算机上，系统中每台服务器都可以适合各构件的要求，具有很好的适应性和灵活性，而且易于对系统进行扩充和缩小。在 C/S 体系结构中，系统中的功能构件充分隔离，客户应用程序的开发集中于数据的显示和分析，而数据库服务器的开发则集中于数据的管理，无须为每个新应用程序重新编写 DBMS 的代码。将大的应用处理任务分布到许多通过网络连接的低成本计算机上，可以节约大量费用。

C/S 体系结构具有强大的数据操作和事务处理能力，模型思想简单，易于为人们理解和接受。但随着企业规模的日益扩大，软件的复杂程度不断提高，C/S 体系结构逐渐暴露出它的缺点。

- 系统成本逐渐较高。随着客户端软件的不断升级，对硬件要求不断提高，增加了整个系统的成本，且客户端变得越来越臃肿。
- 客户端程序设计复杂。采用 C/S 体系结构进行软件开发，大部分工作量放在客户端的程序设计上，客户端显得十分庞大。
- 信息内容和形式单一。
- 用户界面风格不一。
- 软件移植困难。采用不同开发工具或平台开发的软件，一般互不兼容，难以移植到其他平台上运行。
- 软件维护和升级困难。在采用 C/S 体系结构的情况下，进行软件升级时，开发人员需要前往现场更新每个客户端的系统。即便是对软件做极小的修改（如仅更改一个变量），每个客户端也必须进行相应的更新。
- 新技术应用不易实现。因为一旦选定了软件平台和开发工具，便很难进行更换。

3.4.2 三层 C/S 结构

随着企业规模的日益扩大，软件的复杂程度不断提高，传统的二层 C/S 结构存在着很多局限，三层 C/S 体系结构应运而生，其结构如图 3-26 所示。

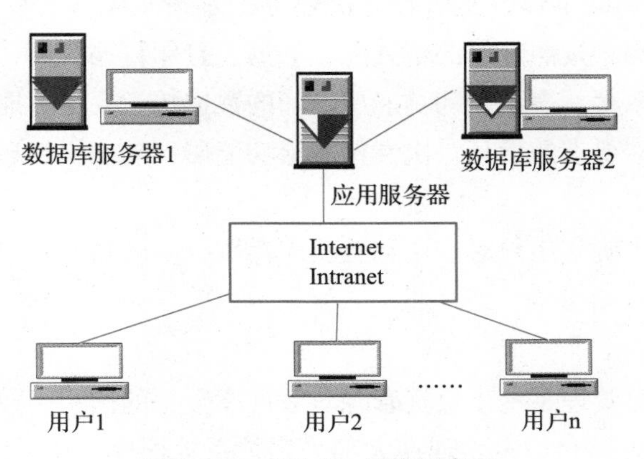

图 3-26 三层 C/S 结构示意图

与二层 C/S 结构相比，三层 C/S 体系结构增加了一个应用服务器，可以将整个应用逻辑驻留在应用服务器上，而只有表示层存在于客户机上，这种结构称为“瘦客户机”（thin client）。三层 C/S 体系结构是将应用功能分成表示层、功能层和数据层三个部分，如图 3-27 所示。

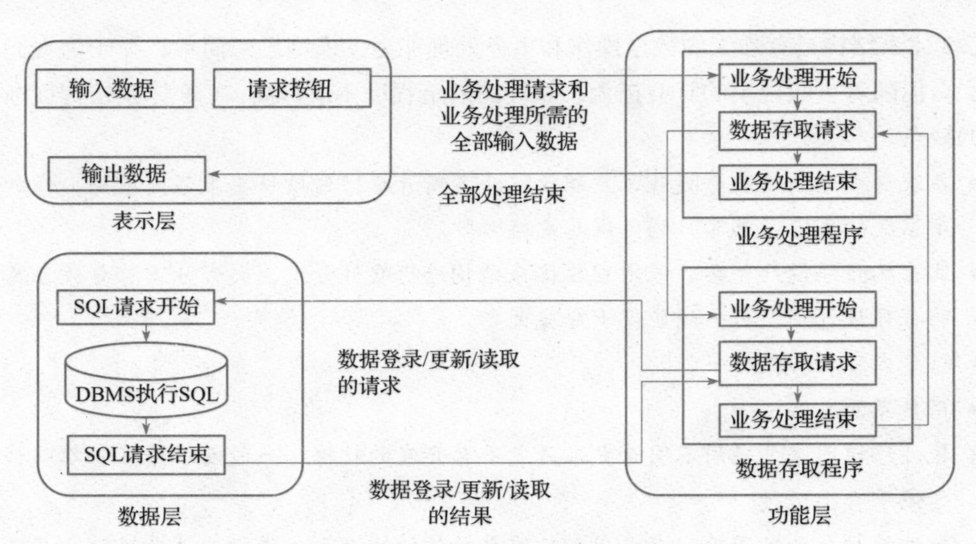

图 3-27 三层 C/S 结构的一般处理流程

1. 表示层

表示层是应用的用户接口部分，担负着用户与应用间的对话功能，用于检查用户从键盘等设备输入的数据，显示应用输出的数据。为使用户能直观地进行操作，一般要使用操作简单、易学易用的图形用户界面（graphic user interface, GUI）。在修改用户界面时，只需改写显示控制和数据检查程序，而不影响其他两层。检查的内容也只限于数据的形式和取值的范围，不包括有关业务本身的处理逻辑。

2. 功能层

功能层相当于应用的本体，是将具体的业务处理逻辑编入程序中。例如，在处理购销合同时计算合同金额，按照定好的格式配置数据、打印订购合同，而处理所需的数据则要从表示层或数据层取得。表示层和功能层之间的数据传送要尽可能简洁，用户检索数据时，应设法将有关检索要求的信息一次性传送给功能层，功能层处理过的检索结果数据也应一次性传送给表示层。

功能层中通常包含确认用户对应用和数据库存取权限的功能，以及记录系统处理日志的功能。

3. 数据层

数据层就是数据库管理系统，负责管理对数据库数据的读写。数据库管理系统必须能迅速执行大量数据的更新和检索。现在大都采用关系数据库管理系统（relational database management system, RDBMS），从功能层传送到数据层的要求大都使用 SQL 语言。

三层 C/S 的解决方案是：明确地将这三层进行分割，并在逻辑上保持它们的独立性。由于数据层作为数据库管理系统已经独立出来，因此关键是要将表示层和功能层分离成各自独立的程序，并确保这两层之间的接口简洁明了。

一般情况下只将表示层配置在客户端，而将功能层和数据层放在同一服务器上或分别

放在不同的服务器上，客户机和服务器通过中间件连接起来。中间件是一个用 API 定义的软件层，它是具有强大通信能力和良好可扩展性的分布式软件管理框架，在客户机和服务器或者服务器和服务器之间传送数据，实现客户机群和服务器群之间的通信。

3.4.3 浏览器 / 服务器结构

在三层 C/S 体系结构中，表示层负责处理客户端的输入和向客户端的输出（出于效率的考虑，它可能在上传客户端的输入前进行合法性验证）。功能层负责建立数据库的连接，根据用户的请求生成访问数据库的 SQL 语句，并把结果返回给客户端。数据层负责实际的数据库存储和检索，响应功能层的数据处理请求，并将结果返回给功能层。

浏览器 / 服务器（browser/server, B/S）风格就是上述三层应用结构的一种实现方式，其具体结构为：浏览器 / Web 服务器 / 数据库服务器。采用 B/S 结构的计算机应用系统的基本框架如图 3-28 所示。

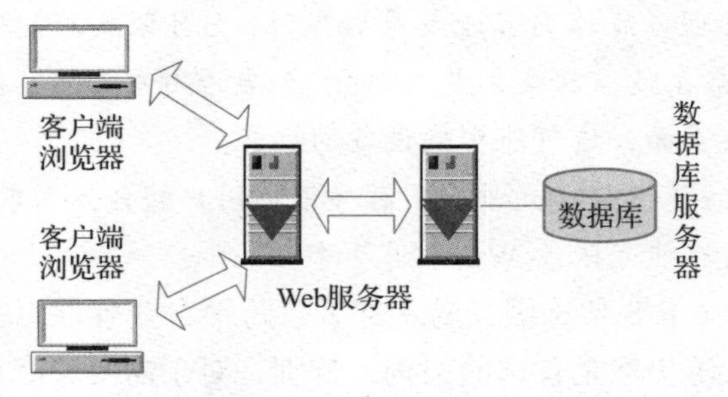

图 3-28 B/S 模式结构

B/S 体系结构主要是利用成熟的 WWW 浏览器技术，给合浏览器的多种脚本语言，用通用浏览器就能实现强大的功能，节约了开发成本。

在 B/S 结构中，除了数据库服务器外，应用程序以网页形式存放于 Web 服务器上。用户运行某个应用程序时，只需在客户端上的浏览器中键入相应的网址（URL)，即可调用 Web 服务器的应用程序，并通过它对数据库进行操作以完成相应的数据处理工作，最后将结果通过浏览器显示给用户。可以说，在 B/S 模式的计算机应用系统中，应用（程序）在一定程度上具有集中的特征。

基于 B/S 体系结构的软件，系统安装、修改和维护全在服务器端进行。用户在使用系统时，仅仅需要一个浏览器就可运行全部的模块，真正达到了“零客户端”的功能，在运行时可以轻松地实现自动升级。B/S 体系结构还提供了异种机、异种网、异种应用服务的联机、联网、统一服务的最现实的开放性基础。

B/S 结构出现之前，管理信息系统的功能覆盖范围主要是组织内部。B/S 结构的“零客户端”方式，使组织的供应商和客户的计算机也能方便地成为管理信息系统的客户端，进而在限定的功能范围内查询组织的相关信息，完成与组织的各种业务往来数据的交换和处理工作，扩大了组织的计算机应用系统的覆盖范围。

与 C/S 体系结构相比，B/S 体系结构也有许多不足之处。

- 性能和响应时间：B/S 架构通常依赖于 Web 服务器和浏览器之间的 HTTP 通信，这可能导致较高的延迟和较长的响应时间，尤其是在处理复杂的用户界面或大数据量时。相比之下，C/S 架构可以直接利用底层网络协议提供更快的响应速度。
- 用户体验：B/S 架构受限于 Web 浏览器的功能，可能无法提供与原生应用程序相同的用户体验，尤其是在图形密集型应用或实时交互应用中。Web 浏览器更新频繁，不同版本和类型的浏览器兼容性问题可能影响应用的稳定性和一致性。
- 安全性：B/S 架构可能面临更多的安全威胁，数据传输通常需要加密（如采用 HTTPS 协议、加密算法等），这可能增加服务器的负载。
- 依赖网络：B/S 架构的应用程序完全依赖于网络连接，任何网络中断都会导致服务中止，而 C/S 架构下的客户端可以在一定程度上离线工作。
- 资源消耗：在处理多媒体内容或大量数据时，B/S 架构可能需要更多的服务器资源（因为所有处理都在服务器端完成）。对于复杂的用户界面，浏览器可能需要更多的计算资源来渲染页面，这可能影响设备的性能。
- 定制化和个性化：C/S 架构允许应用程序根据用户的具体需求进行深度定制，而 B/S 架构的定制程度可能受限于 Web 技术和标准。

尽管存在这些不足，B/S 架构因其易于部署、跨平台兼容性以及无需在客户端安装软件的优点，在许多场景下仍然是首选的架构，特别是对于需要广泛访问和低维护成本的应用场景。随着 Web 技术的发展，如 HTML5、CSS3、JavaScript 开发框架和 WebAssembly 等，B/S 架构的应用体验和性能也在不断改进。

随着云计算和移动互联网的普及，出现了多种软件架构模式，它们适应了不同的业务需求和技术环境。除了传统的 C/S 和 B/S 架构之外，常见的软件架构有微服务架构、事件驱动架构、服务网格、容器化和编排、移动后端即服务、边缘计算架构等。每种架构都有其特定的优缺点，选择合适的架构取决于具体的应用场景、业务需求、团队技能和资源等因素。

习题 3

一、填空题

1. 软件系统设计阶段产生的重要的文档之一是__________。
2. 软件结构是以__________为基础而组成的一种控制层次结构。
3. 反映软件结构的基本形态特征是_______、_____、_______和________。
4. 在系统设计阶段，形成软件结构后，还应为每个模块写一份_______和_________。
5. 结构化程序设计方法的要点是使用__________结构，自顶向下，逐步求精地构造算法或程序。

6. PAD图清晰地反映了程序的层次结构，图中的竖线为程序的____________。

7. 详细设计的目标不仅是逻辑上正确地实现每个模块的功能，还应使设计上的处理过程____________。

8. 数据库设计分为________________、________________。

二、选择题

1. 结构化设计方法在软件开发中，用于功能分解属于__________阶段。
   A. 测试用例设计　B. 系统设计　C. 程序设计　D. 详细设计
2. 软件结构使用的图形工具，一般采用__________图。
   A. DFD　B. PAD　C. SC　D. ER
3. 软件结构图中，模块框之间若有直线连接，表示它们之间存在着________关系。
   A. 调用　B. 组成　C. 连接　D. 顺序执行
4. 在软件系统设计中，不使用的图形工具是__________图。
   A. SC　B. IPO　C. 结构图　D. PAD
5. 系统设计与详细设计衔接的图形工具是__________。
   A. 数据流图　B. 结构图　C. 程序流程图　D. PAD图
6. 划分模块时，一个模块的__________。
   A. 作用范围应在其控制范围之内　B. 控制范围应在其作用范围之内
   C. 作用范围与控制范围互不包含　D. 作用范围与控制范围不受任何限制
7. 结构化程序设计的一种基本方法是__________。
   A. 筛选法　B. 递归法　C. 迭代法　D. 逐步求精法
8. 详细设计的任务是确定每个模块的__________，即模块的__________。
   A. 外部特性　B. 内部特性
   C. 算法和使用的数据结构　D. 功能和输入输出数据
9. 程序的三种基本控制结构是__________。
   A. 过程、子程序和分程序　B. 顺序、选择和重复
   C. 递归、堆栈和队列　D. 调用、返回和转移
10. 两个或两个以上模块之间关联的紧密程度称为____________。
   A. 耦合度　B. 内聚度　C. 复杂度　D. 数据传输特性
11. 信息隐蔽的概念与下述____________直接相关。
   A. 软件结构定义　B. 模块的独立性
   C. 模块类型的划分　D. 模块耦合度
12. 为了使模块尽可能独立，要求____________。
   A. 模块的内聚程度要尽量高，且各模块间的耦合程度要尽量强
   B. 模块的内聚程度要尽量高，且各模块间的耦合程度要尽量弱

C. 模块的内聚程度要尽量低，且各模块间的耦合程度要尽量弱

D. 模块的内聚程度要尽量低，且各模块间的耦合程度要尽量强

13. 在软件的开发过程中，必须遵循的原则是＿＿＿＿＿＿。(多选)

A. 抽象　　　　B. 模块化

C. 可重用性　　　　D. 可维护性

E. 可适应性

三、简答题

1. 软件系统设计阶段的基本任务是什么?
2. 详细设计的基本任务是什么?
3. 详细设计主要使用哪些描述工具? 各有什么特点?
4. 简述 C/S 结构与 B/S 结构的优缺点。

模块 4

软件编码与实现

学习目标

❖ 理解程序设计语言的特性、程序设计的编程风格。
❖ 掌握结构化程序设计的主要原则。
❖ 了解程序设计中界面设计的相关知识。

即刻学习
○配套学习资料
○软件工程导论
○技术学练精讲
○软件测试专讲

为了保证程序编码的质量，程序员必须深刻理解、熟练掌握并正确地运用程序设计语言的特性。此外，还要求源程序具有良好的结构性和程序设计风格。

4.1 程序设计语言

程序设计语言是人机通信的工具之一。使用程序设计语言“指挥”计算机是人类特定的活动。编码过程是软件工程中的一个步骤，语言的工程特性对软件开发的成功与否有重要的影响。此外，语言的技术特性也会影响软件设计的质量。

4.1.1 工程特性

从软件工程的观点，程序设计语言的特性着重考虑软件开发项目的需要，因此对程序编码有如下要求：

① 可移植性。这是指程序从一个计算机环境移植到另一个计算机环境的容易程度。计算机环境是指不同机型、不同的操作系统版本、不同的应用软件包等。为提高可移植性，应考虑以下几点：一是在设计时应避免模块与操作系统特性有高度联系；二是标准的语言要使用标准的数据库操作，尽量不使用扩充结构；三是程序中各种可变信息均应参数化，以便于修改。当然应尽量使用可移植性好的语言，如 Java 语言。

② 开发工具的可利用性。有效的软件开发工具可以缩短编码时间，改进源代码的质量。目前，许多编程语言都嵌入到一套完整的软件开发环境里，如 SQL Server 2019、可视化开发工具 Visual Studio.NET 等。

③ 软件的可重用性。编程语言能否提供可重用的软件，如模块子程序可通过源代码剪贴、包含、继承等方式实现软件重用。可重用软件在组装时，从接口到算法都可能需要考虑额外代价。

④ 可维护性。源程序的可维护性对复杂的软件开发项目尤其重要。因此，源程序的可读性、语言的文档化特性对软件包的可维护性具有重大的影响。

4.1.2 技术特性

语言的技术特性对软件工程各阶段都有一定的影响，特别是确定了软件需求之后，程序设计语言的特性就显得非常重要了。要根据项目的特性选择相应特性的语言，有的要求提供复杂的数据结构，有的要求实时处理能力强，有的要求能方便地进行数据库的操作。软件设计阶段的设计质量一般与语言的技术特性关系不大（面向对象设计除外），但将软件设计转化为程序代码时，转化的质量往往受语言性能的影响，可能会影响到设计方法。如：ADA、C++ 等支持抽象类型的概念，C 语言允许用户自定义数据类型，并能提供链表

和其他数据结构的类型。这些语言特性为设计者进行系统设计和详细设计提供了相当大的方便。在有些情况下，仅在语言具有某种特性时，设计需求才能满足。例如，要实现彼此通信和直接的并发的分布式处理，可以使用并发 ADA、Modula_2 等语言来完成这样的设计。语言的特性对软件的测试与维护也有一定的影响。支持结构化构造的语言有利于减少程序环路，使程序易于测试和维护。

4.2 程序设计风格

随着计算机技术的发展，软件的规模和复杂性都在不断增加。为了保证软件的质量，需要加强软件测试。为了延长软件的生存期，就需要经常进行软件维护。测试与维护都必须要阅读程序。因此，读程序是软件维护和开发过程中的一个重要组成部分。有时读程序的时间比写程序的时间还要多。针对同样的问题，为什么有人编的程序容易读懂，而有的人编的程序不易读懂呢？这就涉及程序设计风格的问题。程序设计风格指一个人编制程序时所表现出来的特点、习惯、逻辑思路等。良好的编程风格可以减少编码错误，减少读程序的时间，从而提高软件的开发和维护效率。本节主要讨论与编程风格有关的因素。

4.2.1 源程序文档化

1. 符号名的命名

符号名，即标识符，包括模块名、变量名、常量名、子程序名等。标识符应取有意义的名字，使人能见名知义。若是由几个单词组成的标识符，可以采用每个单词首字母用大写的方式，或者单词之间用下画线连接。例如，某个标识符取名为 rowofscreen 时，若写成 RowOfScreen 或 row_of_screen 就更容易理解了。但名字也不是越长越好，过长的名字在书写与输入时容易出错，必要时可以使用缩写，但要确保缩写的规则一致。

2. 程序的注释

注释是程序员与读者之间沟通的重要工具，通常使用自然语言或伪码来描述，说明程序的功能。注释决不是可有可无的，它的作用非常大，特别是在维护阶段，为理解程序提供了明确指导。一些正规的程序文本中，注释行的数量占到整个源程序的的 1/3 到 1/2，甚至更多。注释分序言性注释和功能性注释。

序言性注释应置于每个模块的起始部分，主要内容如下：

- 说明每个模块的用途、功能。
- 说明模块的接口：包括接口的调用形式、参数描述及从属模块的清单。
- 数据描述：说明重要数据的名称、用途、限制、约束及其他信息。
- 开发历史：包括设计者、审阅者姓名及日期，修改说明及日期。

功能性注释嵌入在源程序内部，用于描述其后的语句或程序段所实现的功能，或是执行了下面的语句将产生的效果。例如：

```
/* add amount to total */
total=total+amount
```

上面的注释就不够好。如果改为下面的注释，注明把月销售额计入年度总额，就能使读者轻松理解语句的意图了。

```
/* add monthly-sales to annual-total*/
total=total+amount
```

功能性注释应注意以下几点：

- 注释用来说明程序段，而不是每一行程序都要加注释。
- 使用空行、缩进或括号，以便于区分开注释和程序。
- 修改程序也应修改注释。

3. 视觉感受

一个程序写得密密麻麻，分不出层次是很难看懂的。可以利用空格、空行和缩进提高程序的可视化程度。

① 恰当地利用空格，可以突出运算的层次性、优先性，避免发生运算错误。

例如：

将表达式 `(a<-17)&&!(b<=49)||c` 写成 `(a<-17) && !(b<=49) || c` 就看起来更清楚。

② 自然的程序段之间可用空行隔开。

③ 缩进可使程序的逻辑结构更加清晰，层次更加分明。

例如，两重选择结构嵌套写成下面的形式，层次就清楚得多。

```
if (...)
    if (...)
        ...
    else
        ...
else
    ...
```

4.2.2 数据说明

为了使数据定义更易于理解和维护，一般遵循以下原则：

- 数据说明顺序应规范，使数据的属性更易于查找，从而有利于测试、纠错与维护。例如，按以下顺序：常量说明、类型说明、全局变量说明、局部变量说明。
- 一个语句中声明多个变量时，各变量名尽量按字典序排列。

例如：

```
int size,length,width,cost,price;
```

应改写成：

```
int cost,length,price,size,width;
```

- 对于复杂的数据结构要加注释，说明在程序实现时的特点。

4.2.3　语句构造

语句构造的原则是：简单直接，不能为了追求效率而使代码复杂化。在编写程序语句时，要注意以下几条规则。

① 为了便于阅读和理解，不要一行多个语句。不同层次的语句应采用缩进形式，使各程序的逻辑结构和功能特征更为清晰。

② 程序编写首先应当考虑清晰性，不要刻意追求技巧性，使程序显得过于紧凑。

例如，有一个用 C 语言编写的程序段，内容如下：

```
a[i] = a[i] + a[t];
a[t] = a[i] - a[t];
a[i] = a[i] - a[t];
```

此段程序可能不易看懂，实际上，这段程序的功能就是交换 a[i] 和 a[t] 中的内容。这种写法的目的是为了节省一个工作单元，如果改为以下写法：

```
k = a[t];
a[t] = a[i];
a[i] = k;
```

读者就能一目了然了。

③ 要避免复杂的判定条件，避免多重的循环嵌套，表达式中应使用括号以提高运算次序的清晰度。

④ 避免不必要的转移，如果能保持程序的可读性，就不必用 goto 语句。

4.2.4　输入和输出

在编写输入和输出程序时，要注意以下几条规则：

- 输入操作步骤和输入格式尽量简单。
- 应检查输入数据的合法性、有效性，报告必要的输入状态信息及错误信息。
- 输入一批数据时，使用数据或文件结束标志，而不要用计数来控制。
- 交互式输入时，提供可用的选择和边界值。
- 当程序设计语言有严格的格式要求时，应保持输入格式的一致性。
- 输出数据表格化、图形化。

输入、输出风格还受其他因素的影响，如输入、输出设备，用户经验及通信环境等。

4.2.5 程序效率

程序效率是指程序的执行速度及程序占用的存储空间。对程序效率的追求应明确以下几点：

- 效率是一个性能要求，目标在需求分析中给出。
- 追求效率应建立在不损害程序可读性和可靠性基础之上，要先使程序正确，再考虑提高程序效率；应先使程序清晰，再提高程序效率。
- 提高程序效率的根本途径在于选择良好的设计方法、良好的数据结构与算法，而不是靠编程时对程序语句做调整。

总之，在编码阶段，要善于积累编程经验，学习和培养良好的编程风格，使编写出的程序清晰易懂，易于测试与维护，从而提高软件的质量。

4.3 软件界面设计

当今，几乎所有的软件都采用了可视化的用户界面，其好处主要包括界面美观、直观、易于理解和操作方便等。

界面设计中一定要把握的关键问题是：界面设计是为用户设计的，而不是为设计者设计的，这也是界面设计的思想。

1. 界面设计的原则

界面设计是确保软件应用美观、简单、易操作的关键，在进行界面设计时，一般应遵循以下一些设计原则：

- 界面要美观，操作要方便，并能高效率地完成工作。
- 界面要根据用户需求设计。
- 界面要根据不同用户的层次设计（有的用户对计算机相当了解，而有的用户可能从来就没使用过计算机）。
- 避免出现嵌套式的界面设计。
- 界面和代码要相互制约。
- 界面要“人性化”。界面设计应该具备引导用户操作的功能，而不是一旦用户操作有误就出现异常，导致用户无法继续操作且没有任何提示来帮助用户进行下一步的操作。

2. 界面设计的内容

界面设计包含的内容很多，归纳起来主要包括三个方面。

- 布局设计：确定界面元素的排列和整体结构。
- 视觉设计：选择合适的颜色、字体和图像。
- 交互设计：确保用户与界面的互动流畅。

在界面设计中，布局和样式是主体，交互设计是体现界面易用、易理解的关键，在界面的交互设计中，信息提示样式是其中最常用的。

（1）界面设计的布局与样式

在软件设计中，界面的布局和样式对于用户体验至关重要。以下是一些常见的软件界面样式。

① 登录界面：通常包含用户名和密码输入框，以及登录按钮，可能还包括忘记密码、注册新账户的链接等。

② 系统功能布局界面：通常作为主界面，包含导航菜单、工具栏、状态栏以及主要内容区域，用于快速导向不同功能模块。

③ 录入界面：提供表单或字段供用户输入信息，如添加新数据或编辑现有数据，通常包含保存和取消两个按钮。

④ 查询界面：允许用户通过关键字、分类或其他筛选条件搜索特定信息，一般包括搜索框和查询结果列表等。

⑤ 统计（报告）界面：以图形、表格或报告的形式展示汇总数据，支持用户分析和决策，一般还包含数据导出、生成和展示或打印报告的功能，通常还包含多种格式和模板的选择。

⑥ 导入/导出界面：用于批量上传数据或从系统中导出数据，支持一些常见的文件格式，如 CSV、txt、xls 等。

⑦ 警告和错误界面：当操作失败或出现异常时显示这类界面，提供错误信息和解决问题的建议。

⑧ 帮助界面：提供使用指南、常见问题解答和联系方式等，帮助用户解决使用软件时遇到的问题。

这些界面样式不仅影响软件的外观，还与用户与产品互动的方式密切相关，选择合适的设计样式可以显著提升用户体验。

（2）常见信息提示样式

在软件界面设计中，有效的错误信息提示可以帮助用户理解问题并指导用户进行正确的操作。以下是一些常见的信息提示样式。

① 弹出框：一个模态对话框，直接出现在程序界面的中央或上方，提供错误详情或者操作选项。

② 状态栏消息：在界面的状态栏或底部显示错误信息，常用于显示非关键性或预期内的错误。

③ 工具提示：当用户悬停在特定元素上时显示的小提示框，可以提供简短的错误信息或帮助。

④ 内联错误信息：直接在输入字段旁边或下方显示，指出具体哪个数据输入有误，便于用户立即更正。

⑤ 颜色和图标变化：通过改变相关元素的颜色或使用错误图标来指示出错状态，吸

引用户的注意。

⑥ 声音或振动反馈：在移动设备上，使用声音或振动来通知用户界面操作的错误状态。

⑦ 全局提示：在界面的顶部或边缘显示的横跨整个页面的通知，适用于严重的错误或需要立即关注的问题。

通过这些不同的错误信息提示样式，为用户提供清晰、及时的反馈信息，帮助用户理解和纠正错误，从而增强软件的可用性和用户满意度。

（3）其他界面约定

① 字体。

② 颜色。

③ 按钮。

④ 数据格式。例如，数据的对齐方式及保留的小数位数。

⑤ 对齐方式。例如，界面上文本与各种控件的对齐方式。

4.4 结构化程序设计

1. 结构化程序设计的主要原则

- 使用语言中的顺序、选择、重复等有限的基本控制结构表示程序逻辑。
- 选用的控制结构只准许有一个入口和一个出口。
- 程序语句组成容易识别的块，每块只有一个入口和一个出口。
- 复杂结构应该用基本控制结构进行组合嵌套来实现。
- 语言中没有的控制结构，可用一段等价的程序段模拟，但要求该程序段在整个系统中应前后一致。
- 严格控制 goto 语句。
- 自顶向下，逐步求精。在详细设计和编码阶段，应当采取自顶向下、逐步求精的方法把一个模块的功能逐步分解，细化为一系列具体的步骤，进而翻译成一系列用某种程序设计语言写成的程序。

2. 结构化程序设计的优点

- 符合人们解决复杂问题的普遍规律，可提高软件开发的成功率和效率。
- 用先全局后局部、先整体后细节、先抽象后具体的逐步求精的过程开发出来的程序具有清晰的层次结构，程序容易阅读和理解。
- 程序自顶向下，逐步细化，分解成一个树形结构。在同一层节点上的细化工作相互独立，有利于编码、测试和集成。
- 每一步工作仅在上层节点的基础上做不多的设计扩展，便于检查。
- 有利于设计的分工和组织工作。

习题 4

一、填空题

1. 程序设计语言一般都有__________、________和__________三种基本控制结构。
2. 程序中语句构造的原则是________。

二、选择题

1. 源程序文档化要求在每个模块之前加序言性注释。该注释内容不应有________。
A. 模块的功能　　B. 语句的功能
C. 模块的接口　　D. 开发历史
2. 程序设计语言的工程特性其中之一表现在__________。
A. 软件的可重用性　　B. 数据结构的描述性
C. 抽象类型的描述性　　D. 数据库的易操作性
3. 程序设计语言的技术特性不应包括__________。
A. 数据结构的描述性　　B. 抽象类型的描述性
C. 数据库的易操作性　　D. 软件的可移植性
4. 下列选项中不属于结构化程序设计方法的是__________。
A. 自顶向下　　B. 逐步求精　　C. 模块化　　D. 可复用
5. 结构化程序设计所规定的三种基本控制结构是________。
A. 输入、处理、输出　　B. 树形、网形、环形
C. 顺序、选择、循环　　D. 主程序、子程序、函数
6. 结构化程序设计的一种基本方法是________。
A. 筛选法　　B. 递归法　　C. 归纳法　　D. 逐步求精法

三、简答题

1. 在项目开发时，选择程序设计语言通常要考虑哪些因素？
2. 什么是程序设计风格？应在哪些方面注意培养良好的设计风格？

即刻学习
○配套学习资料 ○软件工程导论
○技术学练精讲 ○软件测试专讲

模块5

面向对象方法

学习目标

❖ 理解面向对象的基本概念和面向对象的模型。
❖ 掌握面向对象分析和设计的方法。
❖ 熟悉 UML 工具，针对软件工程问题，了解构建用例图、类图的方法。

即刻学习
○配套学习资料
○软件工程导论
○技术学练精讲
○软件测试专讲

5.1 面向对象方法概述

传统的软件开发方法——结构化分析与设计方法已经被系统开发人员广泛使用。虽然它有很多优点，但也存在一些弊端。

① 结构化方法的本质是功能分解，它是围绕处理功能来构造系统的，而用户需求的改动大部分是针对功能的，这必然引起软件结构的变化。

② 结构化方法严格定义了目标系统的边界，很难把这样的系统扩展到新的边界，系统较难修改和扩充。

③ 结构化方法中的功能分解过程有些随意性，不同的开发人员开发相同的系统时，可能会分解得出不同的软件结构。

④ 开发出的软件复用性较差，往往难以实现真正意义上的软件复用。

基于上述种种因素，诞生了一种新的软件开发与设计方法——面向对象方法（object-oriented method, OOM）。面向对象方法是一种运用一系列面向对象的概念和原则（如类、对象、抽象、封装、继承、多态、消息等）来构造软件系统的开发方法。面向对象方法主张用人类在现实生活中常用的思维方法来认识、理解和描述客观事物，从客观世界固有的事物出发来构建系统，强调最终建立的系统要能够映射问题域。

1. 面向对象方法的发展历史

20 世纪 70 年代到 80 年代前期，美国施乐公司的帕洛阿尔托研究中心（PARC）开发了 Smalltalk 编程语言。Smalltalk 被公认为是历史上第一个完善的面向对象的程序设计语言。Smalltalk-80 提供了比较完整的面向对象技术的解决方案，诸如类、对象、封装、抽象、继承、多态等概念与技术，对后来出现的面向对象语言，如 Object-C、C++ 等，都产生了深远的影响。

随着面向对象语言的出现，面向对象程序设计应运而生，且得到迅速发展。之后，面向对象的思想不断向其他阶段渗透。1980 年，Grady Booch 提出了面向对象设计的概念，之后开始有了面向对象的分析。自上世纪 90 年以后，面向对象分析、测试、度量和管理等研究都得到了长足发展。

面向对象程序设计从 20 世纪 80 年代后期开始成为一种主导思想，这主要应归功于 C 语言的扩充版 C++ 语言。到 90 年代，图形用户界面（graphical user interface, GUI）日渐崛起，面向对象程序设计很好地适应了这一潮流。也可以说，GUI 的引入极大地推动了面向对象程序设计的发展。另外，面向对象程序设计的思想也使事件处理式的程序设计得到更加广泛的应用（虽然这一概念并非仅存在于面向对象程序设计中）。

20 世纪 90 年代后，随着面向对象程序设计语言 Java 的广为流行，面向对象的基本概念和运行机制被广泛运用到其他领域，催生了一系列相应领域的面向对象技术。如今，面向对象方法已被广泛应用于程序设计语言、形式定义、设计方法学、操作系统、分布式系统、人工智能、实时系统、数据库、人机接口、计算机体系结构、并发工程、综合集成工程等，并在许多领域的应用都取得了很大的发展。

2. 面向对象的概念

面向对象的开发方法是在结构化开发方法的基础上发展起来的，包括面向对象分析、面向对象设计和面向对象的实现，还包括面向对象的测试等。在学习面向对象开发方法之前，首先要了解面向对象的一些基本概念。

（1）对象

对象是指在应用领域中有意义、与所要解决的问题有关联的任何具体事物。例如，张三、李四、一本书、一栋楼房等都是对象。概括地说，世间万事万物皆可为对象。

（2）对象的状态和行为

对象具有状态，一个对象可以用数据值来描述它的状态；对象还有操作，操作用于改变对象的状态，对象及其操作就是对象的行为。

对象实现了数据和操作的结合，使数据和操作封装于对象的统一体中。

（3）类

具有相同特性（数据元素）和行为（功能）的对象的抽象就是类。因此，对象的抽象是类，类的具体化就是对象，也可以说，类的实例就是对象，类实际上就是一种数据类型。

类具有属性，属性是对对象状态的抽象，用数据结构来描述类的属性。

类具有操作，操作是对对象行为的抽象，用操作名和实现该操作的方法来描述。

对类可以从以下四个角度理解：

- 类是面向对象程序中的构造单位。
- 类是面向对象程序设计语言的基本成分。
- 类是抽象数据类型的具体表现。
- 类刻画了一组相似对象的共同特性。

（4）类的实例

实例是由某个特定的类具体化后产生的一个对象，也称作类对象。因为类在现实世界中不能真正存在。例如，现实的学校中不能用一个抽象的“学生类”来称呼所有学生，只能对一个个具体的学生进行称呼，如张三、李四、王二等。因此，张三是这个“学生类”具体化后的一个实际对象（学生），也称作是“学生类”的一个具体实例。

（5）消息

消息即要求某个对象执行其所属类中所定义的某个操作的规格说明。通常，一个消息由接收消息的对象、消息名称与零个或多个变元三部分组成。

例如，stu1 是“学生类”的一个对象，即“学生类”的一个实例。当要求 stul 在屏幕上显示出自己的年龄时，在一些面向对象的高级语言（如 C++、Java、C# 等）中应该发出一个消息：

```
stul.show(age);
```

其中，stu1 是接收消息的对象名字，show 是消息名称，圆括号里的 age 是消息的变元。当对象 stul 接收到这个消息后，会执行在“学生类”中事先定义好的 show 操作。

（6）方法

方法即类中定义好的服务，也就是该类中的对象所能执行的相关操作。在面向对象的高级语言中，方法也称为类的成员函数。

例如，为了能使“学生类”的某个对象 stul 能在计算机上显示出自己的年龄值，即显示出消息 show(age)，必须在“学生类”中事先给出成员函数 show(int age) 的定义，也就是要给出成员函数 show(int age) 的具体实现代码。

（7）属性

属性就是类中所定义的数据，用来描述客观世界中实体所具有的性质。在面向对象的高级语言中，属性也称作数据成员。例如，在“学生类”中定义的表示学生年龄的数据成员，就是学生类的一个属性。类的每个实例都会有自己特有的属性值。

（8）封装

封装即把对象的属性和具体实现细节隐藏起来，仅对外部公开该对象的（调用）接口部分，以控制调用者在程序中对属性的读和修改的访问级别。封装的目的是把类的数据说明、操作说明与类的数据表达、操作彻底分开，以增强安全性和简化操作。调用者不必了解具体的类的成员及操作的实现细节，只需通过外部接口调用即可，从而实现以特定的访问权限使用类的成员的功能。

（9）继承

继承是指允许依据现有的类来定义新的类。具体而言，就是指在定义和实现一个类的时候，在已有类（称父类或基类）的基础上，加入若干新的内容，此时新定义的类称为子类（或派生类）。也就是说，通过继承创建的新类是“派生类”或“子类”，被继承的类称为“基类”或“父类”。为了更深入具体地理解继承的含义，图 5-1 描绘了类实现继承机制的原理。

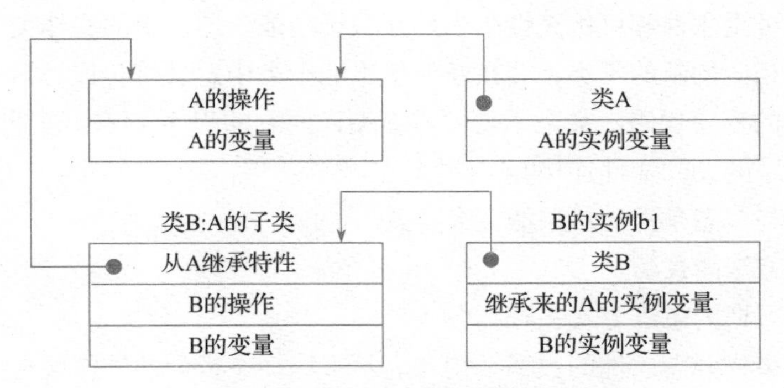

图 5-1　类实现继承机制的原理

图中以 A、B 两个类为例，其中 B 类是从 A 类派生出来的子类，它除了具有自己定义的特性（数据和操作）之外，还继承了父类 A 的特性。当创建 A 类的实例 a1 的时候，

a1 以 A 类为样板建立实例变量（在内存中分配所需要的空间），但是它并不从 A 类中拷贝所定义的方法。

当创建 B 类的实例 b1 的时候，b1 既要以 B 类为样板建立实例变量，又要以 A 类为样板建立实例变量，b1 所能执行的操作既有 B 类中定义的操作，又有 A 类中定义的操作。

另外，继承具有传递性。例如，假设类 C 继承了类 B，而类 B 又继承了类 A，则类 C 也继承了类 A。一个类可以继承其所在类等级中所有上层级别的全部父类的特征，某个类的对象除了具有它所在类的所有特征描述之外，还具有类等级中该类继承的全部父类所描述的一切性质。

当一个类只允许有一个父类时，也就是说，当类等级为树形结构时，类的继承是单继承；当允许一个类有多个父类时，类的继承是多重继承。多重继承的类可以组合多个父类的性质构成其需要的性质，因此功能更强，使用更方便。但是，使用多重继承时要注意避免二义性问题。

继承性使得用户在开发新的应用系统时不必完全从零开始，可以继承原有的相似系统的功能或者从类库中选取需要的类，再派生出新的类以实现所需要的功能，从而达到了软件重用的目的。

（10）多态

在面向对象的高级语言中，多态是指子类在类等级的不同层次中可以共享（公用）同一个行为（方法）的名字，然而，不同层次中的每个类却又会按照各自的需要来实现这个行为。当类的对象接收某个消息时，会根据该对象所属的类动态选用该类中所定义的方法，实现相应的功能。给一个形象的示例说明：当下课铃响起时，有的同学会收拾书包离开教室，有的同学会留下来打扫教室卫生，有的同学也许会走向讲台问老师问题。听到的是同样的铃声，但是不同的学生会根据自己的情况做不同的事情，这就是多态。多态在 C++ 等高级语言中通过虚函数来实现。

多态性机制不仅增加了面向对象软件系统的灵活性，进一步减少了信息冗余，还显著提高了软件的可重用性和可扩充性。当扩充系统功能、增加新的实体类型时，只需要派生出与新实体类相应的新的子类，并在新派生出的子类中定义符合该类需要的虚函数，而不需要修改原有的程序代码，甚至不需要重新编译原有的程序（仅需编译新派生类的源程序，再与原有程序的 .obj 文件连接）。

封装、继承与多态是面向对象的三大特点。

3. 面向对象方法的优势

（1）与人类习惯的思维方式一致

由于把描述事物静态属性的数据结构和表示事物动态行为的操作放在一起构成一个整体，完整、自然地表示出客观世界中的实体，因此面向对象的设计方法强调模拟现实世界的概念而不是强调算法，它对问题领域进行自然的分解，确定需要使用的对象和类，建立适当的类等级，在对象之间传递消息实现必要的联系。面向对象方法按照人们习惯的思维方式建立起问题领域的模型，模拟客观世界，符合人类从特殊到一般的归纳思维过程。

（2）稳定性好

面向对象方法基于构造问题领域的对象模型，以对象为中心构造软件系统，因此，当对系统的功能需求变化时，一般不会引起软件结构的整体变化，只需做一些局部性修改。例如，可以从已有类派生出一些新的子类，以实现功能扩充，或者修改、增加、删除某些对象。

（3）可重用性好

在面向对象方法所使用的对象中，数据和操作是作为平等伙伴出现的，因此，对象具有很强的自含性。此外，对象固有的封装性和信息隐藏机制使得对象的内部实现与外界隔离，具有较强的独立性。由此可见，对象是比较理想的模块和可重用的软件成分。

（4）便于开发大型软件产品

用面向对象方法开发软件时，构成软件系统的每个对象就像一个微型程序，有自己的数据、操作、功能和用途。因此，可以将一个大型软件产品分解成一系列本质上相互独立的小产品处理，这不仅降低了开发的技术难度，还使得对开发工作的管理变得更加容易。

（5）可维护性好

面向对象的软件技术符合人们的习惯思维方式，用这种方法所建立的软件系统的结构与问题空间的结构基本一致，使得软件比较容易理解，因此维护起来相对容易。另外，由于面向对象方法中的封装特性，每个对象都是相对独立的，当需要改变一个对象的行为时，只需在该对象内部进行修改，而不会影响到系统的其他部分，这样不仅降低了出错的风险，也大大降低了维护成本。

5.2　面向对象分析

无论何种开发方法，需求分析过程都是提取系统需求的过程，其中主要包括三项内容：理解、表达和验证。

面向对象分析的关键是识别出问题域内的对象，并分析它们相互间的关系，最终构建出问题域的简洁、精确、可理解的正确模型。

1. 面向对象分析的基本任务

面向对象分析的基本任务是运用面向对象方法，对问题域进行分析和理解，找出描述问题域所需的对象及类，定义这些对象和类的属性与服务，以及它们之间所形成的结构、静态联系和动态联系等。最终目的是产生一个符合用户需求，并能够直接反映问题域的面向对象的分析模型及软件需求规格说明。

2. 面向对象分析的过程

面向对象分析的过程就是提取与整理用户需求并建立问题域精确模型的过程。用户与系统分析人员、行业领域专家一起，历经反复沟通与修正，建立目标系统的对象（静态）模型、用例（功能）模型、动态模型与物理（实现）模型。这四种模型分别从四个不同角度描述目标系统，从不同侧面刻画出系统的实质内容，全面反映目标系统的需求。其中，对象（静态）模型是上述分析阶段的核心，是构建动态模型和功能模型的基础框架。总之，面向对象的分析过程即面向对象的建模过程。

3. 面向对象建模

面向对象建模得到的模型主要有对象模型、动态模型、功能模型和物理模型。

这四种模型解决的问题不同，其重要程度也不同：对象模型是最基本、最重要、最核心的，几乎解决任何一个问题都需要从客观世界实体及实体间相互关系中抽象出有价值的对象模型；当问题涉及交互作用和时序时（如用户界面、过程控制等），动态模型就很重要；功能模型指明系统"做什么"，从用户的角度描述系统功能，是整个后续开发工作的基础；物理模型关注的是系统在特定技术环境下如何实现的问题，它涵盖了系统的软硬件配置、性能考虑、资源消耗等关键方面，其主要作用是为软件系统的部署、执行和运行提供详细的指导。在分析阶段构建的是前三种模型，物理模型是系统实现阶段的模型。

（1）对象模型

对象模型表示了静态的、结构化的系统数据性质，描述了系统的静态结构，是从客观世界实体的对象关系角度来描述的，表现了对象的相互关系。该模型主要关心系统中对象的结构、属性和操作，使用对象图的工具进行刻画，是分析阶段产生的三个模型中的核心模型，也是其他两个模型的框架。

对象模型的构建分为四部分：确定对象和类、建立关联和链、确定类的层次结构、构建出对象模型。

① 确定对象和类。

- 对象。

对象建模的目的就是描述对象。每个对象可用它本身的一组属性和它可以执行的一组操作来定义。对象的主要用途是促进对客观世界的理解，并为计算机实现提供实际基础。把问题分解为若干对象，有利于对问题进行判断。对象的符号表示如图 5-2 所示。

图 5-2　对象的符号表示

- 类。

通过将对象抽象成类，可以使问题抽象化，抽象增强了模型的归纳能力。类的图形表示如图 5-3 所示，图中的属性和操作可写可不写，这取决于实际需要的详细程度。

类名
属性名：类型 = 缺省值 ……
操作名（参数：类型，…）：结果类型 ……

图 5-3　类的图形表示

- 属性。

属性指的是类中对象所具有的性质（数据值）。不同对象的同一属性可以具有相同或不同的属性值。类中的各属性名是唯一的。

属性的表示如图 5-3 的中间区域所示。每个属性名后可附加一些说明，主要是属性的类型及缺省值，属性名后用冒号分隔。

- 操作和方法。

操作是类中对象所使用的一种功能或变换。类中的各对象可以共享操作，每个操作都有一个目标对象作为其隐含参数。

方法是类控制操作的实现步骤。例如，文件类有打印操作，可以设计不同的方法来实现文本文件的打印、二进制文件的打印、数字图像文件的打印等，所有这些方法逻辑上均是做同一工作，即打印文件。因此在类中可以用 print 方法实现这一操作，但每个方法均是由不同的代码来实现。

操作的表示如图 5-3 底部区域所示。操作名后可跟通用参数表，用括号括起来，每个参数之间用逗号分开，参数名后可以跟类型，用冒号与参数名分开，参数表后面用冒号来分隔结果类型，结果类型不能省略。

② 建立关联和链。

类和对象确立之后，这些类和对象之间不可能是毫无关系、完全独立的，对象之间、类之间肯定有关联关系，因此就需要把它们之间的关系找出来，再用图形表示出来。

关联是建立类之间关系的一种手段，而链则是建立对象之间关系的一种手段。

- 关联和链的含义。

链表示对象间的概念联结，如张三为通达公司工作。关联表示类之间的一种关系，就是一些可能的链的集合。正如对象与类的关系一样，链是关联的实例，关联是链的抽象。两个类之间的关联称为二元关联，三个类之间的关联称为三元关联，关联的表示是在类之间画一直线。图 5-4 表示二元关联，图 5-5 表示一种三元关联，三元关联的三个类之间的连线上画一个菱形符号。

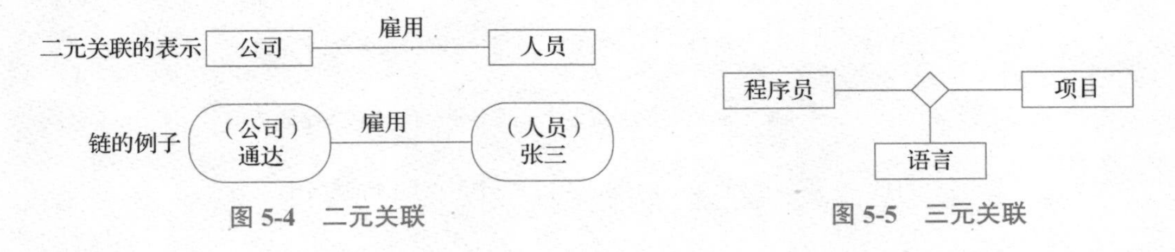

图 5-4　二元关联　　　　图 5-5　三元关联

- 角色。

角色说明类在关联中的作用，位于关联的端点。二元关联有两个角色，每个角色有各自的角色名，角色名用来唯一标识端点。不同类的关联角色可有可无，同类的关联角色不能省略，角色的表示如图 5-6 所示。

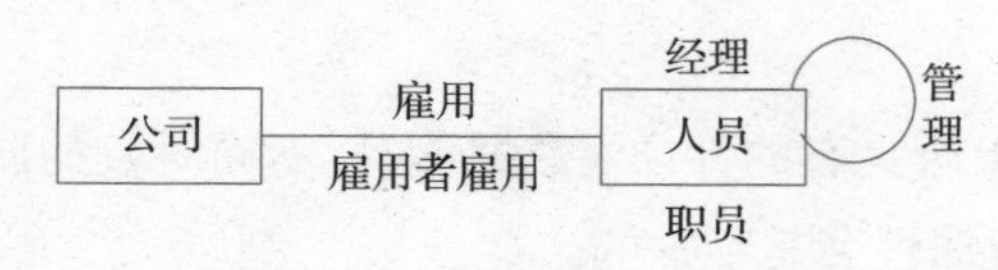

图 5-6　关联中角色的表示

在图 5-6 中，公司和人员两个类之间存在“雇用”关联，公司在该关联中起雇用者的作用（雇用者角色），人员在该关联中起受雇佣的作用（受雇佣角色）。在人员类中存在着“管理”关联，经理角色在该关联中起管理者的作用，职员角色在该关联中起被管理的作用。

● 受限关联。

受限关联由两个类及一个限定词组成。限定词是一种特定的属性，用来有效地减少关联的重数，限定词在关联的终端对象集中说明。

受限关联的表示如图 5-7 所示，图中有目录和文件两个类，一个文件只属于一个目录。在目录的内容中，文件名唯一确定一个文件，目录与文件名合并即可找到对应的文件。一个文件与目录和文件名有关，限定减少了一对多的重数，一个目录下含有多份文件，各文件都有唯一的文件名。

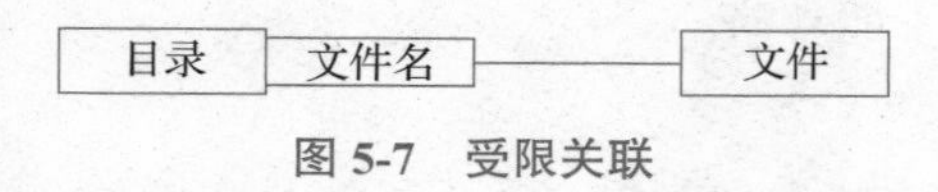

图 5-7　受限关联

限定提高了语义的精确性，增强了查询能力。

● 关联的多重性。

关联的多重性是指类有多少个对象与关联的类相关。重数常描述为“一”或“多”，但常见的情况是用非负整数的子集表示。如汽车的车门数目为 2 到 4 的范围，关联重数可用对象图关联连线的末端的特定符号来表示。

图 5-8 表示了各种关联的重数。实心圆表示“多个”，从 0 到多个。空心圆表示 0 或 1 个。没有符号的表示是一对一关联。

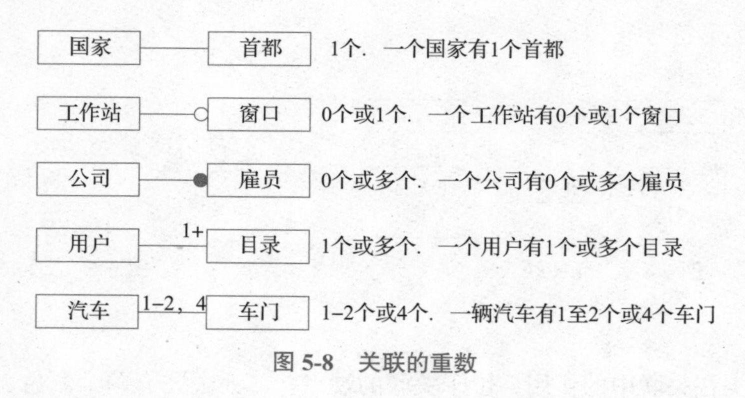

图 5-8　关联的重数

③ 确定类的层次结构。

层次结构中的元素之间的关系包括两种：聚集关系和一般化关系。

● 聚集关系。

聚集是一种“整体 – 部分”关系，有整体类和部分类之分。聚集最重要的性质是传递性，也具有逆对称性。

聚集的符号表示与关联相似，不同的只是在关联的整体类端多了一个菱形框，如图 5-9 所示。该图中的例子说明了一个文字处理应用的对象模型的一部分：文件中有多个段，每个段又有多个句子，每个句子又有多个词。

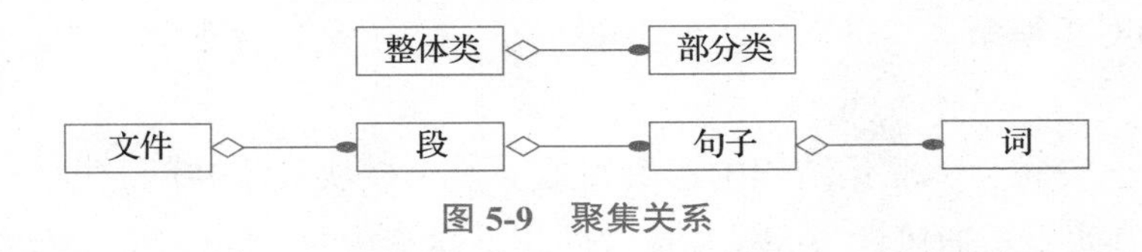

图 5-9　聚集关系

聚集可以有不同层次，可以把部分类聚集起来得到一棵简单的聚集树。聚集树是一种简单表示，比画很多线来将部分类联系起来简单得多，对象模型应该容易地反映各级层次。图 5-10 表示一个关于微机的多级聚集。

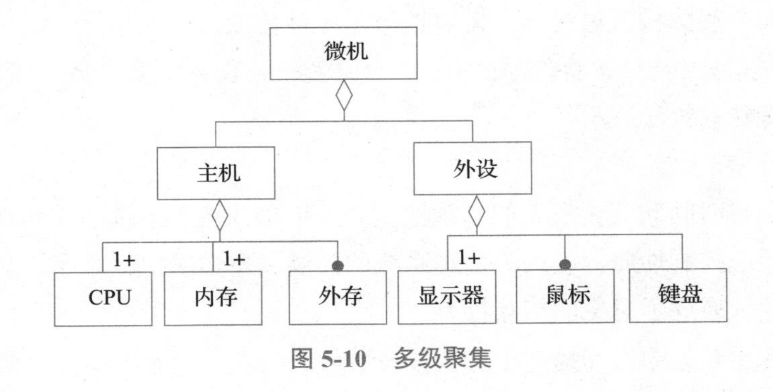

图 5-10　多级聚集

● 一般化关系。

一般化关系是“一般 – 具体”的关系，有一般化类和具体类之分。一般化类又称父类，具体类又称子类，各子类继承父类的性质，而各子类的一些共同性质和操作又归纳到父类中。因此，一般化关系和继承是同时存在的。

一般化关系的符号表示是在类关联的连线上加一个小三角形，如图 5-11 所示。

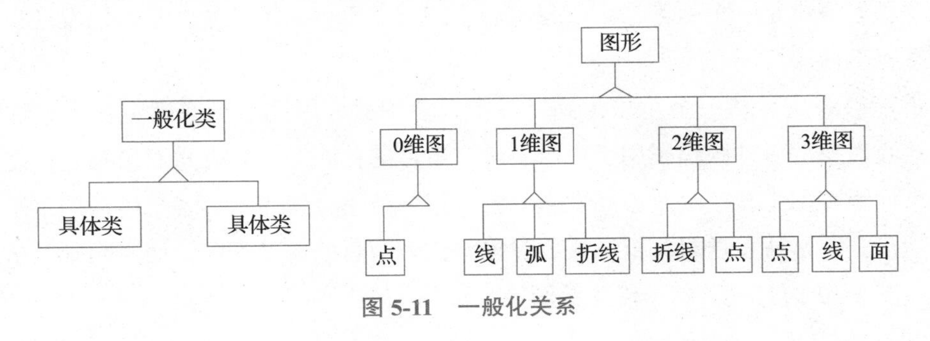

图 5-11　一般化关系

继承有单重继承和多重继承。单重继承指的是子类只有一个父类，在一个类层次结构中，若只有单重继承，则该类层次结构是树形层次结构。多重继承指的是子类继承多个父类的性质，即子类有多个父类，这是一种比单重继承更为复杂的一般化关系。在一个类层次结构中，若有多重继承，则该类层次结构是网状层次结构。多重继承的优点是在明确类时更有效，同时增加了重用机会，使得概念建模更接近人的思维；但缺点是丢失了概念及实现上的简单性。

④ 构建出对象模型。

- 模块。

模块是类、关联、一般化结构的逻辑组成。一个模块只反映问题的一个侧面，如房间、电线、自来水管、通风设备等模块反映的就是建筑物的不同侧面。模块的边界大都由人来设置。

- 对象模型。

对象模型是由一个或若干模块组成。模块将模型分为若干个便于管理的子块，在整个对象模型的类和关联的构造过程中，模块提供了一种集成的中间单元，模块中的类名及关联名必须是唯一的。各模块也可能使用一致的类名和关联名。模块名一般列在表的顶部，模块没有其他特殊的符号表示。

（2）动态模型

动态模型是与时间和变化有关的系统性质。该模型描述了系统的控制结构，表示瞬时的、行为化的系统控制性质。它关心的是系统的控制，操作的执行顺序，从对象的事件和状态的角度出发，表现了对象的相互行为。

动态模型使用状态图作为描述工具，涉及事件、状态、状态图等重要概念。

① 事件。事件是指定时刻发生的某件事情。它是某件事情发生的信号，没有持续时间，是一种相对性的快速事件。例如，按下左按钮，航班 2385 起飞。

现实世界中，各对象之间相互触发，一个触发行为就是一个事件。对事件的响应取决于接收该触发行为的对象的状态，响应包括状态的改变或形成一个新的触发行为。事件可以看成是信息从一个对象到另一个对象的单向传送，改变事件的对象可能期望对方的答复，但这种答复也是一个受第二个对象控制下的独立事件，第二个对象可以发送也可不发送这个答复事件。

事件能够将信息从一个对象传到另一个对象中去，因此必须要确定各个事件的发送对象和接收对象。事件跟踪图用于表示事件、事件的接收对象和发送对象及它们之间的关系。在事件跟踪图中，接收对象和发送对象可用一条垂直线表示，各个事件用水平箭头线表示。箭头方向是从发送对象指向接收对象，代表信息的流动方向，而时间则是从上到下递增的。图 5-12 为打电话的事件跟踪图。

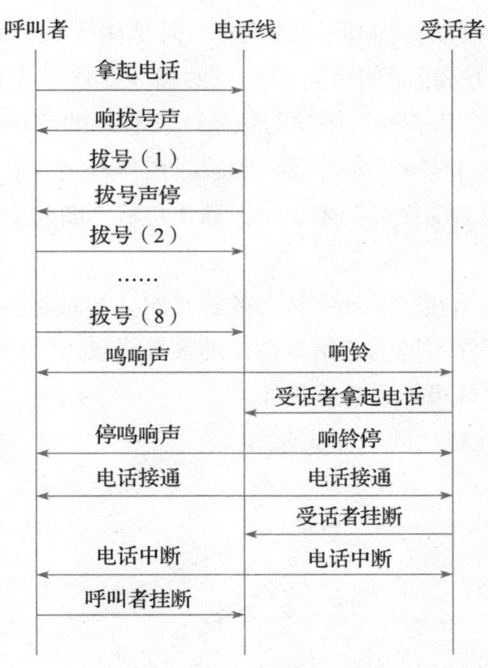

图 5-12　打电话事件跟踪图

② 状态。状态是对对象属性值的抽象，按照影响对象行为的性质将对象的属性值归并到一个状态中去。状态指明了对象对输入事件的响应。事件和状态是孪生的，一个事件分开两种状态，一个状态分开两个事件。

描述一个状态需要包括下列内容：状态名；状态目的描述；产生该状态的事件序列；表示状态特征的事件；在状态中接收的条件。

③ 状态图。状态图是一个标准的计算机概念，作为建立动态模型的图形工具，状态图反映了状态与事件的关系。当接收一事件时，下一状态就取决于当前状态和所接收的事件，由事件引起的状态变化称为转换。状态图确定了由事件序列引起的状态序列。状态图描述了类中某个对象的行为，由于类的所有实例有相同的行为，因此这些实例共享同一状态图，正如它们共享相同的类性质一样。但因为各对象有自己的属性值，所以各对象也有自己的状态，按自己的步调前进。

状态图是一种图，用节点表示状态，节点用椭圆表示；椭圆内有状态名，用带箭头的边线（弧）表示状态的转换，上面标记事件名，箭头方向表示转换的方向。状态图的表示如图 5-13 所示。

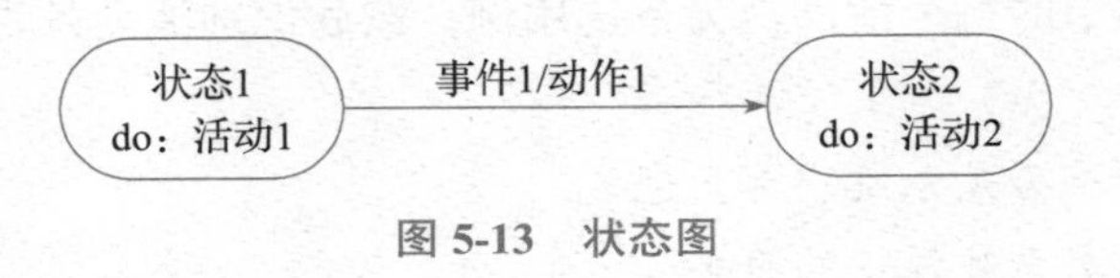

图 5-13　状态图

状态图中的活动是一种有时间间隔的操作，是依附于状态的操作。活动既可以是连续的操作，也可以是经过一段时间后自动结束的顺序操作。在状态节点上，活动表示为“do：活动名”。进入一个状态时，则执行依附于该状态的活动所对应的操作，该活动由来自引起该状态转换的事件终止。动作是一种瞬时操作，是与事件联系在一起的操作，动作名放在事件之后，用“/动作名”来表示。动作与状态图的变化比较起来，其持续时间是无关紧要的。

单程状态图是具有初始状态和最终状态的状态图。在对象创建时进入初始状态，初始状态用圆点表示，并可标注不同的起始条件；进入最终状态则意味着对象的消失，最终状态用圆圈中加圆点表示，并可标注终止条件。

图 5-14 给出了象棋比赛中的单程状态图。

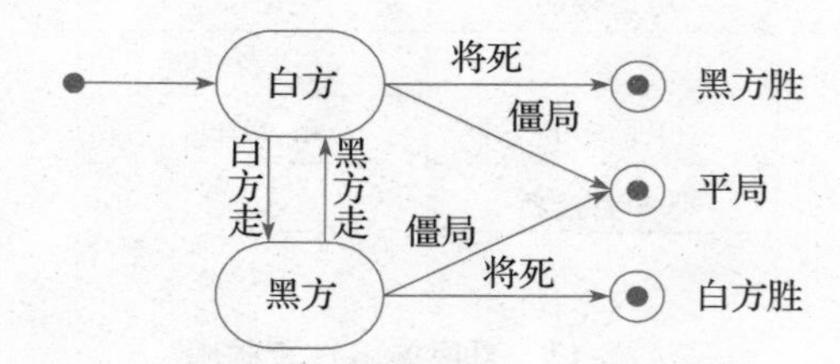

图 5-14　象棋比赛的单程状态图

④ 构建动态模型。

构建动态模型的步骤如下：

第一步，编写典型交互行为的脚本。虽然脚本中不可能包括每个偶然事件，但是，至少应保证不遗漏常见的交互行为。

第二步，从脚本中提取出事件，确定触发每个事件的动作对象以及接受事件的目标对象。

第三步，排列事件发生的次序，确定每个对象可能的状态及状态间的转换关系，并用状态图描绘它们。

第四步，比较各个对象的状态图，检查它们之间的一致性，确保事件之间的匹配。

（3）功能模型

功能模型表明了系统中数据之间的依赖关系，以及有关的数据处理功能。在面向对象分析与设计方法中，一般采用用例图来构建系统的功能模型。在建模过程中，首先要标明系统提供哪些用例（功能），同时还要注明使用用例的用户角色。根据动态模型中绘制的活动图，可以识别出系统用例。

首先，将活动图中的每个活动视为备选用例；然后识别活动是否为系统用例，识别的原则包括：

- 活动的使用者是否是系统内部角色。
- 活动是否使用本系统提供的服务。

● 活动是否是本系统提供的服务。

如果上述原则之一的答案是肯定的，则可以判断该活动为系统用例。

最后，进行适当的合并，建立用例（参与者）之间的“包含”“扩展”和“泛化”关系。

下面以某“在线答题系统”中的“报名开通题库”场景为例，其描述如下：

执行者：会员姜某

系统状态猫述：姜某之前成功注册并已登录系统

执行者目的：开通特定题库的在线答题功能

动作和事件：会员提交报名申请
系统生成订单
管理员为订单设定折扣
会员使用第三方支付付款
系统接收到第三方支付付款成功的消息
系统为学员开通题库

根据上述场景，活动图如图 5-15 所示。

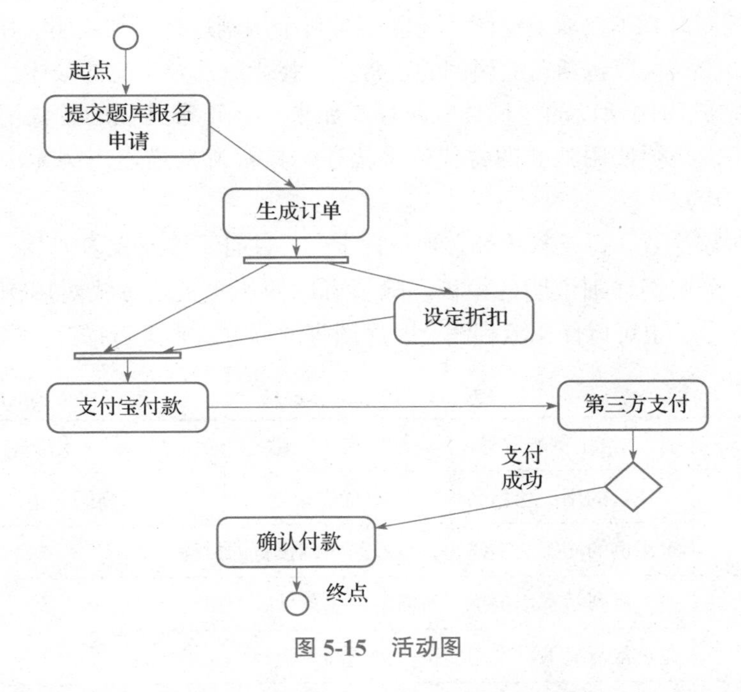

图 5-15　活动图

由场景描述及活动图可见，活动图中包含：“提交题库报名申请”“生成订单”“设定折扣”“使用第三方支付付款”“开通题库”“收款”6 个活动，“会员”“管理员”“第三方支付”3 个角色。其中，“第三方支付”只为本系统提供服务，但并不使用本系统所提供的功能，对于“会员”和“管理员”等内部角色来说，“第三方支付”是不可见的。所以在功能建模中，不应该包含该外部角色，也不应包括该角色所负责的活动。另外，由于“提交题库报名申请”“生成订单”“设定折扣”等几个活动力度较小，因此可以将其归纳为由“报名开通题库”用例所包含。

最终总结的用例图如图 5-16 所示。

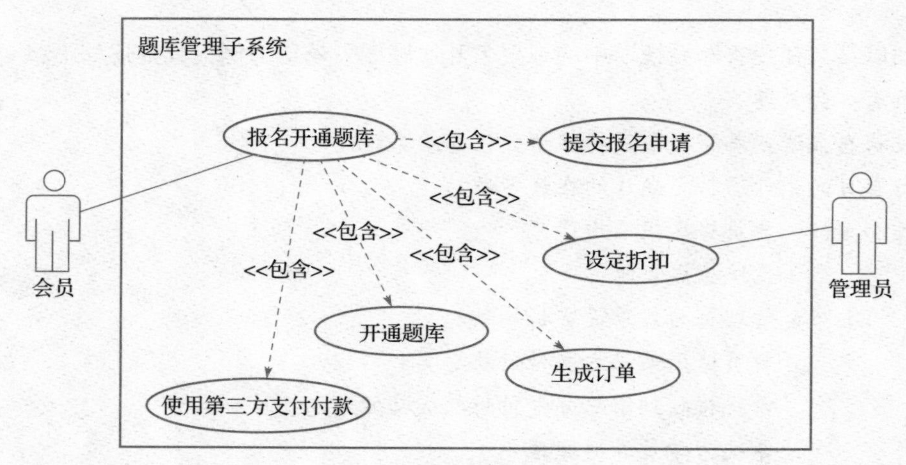

图 5-16　用例图

在绘制用例图时，不仅需要绘图，还需要对每个用例进行详细说明。用例描述的核心是业务流程的步骤，可以包括完成用例的正常流、替代流及异常流的叙述。

正常流是完成用例预设的“最佳”路径。如果存在正常路径的替代情况，不能使用 if-else 进行描述，必须使用独立的替代流来描述。异常流是描述用例无法正常完成的情况，有不同的结束点。

流程描述时需注意，每条叙述都必须是肯定句，并且不涉及太多细节。

表 5-1 是一个用例详细说明的模板。除了可以使用模板的方式对用例进行详细描述外，在实践操作中，也可以使用流程图、时序图等图形方式来进行描述。

表 5-1　用例描述模板

用例编号	给用例的编号	**名　　称**	用例名称
执行者	执行的用户角色名称	**优先级别**	高□　中□　低□
描　　述	对用例的简短文字描述，重点是用例执行的目标		
前置条件	按条目列举本用例执行所需的前置条件		
正常流程	在正常情况下，本用例执行的过程步骤		
结束情况	正常情况下用例的结果		
替代流程	与正常流程不同但非错误的其他流程（可以有一到多个替代流程）		
异常流程	错误的流程（可以有一到多个错误流程）		
说　　明	对该用例的其他补充说明		

利用上述模板，对“报名开通题库”用例进行描述的结果如表 5-2 所示。

表 5-2　“报名开通题库”用例描述

用例编号	UC-001	名　称	报名开通题库
执行者	会员	优先级别	高☑　中☐　低☐
描　述	会员购买所需的题库，用于在线练习		
前置条件	1. 会员已注册并登录 2. 有可供购买的题库		
正常流程	1. 提出题库报名申诸 2. 生成订单 3. 等待设定折扣 4. 使用第三方支付成功 5. 开通题库		
结束情况	为会员开通其所购买题库的在线练习权限		
替代流程	1. 提出题库报名申请 2. 生成订单 3. 用户在系统外部使用现金支付，管理员将折扣设定至总价为 0 元 4. 用户使用第三方支付（但不发送支付信息，直接判定支付成功） 5. 开通题库		
异常流程	1. 提出题库报名申请 2. 生成订单 3. 等待设定折扣 4. 第三方支付付款失败 5. 通知用户付款失败		
说　明	用户必须在管理员确认报名、设置折扣后才能选择支付		

鉴于需求的重要性和复杂性，通过构建对象模型、动态模型和功能模型，不仅可以消除需求中可能存在的矛盾，还可以让相关人员能更清楚地理解需求，同时提供用户与开发人员沟通的手段。

（4）物理模型

物理模型从实现子系统和实现元素（即构件）的角度来表现系统实现的物理组成，也称实现模型。物理模型关注的是系统实现过程的建模，常用 UML 中的构件图和部署图表示。构件和节点分别是物理实现模型中构件图和部署图的基本组成部件，可以通过组织类的方式来组织构件，用包将构件分组，也可以通过描述构件之间的依赖、泛化、关联和实现关系来组织构件。

4. 四种模型之间的主要关系

面向对象方法中要构建的四种模型分别从四个不同侧面对目标系统进行描述，相互之间互为补充、相互配合，使人们能更加全面地认识系统。

在四种模型中，对象模型是核心，是其他三种模型的基础。在 UML 中，常用类图和对象图来描述对象模型。

功能模型从系统与外界的交互方面指明了系统应该“做什么”，能为用户提供“什么样”的功能，也就是说，是从用户的角度描述系统应具备的功能，它是系统后续开发工作的基础，也是系统测试与验收的依据。通常，功能模型选择用例图或数据流图来描述。

动态模型明确规定系统中的对象元素在什么时候、于何种状态下接受什么事件的触发、做什么事情等。动态模型表示瞬时的、行为化的、系统的“控制”性质，包括定义对象模型中对象的合法变化序列，描述系统中不同对象类之间的交互等。当问题涉及交互作用和时序（如用户交互和过程控制）时，动态模型尤为重要。一般需要为每个类建立相应的动态模型，以描述类及对象的生存周期或运行周期。在 UML 中，用状态图和时序图构建目标系统的动态模型。

物理模型是软件开发过程中沟通开发团队与系统运维团队之间的桥梁。它提供了关于如何配置硬件、选择操作系统和中间件、以及如何优化系统性能的具体建议，通过明确指出所需的硬件资源和软件环境，为项目的成功实施奠定基础。在 UML 中，物理模型通过构件图和部署图来描述，模型中的构件通常对应对象模型中的类。

5.3 统一建模语言

统一建模语言是一种支持模型化的软件系统开发的图形化语言，它通过统一、直观、规范的专用符号描述和建立相应的软件模型。UML 是一种被广泛使用的标准化建模语言，用于面向对象方法中对软件系统的分析、设计和实现。它提供的丰富的图形化表示法，使系统开发人员可以更好地理解、设计和记录软件系统的结构和行为。

UML 通过提供多种类型的模型图来支持不同的软件开发过程和活动。例如，用例图用于需求分析，类图用于设计系统的静态结构，而序列图和状态图则用于描述系统的动态行为。UML 的灵活性和适用性使其成为全球软件开发人员广泛采用的工具之一，无论是在小型项目还是大型的复杂系统开发场景中均展现了其使用价值。

5.3.1 UML 概述

1. 什么是 UML

UML 并不是一个工业标准，但在对象管理组（Object Management Group, OMG）的主持和资助下，UML 正在逐渐成为工业标准。注：OMG 是一个国际化的、开放成员的、非

盈利性的行业标准组织。

1997 年 1 月，UML 1.0 发布，随后 OMG 采纳 UML 1.1 作为标准建模语言。

UML 经过不断修订和改进，目前最新的规范版本是 UML 2.5.1（发布于 2017 年 12 月），修正了 UML 2.5 的一些小问题。

UML 作为一种模型语言，它使开发人员专注于建立产品的模型和结构，而不是选用什么程序语言和算法来实现；它不同于其他常见的编程语言，如 C++、Java、C#、Python 等，它是一种绘图语言，用于软件建模。

UML 由视图（view）、图（diagram）、模型元素（model element）和通用机制（general mechanism）等部分组成。

① 视图：是表达系统某一方面特征的 UML 建模元素的子集，由多个图构成，是在某一个抽象层上对系统的抽象表示。

② 图：是模型元素集的图形表示，通常是由弧（关系）和顶点（其他模型元素）相互连接构成的。

③ 模型元素：代表面向对象中的类、对象、消息和关系等概念，是构成图的最基本的常用概念。

④ 通用机制：用于表示其他信息，如注释、模型元素的语义等。另外，UML 还提供扩展机制，使 UML 语言能够适应一个特殊的方法（或过程），或扩充至一个组织或用户。

2. UML 的主要特点

UML 是面向对象分析与设计方法的表现手段，为建立用例模型、类/对象模型、动态模型等不同系统模型提供了图形符号的描述。它所提供的表示模型元素的图形和方法，能简洁明确地表达面向对象技术的主要概念和建立各类系统模型。它的标准化定义、可视化描述、可扩展性机制等，显示出 UML 强大的生命力。需要注意的是，UML 并不是某一种具体的面向对象的可视化高级程序设计语言，它与 C++、Java、C# 等面向对象的高级程序设计语言是不一样的。

作为面向对象技术最重要的一种建模手段，UML 能从不同的视角为系统建模。它适用于系统开发过程的不同阶段，即可以在不同阶段、不同层次上为系统建模，并且支持模型化和软件系统开发的各种图形化语言。因此，利用 UML 能够加速软件开发进程，提高代码质量，支持变化的业务需求等。

UML 的目标是以面向对象的图形的方式来描述任何类型的系统，它具有广阔的应用领域。其中，最常用的是建立软件系统的模型，适用于系统开发过程中从需求规格描述到对目标系统测试的不同阶段。

3. UML 视图的分类

UML 是用来描述模型的，用模型来描述系统的结构（静态特征）和行为（动态特征），从不同的视角为系统构建模型，就形成了系统的不同视图。UML 主要提供了 5 类模型视图。

① 用户模型视图（user model view）。这类视图强调从用户的角度看到的或需要的系统功能，又被称为用例视图（use case view）。

用户模型视图由专门描述最终用户、分析人员和测试人员看到的系统行为的用例组成，它实际上是从用户角度来描述系统应该具有的功能。用户模型视图所描述的系统功能依靠外部用户或者另外一个系统来激活，为用户或者另一系统提供服务，实现用户或另一系统与系统的交互。在 UML 中，用户模型视图是由用例图组成。

② 结构模型视图（structural model view）。这类视图体现系统的静态或结构组成及特征，又称逻辑视图（logical view）或静态视图（static view）。

结构模型视图描述组成系统的类、对象以及它们之间的关系等静态结构，用来支持系统的功能需求，即描述系统内部功能是如何设计的。结构模型视图由类图和对象图构成，主要供设计人员和开发人员使用。

③ 行为模型视图（behavioral model view）。该类视图体现了系统的动态或行为特征，又称动态视图（dynamic view）。

行为模型视图主要用来描述形成系统并发与同步机制的线程和进程，利用并发来描述资源的高效使用、并行执行和处理异步事件。除了将系统划分为并发执行的控制线程之外，行为模型还必须处理通信和这些线程及进程之间的同步问题。行为模型视图主要供系统开发人员和系统集成人员使用，它由序列图、协作图、状态图和活动图组成。

④ 实现模型视图（implementation model view）。该类视图体现了系统实现的结构和行为特征，又称组件视图（component view）。

实现模型视图用来描述系统实现模块之间的依赖关系以及资源分配情况。它由一些独立的构件图组成，其中，构件是指代码模块，不同类型的代码模块形成不同的构件。实现模型视图主要供开发人员使用。

⑤ 环境模型视图（environment model view）。该类视图体现了系统实现环境的结构和行为特征，又称配置视图（deployment view）或物理视图（physical view）。

环境模型视图用来描述物理系统的硬件拓扑结构。例如，系统中的计算机和设备的分布情况以及它们之间的连接方式，其中，计算机和设备统称为节点。在 UML 中，环境模型视图主要由部署图来表示。部署图主要供开发人员、系统集成人员和测试人员使用。

4. UML 图的分类

在系统设计过程中，UML 可以绘制的图包括用例图、类图、对象图、状态图、时序图、协作图、活动图、组件图、部署图等，这些图根据其功能和应用，可归属于不同的模型视图中，对应关系如图 5-17 所示。

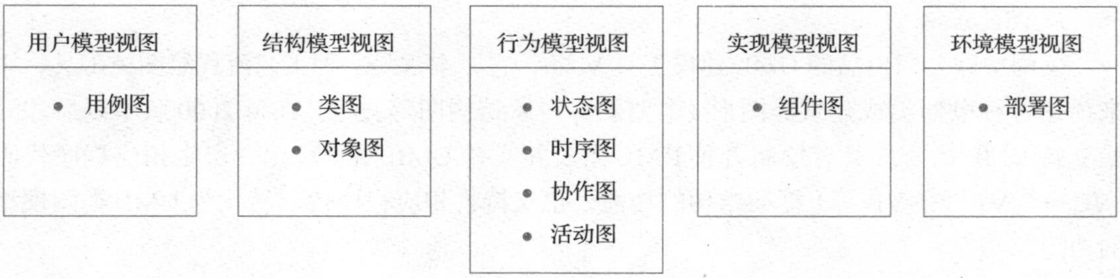

用户模型视图	结构模型视图	行为模型视图	实现模型视图	环境模型视图
• 用例图	• 类图 • 对象图	• 状态图 • 时序图 • 协作图 • 活动图	• 组件图	• 部署图

图 5-17　UML 图的划分

① 用例图（use case diagram）。用例图是从用户角度描述系统功能，并指出各功能的操作者，用于捕捉系统的动态性质，代表系统的功能和流向。

② 类图（class diagram）。类图是面向对象设计中使用最广泛的 UML 图。类图主要用来显示系统中的类、接口以及它们之间的静态结构和关系的一种静态模型。

③ 对象图（object diagram）。对象图描述系统在某个时刻的静态结构，和类图一样反映系统的静态过程。一个对象图可看成一个类图在某个时刻的特殊展现。由于对象存在生命周期，因此对象图只能在系统的某一时间段存在。

④ 状态图（state diagram）。状态图是一个类对象可能经历的所有历程的模型图。状态图由对象生命周期的各个状态和连接这些状态的转换组成。

⑤ 时序图（sequence diagram）。时序图又称顺序图，它显示对象之间的动态合作关系，强调对象之间消息发送的顺序，同时显示对象之间的交互。时序图常用来表示用例中的行为顺序，当执行一个用例行为时，图中的每条消息对应了一个类操作或引起状态转换的触发事件。

⑥ 协作图（collaboration diagram）。协作图按时间和空间顺序描述系统对象间的动态合作关系，协作图和时序图相似。

⑦ 活动图（activity diagram）。活动图描述满足用例要求所要进行的活动以及活动间的约束关系，有利于识别并行活动。活动图是一种特殊的状态图，强调对象间的控制流程，对于系统的功能建模特别重要。

⑧ 组件图（component diagram）。组件图从实施的角度来描述系统的静态实现视图，描述构成系统的组件和组件之间的依赖关系。组件图包括物理组件，如库、档案、文件夹等。

⑨ 部署图（deployment diagram）。部署图描述了环境元素的配置，并把实现系统的元素映射到部署上。

5.3.2　常用 UML 建模工具简介

UML 建模工具最重要的用途就是方便地绘制出 UML 规范说明中定义的 9 种图。目前，市面上有很多支持 UML 的建模工具，下面列举几种应用较广泛的 UML 建模工具。

1. Microsoft Visio

美国微软公司出品的UML建模工具Visio，它原本仅是一种工艺流程绘图类工具，用来描述各种电器类或建筑类图形（电路图、房屋结构图等）。自Visio 2000版本以后才开始支持UML语言，具有绘制各种UML图表并支持UML图表转化、产生相应程序代码（VC++、VJ ++、VB等）框架结构的功能，也支持将相应程序代码转化为UML类图模型的功能。

Visio的主界面如图5-18所示。

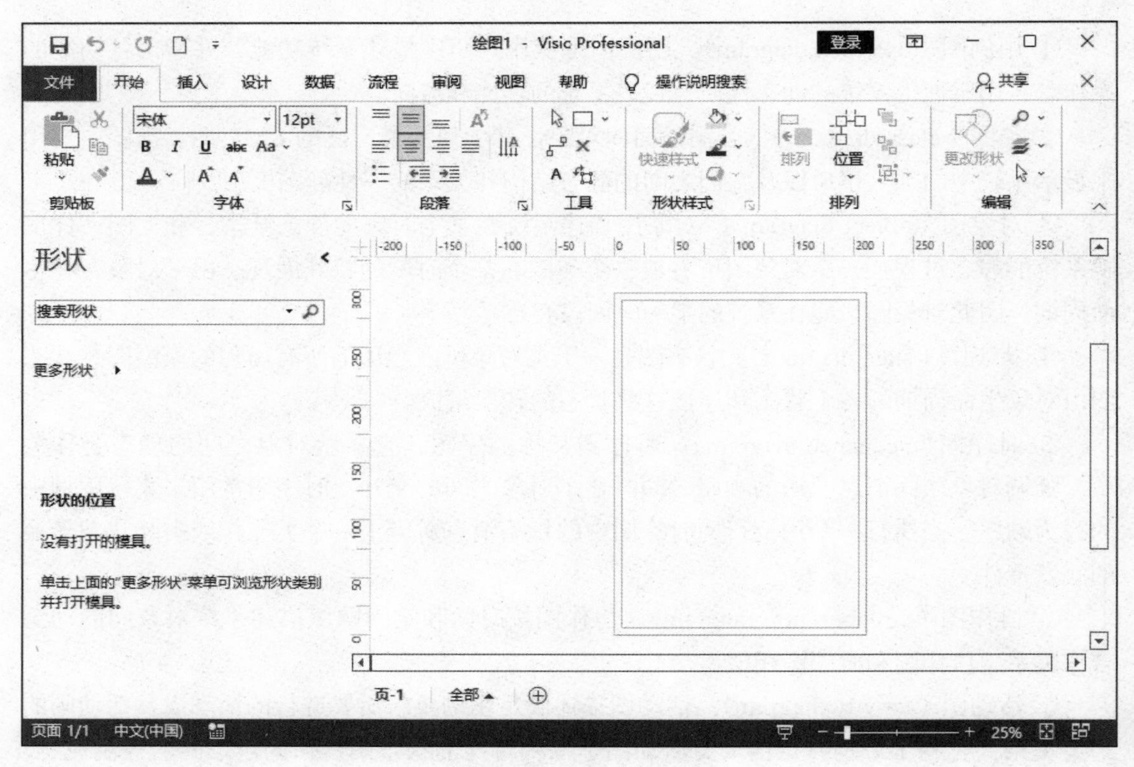

图5-18　Visio主界面

Visio最大的优点是安装简单，操作方便，并且与微软的Office产品（Word、Excel等）能够很好地兼容，能够直接把在Visio中绘制的各类UML图直接复制或内嵌到各类Office文档中，使信息传递变得更便捷。

2. Rational Rose

Rational Rose是IBM公司推出的一款功能强大的面向对象的UML建模工具，适用于大型项目开发的分析、建模与设计等。

Rational Rose支持使用多种构件和多种语言的复杂系统建模过程，支持UML中9种不同类型框图下的图形建模，以及利用双向工程技术实现迭代式开发。同时，Rational Rose可以与微软Visual Studio系列工具中的GUI完美结合，成为绝大多数开发人员的首选建模工具。Rational Rose的主界面窗口如图5-19所示。

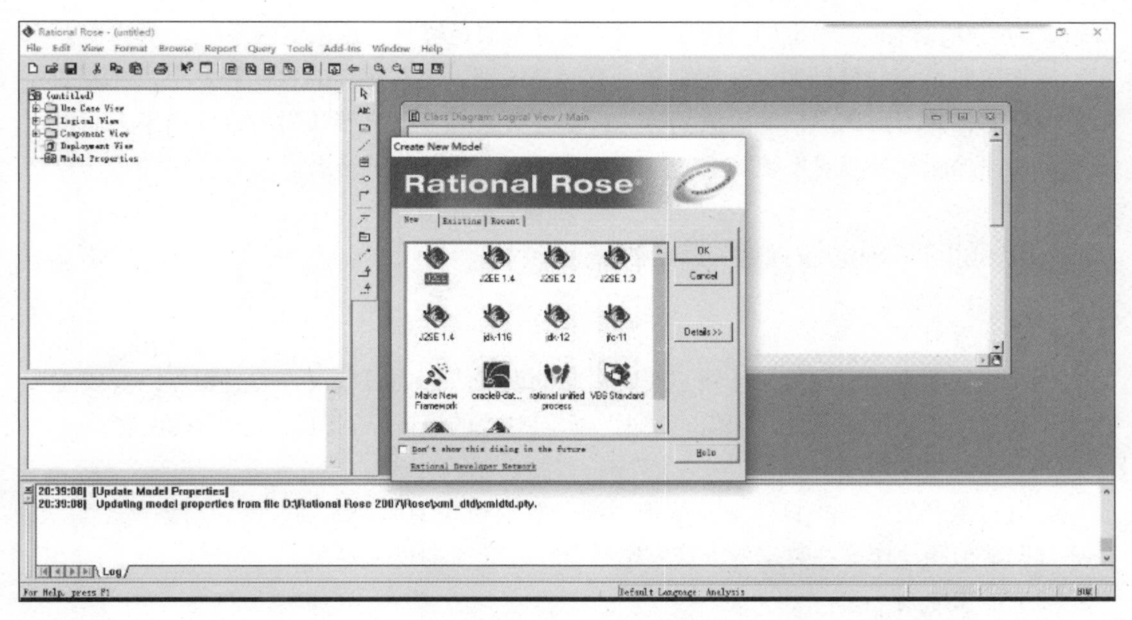

图 5-19　Rational Rose 界面

目前，Rational Rose 常用的版本是 Rose 7，相关 Rose 文件信息可以在 www.ibm.com 网站上获取。

3. 一些开源的轻量级 UML 工具

当前，市面上也有很多开源的轻量级 UML 工具，如 UMLet、StarUML、BOUML、ArgoUML 等。这些工具软件安装过程简单，占用硬盘空间较少，并可以免费使用。这些工具都具有绘制各类 UML 图的功能，且可以作为插件内嵌到一些高级程序语言的可视化集成开发平台（如 Eclipse 平台）中使用，也能够把所绘制的图转化成实际的 Java 类或 C++ 类的源代码，并能够与 Office 文档兼容。

5.4　面向对象的设计与实现

面向对象的分析是提取和整理用户需求、建立问题域精确模型的过程。面向对象的设计则是把分析阶段得到的需求转变成符合成本和质量要求的、抽象的系统实现方案的过程，也是一个逐渐扩充各类分析模型的过程。

5.4.1　面向对象的设计

面向对象的分析以实际问题为中心，可以不考虑与软件实现相关的任何问题，主要考虑“做什么”的问题。面向对象的设计则是面向软件实现的实际开发活动，主要考虑“怎么做”的问题，目的是确定如何构建系统，通过获取足够的信息来实现系统。

尽管面向对象的分析和设计在定义上有明显区别，但在实际的软件开发中，两者的界限是模糊的，并不强调严格的阶段划分。许多分析结果可以直接映射为设计结果，而设计过程又往往加深和补充对系统需求的理解，进一步完善了分析结果。

5.4.2 面向对象的设计原则与启发规则

1. 设计原则

传统的软件设计准则同样适用于面向对象的设计。面向对象设计的过程可以看成是按照设计准则，对分析模型进行细化的过程。面向对象的设计原则包括 5 方面的内容。

（1）模块化原则

面向对象开发方法很自然地支持把系统分解成模块的设计原则，因为对象就是模块，是把数据结构和操作这些数据的方法紧密结合在一起所构成的模块。

（2）抽象原则

抽象原则强调对象的本质，也就是内在的属性，而忽略一些无关紧要的属性。面向对象的方法不仅支持过程抽象，还支持数据抽象。

（3）信息隐蔽原则

信息隐蔽原则体现在类的封装性上。类是封装良好的可重用构件，类的定义中将结构与实现分开，类的外部对内部的访问通过接口实现，支持信息隐蔽原则。对于类的用户来说，属性的表示方法和操作的实现算法都是隐藏的。

（4）强内聚与弱耦合原则

内聚关系是指一个类或模块内部各组成部分之间相关联的程度。面向对象系统中的内聚包括服务内聚（一个服务应该完成一个且仅完成一个功能）、类内聚（一个类只定义一个用途，它的属性和服务应该全都是完成该类对象的任务所必需的，其中不包含无用的属性或服务）与一般 – 特殊内聚（指类和类之间的“一般 – 特殊”关系，应该是对相应领域知识的正确抽取）。

耦合关系是指不同类或各个模块之间的依赖程度。在面向对象的设计中，耦合包括交互耦合（对象之间的关联关系的一种形式，通过消息连接来实现）和继承耦合（是一般化类与特殊类之间关联的一种形式）两种类型。

强内聚是指一个类或模块内部的元素应紧密相关，它们为实现同一个功能目标而工作。这样的类或模块易于理解和维护。

弱耦合是指不同类或模块之间的联系应尽可能地少。这样才可以减少一个部分的变化对其他部分的影响，使得系统更加灵活和易扩展。

（5）可重用原则

重用是提高软件开发生产率和目标系统质量的重要途径，重用基本从设计阶段开始。重用有两方面的含义：一是尽量使用已有的类（包括开发环境提供的类库及以往开发类似

系统时创建的类）；二是如果确实需要创建新类，则在设计这些新类的定义时应该考虑到将来的可重复使用性。

2. 启发规则

面向对象方法学在发展过程中也逐渐积累了一些经验法则，总结这些经验得出了几条启发式规则，这些规则在面向对象的设计中往往能帮助设计人员提高设计质量。

（1）设计结构清晰易懂

设计结构若能做到清晰、易读和易懂，将显著提升软件的可维护性和可重用性。例如：

- 保持术语一致性：确保设计中用的名称与其所代表的事物一致，而且尽量采用人们习惯的名称。
- 避免模糊的定义：确保每个类的用途明确且有限，并且通过类名可以容易地推断出其用途。
- 利用已有的协议：如果其他设计人员已经为同一软件建立了类协议，或在所使用的类库中有相应定义，则应优先使用这些已有的协议。

（2）设计简单的类

一个类的定义要简单，不要包含过多的属性；类要有明确的定义，即分配给每个类的任务应该简单；尽量简化对象之间的合作关系，不要提供太多的服务。

（3）一般/特殊结构的深度应适当

应该使类等级中包含的层次数适当。一般来说，在一个中等规模（大约包含 100 个类）的系统中，类等级层次数应保持为 7 ± 2。不应该仅仅从方便编码的角度随意创建派生类，应该使一般/特殊结构与领域知识或常识保持一致。

（4）类中使用简单的服务

通常，面向对象设计的类中的服务都很小，可以用仅含一个谓语（动词）和一个宾语的简单句子描述它的功能。

（5）把设计变动减至最小

通常，设计的质量越高，设计结果保持不变的时间就越长。即使出现必须修改设计的情况，也应该使修改的范围尽可能小。设计经验表明，在设计的早期阶段，设计改动往往较大，但是随着时间推移，设计方案会日趋成熟，设计改动的幅度将会变得越来越小。因此，设计改动越大，说明设计质量越差，可重用性也越差。

5.4.3 系统分解

面向对象的设计同样遵循“分而治之，各个击破”的设计策略，大多数面向对象系统的逻辑设计模型可以划分为 4 部分，分别对应目标系统的 4 个子系统，即问题域子系统、人机交互子系统、任务管理子系统与数据管理子系统。然而，在不同的软件系统中，由于这4个子系统的重要程度不同，每个子系统的设计规模也有所差别。为了避免规模过大或过小的子系统带来的问题，对规模过大的子系统应该进一步划分，分为更小的子系统，规模过小的应与其他子系统合并。这样可以确保每个子系统都具有合适的规模，从而提高整个系统的协同性和灵活性。

下面从这4个子系统的设计角度出发，分别介绍各子系统的设计原则及注意事项。

1. 问题域子系统设计

问题域包括与所面对的应用问题直接相关的所有类和对象。实际上，在面向对象分析阶段，就已经开始进行问题领域的分析，此时需要对它进一步细化。面向对象分析得到了与应用有关的概念模型，面向对象设计应该对这个概念模型进行改进和增补，主要是根据需求的变化对面向对象分析阶段产生的模型中的类和对象、结构、属性和操作进行组合与分解，根据面向对象设计原则增加必要的类、属性和关系。问题领域部分的设计主要包括三方面的内容。

（1）需求的调整

在面向对象分析过程中，如果识别和定义的类是本次开发中新定义的，就需要从头开始设计。如果已存在一些可复用的类，而且这些类既有分析、设计时的定义，又有源程序，那么复用这些类既可提高开发效率，又能保证开发质量。需要注意的是，可复用的类可能只是与面向对象分析模型中的类相似，而不是完全相同，因此需要对其进行修改。设计目标是尽可能增加复用成分，减少新开发的成分。

另外，在现有的若干类中，如果有某几个类有相似性，则可以将所有具有相似协议的类组织在一起，抽取其共同特征，提供通用的协议，增加一个父类。

（2）根据编程语言调整好类的继承关系

通常，面向对象分析强调的是真实反映出由各种类组成的问题域，而面向对象设计则只需要考虑具体类的实现问题。在实现领域中，有些面向对象的编程语言（如C#）不支持类的多继承。因此，在面向对象的设计中，需要按照所选择的编程语言来调整分析结果中各个类之间的继承关系。

（3）重用已有的类

如果有可能重用已有的类，则重用已有类的典型过程如下：

- 选择有可能被重用的已有类，标出这些候选类中对本问题无用的属性和服务，尽量重用那些能使无用的属性和服务降到最低程度的类。
- 在被重用的已有类和问题域类之间添加归纳关系（即从被重用的已有类派生出问题域类）。
- 标出问题域类中从已有类继承来的属性和服务。
- 修改与问题域类相关的关联，必要时改为与被重用的已有类相关的关联。

2. 人机交互子系统设计

在面向对象分析过程中，已经对用户界面需求进行了初步分析。在面向对象设计过程

中，则应该对系统的人机交互子系统进行详细设计，以确定人机交互的细节，其中包括指定窗口和报表的形式、设计命令层次等内容。

由于对人机界面的评价在很大程度上由人的主观因素决定，因此使用由原型支持的系统化的设计策略，是成功地设计人机交互子系统的关键。

在设计人机交互子系统时应注意以下几点：

- 一致性。使用一致的术语、一致的步骤、一致的动作。
- 减少步骤。尽量减少使用户执行某项操作所需的敲击键盘的次数、单击鼠标的次数或者下拉菜单的选择距离，还应当尽量减少不同技术水平的用户为获得有意义的结果所需要的时间，特别是还应为熟练用户提供快捷的操作方式（如热键等）。
- 及时提供反馈信息。每当用户等待系统完成一项工作时，系统都应该向用户提供有意义的、及时的反馈信息，以使用户能够知道系统目前已经完成该项工作的比例。
- 提供撤销操作。人在与系统交互的过程中难免会犯错误，因此应该提供“撤销（undo）”命令，以便用户能及时撤销错误动作，消除错误动作造成的后果。
- 无须记忆。用户不应被要求记住在某个窗口中显示的信息，然后再用到另一个窗口中，这是软件系统的职责，而不是用户的任务。在设计人机交互部分时，应该力求达到下述目标：用户在使用系统时，应将思考人机交互方法的时间降至最少，同时最大化他们进行实际工作的时间。更理想的情况是，人机交互界面能增强用户的能力。
- 富有吸引力。人机交互界面不仅应该方便、高效，还应该使人在使用时感到心情愉快，能够从中获得乐趣，从而吸引人去使用它。

3. 任务管理子系统设计

一个系统的各组成部分之间经常会存在相互依赖的现象，因此任务管理子系统的一项重要工作就是确定哪些对象是必须同时动作的，哪些对象是相互排斥的，然后根据问题域任务描述进一步设计任务管理子系统。

建议通过下列步骤来设计管理并发任务的对象策略。

（1）确定任务的特征

明确任务的驱动机制，如事件驱动、时钟驱动等。事件驱动任务是指那些可由特定事件激发的任务，这类任务通常负责与硬件设备、屏幕窗口、其他任务或子系统进行通信；时钟驱动任务是指以固定的时间间隔激发某种事件来执行相应处理的任务。例如，某些设备需要周期性地获得数据，某些人机接口、子系统、任务或处理器需要与其他系统进行周期性通信等，这些需求需要采用时钟驱动任务。

（2）确定任务的优先级及协调任务

在安排任务时，应根据任务的优先级进行排序，确保高优先级的任务能够立即访问系统资源。对高优先级的关键性任务，即使在资源减少或系统性能下降的情况下，也应确保它们能够立即执行。

当系统中包含三个或更多的任务时，就应该考虑增加一个专门的协调任务，用于管理和协调任务之间的关系。这种协调任务可以优化不同任务间的协调控制，其行为可通过状态转换矩阵来描述。

（3）资源的合理调配和使用

在任务管理子系统中，可能会出现资源使用上的矛盾。在这种情况下，设计者需要综合考虑各种因素，实现在最高性价比条件下对资源的合理分配和使用。例如，当面临同样功能要求的硬件和软件实现时，设计者必须综合考虑一致性、成本和性能等因素。此外，还需考虑系统未来的可扩展性和可修改性等，设计出合理的选择方案。

4. 数据管理子系统设计

数据管理部分包括两个不同的关注区域：对应用本身关键的数据管理和创建用于对象存储和检索的基础设施。数据管理部分提供在特定的数据管理系统中存储和检索对象的基本结构，包括对永久性数据的访问和管理。数据管理部分主要负责存储问题域的持久对象、封装这些对象的查找和存储机制，以及为了隔离数据管理系统对其他部分的影响，使得选用不同的数据管理系统时问题域部分基本相同。选用不同的数据管理系统对数据管理部分的设计有不同的影响。

对于数据管理子系统的设计，首先要根据问题范围选择数据存储管理模式，然后针对选定的管理模式设计数据管理子系统。

（1）选择数据存储管理的模式

目前，可供选择的数据存储管理模式主要有 3 种：文件管理系统、关系数据库管理系统和面向对象数据库管理系统。设计者应根据应用系统的特点选择合适的数据存储管理模式。

① 文件管理系统。

一般地，文件管理系统提供基本的文件处理和分类能力，其特点是能够长期保存数据，成本低，简单。但是，文件操作的级别很低，使用文件管理数据时还必须编写额外代码，而且不同操作系统的文件管理系统往往有很大差异。

② 关系数据库管理系统。

关系数据库管理系统通过二维表来管理数据。二维表由行和列组成，一个关系数据库由多张表组成。关系数据库管理系统的理论基础是关系代数，经过多年的发展完善，关系数据库管理系统能够提供最基本的数据管理功能，支持标准化的 SQL 语言，可以为多种应用提供一致的接口。但是其缺点也比较明显，包括运行开销大、不能满足高级应用需求、与程序设计语言连接不自然等。

③ 面向对象数据库管理系统。

面向对象数据库管理系统是一种新技术，有两方面的特征：一是面向对象，支持对象、类、操作、属性、继承、聚合、关联等面向对象的概念；二是具有数据库系统所应具有的特定功能。因此，面向对象数据库管理系统通常通过扩充关系型数据库管理系统或者扩充面向对象编程语言的方式来实现。

（2）设计数据管理子系统

针对选定的数据存储管理模式，数据管理子系统的设计包括数据格式设计和服务设计

两部分。

① 数据格式设计。

不同的数据存储管理模式，其数据格式设计也不同。

- 文件管理系统：列表给出每个类的属性，将所有属性表格规范化为第一范式，为每个类定义一个文件，然后测量性能和需要的存储容量是否满足实际性能要求。若文件太多，就要考虑把“一般－特殊”结构的类文件合并成一个文件，必要时还需要把某些属性组合起来，通过处理时间来减小所需要的存储空间。
- 关系数据库管理系统：列出每个类的属性表，将所有属性表格规范化为第三范式，为每个类定义一个数据库表，然后测量性能和需要的存储容量是否满足实际性能需求。若不满足，则修改部分表设计到较低范式，通过存储空间来换取时间方面的性能指标。
- 面向对象数据库管理系统：对于在关系数据库上扩充的面向对象数据库管理系统，其处理步骤与关系数据库管理系统的处理步骤类似；对于由面向对象编程语言扩充的面向对象数据库管理系统，由于数据库管理系统本身具有把对象映射成存储值的功能，因此不需要对属性进行规范化；对于新设计的面向对象数据库管理系统，系统本身就包含了合理的数据格式。

② 服务设计。

如果需要存储某个类的对象，那么在类中添加一个属性和服务是必要的，用于完成存储自身操作的需求。根据面向对象设计的原则，这种属性和服务可以在对应类的构造函数中定义，这使得相应类的对象能够知晓如何存储自己的属性和服务，从而自动在数据管理子系统和问题域管理子系统之间构建起必要的连接。

5.4.4 类中的服务、关联设计

面向对象设计中，服务的设计可以分为两个步骤：一是确定类中应有的服务，二是设计实现服务的方法。

1. 服务设计

软件系统开发进行到分析与设计阶段后，需要综合考虑分析阶段的 4 种模型，才能正确确定类中应有的服务。一般地，实现模型与服务的关系不大，可以忽略实现模型对服务的影响。对象模型是进行对象设计的基本框架，但是分析阶段得到的对象模型通常只在每个类中列出了很少几个最核心的服务，设计者需要把动态模型中对象的行为和用例模型中的用例（数据处理）转换成由适当的类提供的服务。

（1）从对象模型中引入服务

根据面向对象分析与设计阶段可以平滑过渡的原理，分析阶段对象模型中所包含的服务可直接对应到设计阶段的服务，只是需要比分析阶段更详细地定义这些服务。

（2）从动态模型中确定服务

一般地，一张状态图描绘一类对象的生存周期，图中的状态转换就是执行对象服务的结果。对象接收事件请求后，会驱动对象执行服务，对象的动作既与事件有关，也与对象的状态有关。因此，完成服务的算法自然也与对象的状态有关。如果一个对象在不同的状态可以接收同样的事件，而且在不同状态接收到同样事件时的行为不同，则实现服务的算法需要有一个依赖于状态的多分支控制结构来实现服务的算法。

（3）从用例模型中确定服务

用例图中的用例表达了数据的加工处理过程，这些加工处理可能与对象提供的服务相对应，因此需要先确定操作的目标对象，然后在该对象所属的类中定义相应的服务。如果某个服务特别复杂、庞大，可以考虑将复杂的服务分解为若干简单的服务，以方便实现，当然，分解过程要符合分解的原则，分解后要易于实现。

2. 设计实现服务的方法

设计实现服务的方法首先要选择数据结构，然后定义内部类和内部操作，最后设计实现服务的算法。

（1）选择数据结构

在分析阶段，分析人员只需考虑系统需要的逻辑结构，而在面向对象设计中，则需要选择能够方便、有效实现算法的物理数据结构。多数面向对象程序设计语言都提供了基本的数据结构，方便用户选择使用。

（2）定义内部类和内部操作

在进行面向对象设计时，基于分析阶段的模型有时需要添加一些在需求陈述中没有提到的类，这些新增加的类主要用来存放执行服务操作过程中的中间结果。此外，分解复杂的服务和操作时，常常需要引入一些新的低层操作，这些都属于需要重新定义的内部类和内部操作。

（3）设计实现服务的算法

面向对象设计阶段应该给出服务的详细实现算法，在此过程中需要综合考虑算法实现的复杂度、算法是否容易阅读与理解以及算法是否易于修改等因素。

3. 关联设计

在对象模型中，关联是连接不同对象的纽带，指定对象之间的联系路径。分析阶段给出的关联可能是笼统的关联关系，设计阶段就需要对关联关系进行细化分析和设计。在此过程中，首先要做的就是确定优先级，分析关联关系是单向关联还是双向关联，然后给关联命名，标注关联中类的角色，需要时还可以补充关联类及其属性、关联的约束及关联的限定符等。

5.4.5 设计优化

按分析和设计规则进行系统分析与设计得到的系统模型，并不能保证一定是最优的设计，通常还需要根据系统需求和设计要求做一些优化。下面介绍在面向对象设计阶段中常

用的优化策略。

1. 确定优先级

系统分析与设计中包含很多不同的质量指标，但这些质量指标并不是同等重要的，设计人员必须确定各项质量指标的相对重要性，即确定优先级，以便在优化设计时制定折中方案。

系统整体质量与选择的折中方案密切相关，设计优化要进行全局考虑，确定各项质量指标的优先级，否则容易导致系统资源的严重浪费。折中方案中设置的优先级一般是模糊的，最常见的情况是在效率和清晰性之间寻求适当的折中方案。

2. 采用提高设计效率的技术

（1）增加冗余关联，以提高访问效率

在面向对象分析过程中，应该避免对象模型中存在冗余的关联，因为冗余关联不仅没有增添关于问题域的任何信息，反而会降低模型的清晰程度。但是，在面向对象设计过程中，当考虑用户的访问模式及不同类型访问之间彼此的依赖关系时，就会发现分析阶段确定的关联可能并没有构成效率最高的访问路径。

（2）调整查找次序

通过调整查找次序，尽量缩小查找范围，这对于优化数据库设计效率起到重要作用。例如，在某员工数据库中需要找出既会说英语又会说法语的人。假设会说英语的人有 1 000 位，会说法语的人只有 10 位，则应该先查找出会说法语的 10 个人，再在这 10 个人中查找同时也会说英语的人。

（3）保留派生属性

在一般情况下，通过某种计算从其他数据派生出来的数据在模型中是不保存的，否则就会出现数据冗余。但在某些特殊情况下，为避免重复计算复杂的表达式，可以把派生数据作为派生属性保存起来，在类似的表达式中重用，这也是用空间来换取时间的一种效果。派生属性既可以定义在原有类中，也可以用对象保存起来，定义在新类中，只是在修改基本对象时，必然引起所有依赖于它的、保存派生属性的对象的修改。

3. 调整继承关系

在面向对象设计过程中，建立良好的继承关系是优化设计的一项重要内容。继承关系能够为一个类族定义一个协议，并能在类之间实现代码共享，以减少冗余。例如，一个父类和它的子类被称为一个类继承。利用类继承可以把若干类组织成一个逻辑结构。

5.4.6　面向对象的实现

面向对象的实现主要包括两项工作：一是把面向对象设计结果翻译成用某种程序设计语言编写的面向对象程序；二是测试并调试面向对象程序。

面向对象程序的质量基本上由面向对象设计的质量决定，但是所采用的编程语言的特点和程序设计风格也将对程序的可靠性、可重用性和可维护性产生深远影响。

1. 程序设计语言的选择

要把设计结果映射到实际运行的程序中去，首先遇到的问题就是程序设计语言的选择。在面向对象的实现中，面向对象的程序设计语言自然是首选。

（1）面向对象程序设计语言的优点

使用面向对象语言时，由于语言本身充分支持面向对象概念的实现，因此编译程序可以自动把面向对象的概念映射到目标程序中。此外，面向对象程序设计语言还具有以下优点：

- 一致的表示方法。
- 可重用性高。
- 可维护性好。

由此可见，面向对象实现还是尽量选用面向对象语言为好。

（2）面向对象语言的技术特点

目前，主要有两大类面向对象语言，一类是纯面向对象语言，如 C#、Java、Smalltalk 和 Eiffel 等语言；另一类是混合型面向对象语言，也就是在过程语言的基础上增加面向对象机制，如 C++ 语言。一般说来，纯面向对象语言着重支持面向对象方法研究和快速原型的实现，而混合型面向对象语言的目标则是提高运行速度和使传统程序员容易接受面向对象的思想。成熟的面向对象语言通常都提供丰富的类库和强有力的开发环境，因而选择面向对象语言时，应着重考察语言的技术特点，这些特点包括：

- 具有支持类与对象概念的机制。
- 具有实现继承的语言机制。
- 具有实现属性和服务的机制。
- 具有参数化类的机制。
- 提供类型检查机制。
- 提供类库。
- 提供持久保持对象的机制。
- 提供可视化开发环境。
- 提供封装与打包机制。

在实际系统开发中，选择面向对象语言的实际原因主要包括：

- 将来能否占主导地位。
- 是否具有良好的类库和开发环境支持。
- 可重用性。
- 售后服务。
- 对运行环境的需求。
- 集成已有软件的难易程度。

2. 程序设计风格

良好的程序设计风格对提高和保证程序质量有重要作用。对于面向对象的实现来说，良好的程序设计风格尤其重要，不仅能明显减少维护或扩充的开销，而且有助于在新项目中重用已有的程序代码。

进行面向对象程序设计时，既要遵循传统的程序设计风格原则，也要遵循为适应面向对象方法所特有的概念（如继承性、多态性等）而必须遵循的一些新准则。

（1）提高可重用性

面向对象方法的一个主要目标就是提高软件的可重用性。软件重用有多个层次，在编码阶段主要涉及代码重用问题。一般说来，代码重用有两种：一种是本项目内的代码重用，另一种是新项目重用旧项目的代码。内部重用主要是找出设计中相同或相似的部分，然后利用继承机制共享它们。为了实现外部重用，必须要有长远眼光，需要反复考虑、精心设计。虽然实现外部重用比实现内部重用需要考虑的因素更多，但是有助于实现这两类重用的程序设计原则却是相同的。实现重用的主要原则包括：

- 提高方法的内聚性，降低耦合性。
- 减小方法的规模。
- 保持方法的一致性。
- 把策略与实现分开。
- 尽量做到全面覆盖。
- 尽量不使用全局信息。
- 充分利用继承机制。

（2）提高可扩充性

提高代码的可扩充性的主要原则包括：

- 封装类的实现策略。
- 精心选择和定义公有方法。
- 控制方法规模。
- 避免使用多分支语句，合理使用多态性机制，根据对象的当前类型自动选择相应的操作。

（3）提高代码的健壮性

程序员编写实现方法的代码时，既应该考虑代码的效率，也应该考虑代码的健壮性。通常需要在健壮性与效率之间做出适当的折中。必须认识到，对于任何一个实用软件来说，健壮性都是不可忽视的质量指标。为提高系统的健壮性，应遵守以下几条规则：

- 预防用户的操作错误。
- 具备处理用户操作错误的能力。
- 检查参数的合法性。
- 使用动态内存分配机制。
- 先测试后优化。

习题 5

一、填空题

1. 对象具有状态，对象用__________来描述它的状态。

2. 对象具有__________，用于改变对象的状态。对象实现了________和________的结合。

3. 对象的抽象是__________，类的实例化是__________。

4. 类具有属性，它是对象的__________的抽象，用__________来描述对象的属性。

5. 类具有操作，它是__________的行为的抽象。

6. 继承性是指__________自动共享父类属性和__________的机制。

7. 面向对象的三大特点是__________、__________和__________。

8. 面向对象建模得到的模型主要有__________、__________、__________和__________。

9. UML 中的视图分为用户模型视图、__________、__________、__________和环境模型视图等五类视图。

10. 结构模型视图也称__________，它由__________和__________构成。

二、选择题

1. 汽车有一个发动机，汽车和发动机之间的关系是__________关系。
A. 一般－具体　　B. 整体－部分　　C. 分类关系　　D. isa

2. 火车是一种陆上交通工具，火车和陆上交通工具之间的关系是__________关系。
A. 组装　　B. 整体－部分　　C. hasa　　D. 一般－具体

3. 面向对象程序设计语言不同于其他语言的最主要特点是__________。
A. 模块　　B. 抽象性　　C. 继承性　　D. 共享性

4. 软件部件的内部实现与外部可访问性分离，这是指软件的__________。
A. 继承性　　B. 共享性　　C. 封装性　　D. 抽象性

5. 面向对象分析阶段建立的三个模型中，核心模型是__________模型。
A. 功能　　B. 动态　　C. 对象　　D. 分析

6. 对象模型的描述工具是__________。
A. 状态图　　B. 数据流图　　C. 对象图　　D. 结构图

7. 动态模型的描述工具是__________。
A. 对象图　　B. 结构图　　C. 状态图　　D. 设计图

8. 在只有单重继承的类层次结构中，类层次结构是__________层次结构。
A. 树形　　B. 网状　　C. 星形　　D. 环形

9. __________模型表示了对象之间的相互行为。
A. 对象　　B. 动态　　C. 功能　　D. 分析

10. 描述类中某个对象的行为，反映了状态与事件之间关系的是__________。

A. 对象图　　B. 状态图　　C. 流程图　　D. 结构图

11. 在面向对象方法中，信息隐蔽是通过对象的__________来实现的。

A. 分类性　　B. 继承性　　C. 封装性　　D. 共享性

12. 关于类和对象的叙述中，错误的是________。

A. 一个类只能有一个对象

B. 对象是类的具体实例

C. 类是某一类对象的抽象

D. 类和对象的关系是一种数据类型和变量的关系

三、简答题

1. 说明构造对象模型的各个元素及图形表示。
2. 说明构造动态模型的各个元素及图形表示。
3. 说明构造功能模型的各个元素及图形表示。
4. 说明分析阶段建立的三个模型的关系。
5. 简述 UML 图的分类。
6. 面向对象的设计通常可分为哪四个子系统？

模块 6

软件测试

学习目标

❖ 理解白盒、黑盒测试技术，软件测试的步骤和策略。
❖ 掌握白盒法和黑盒法设计测试用例，并能够进行测试。
❖ 熟悉面向对象的软件测试方法。
❖ 了解自动化软件测试工具。

即刻学习
○配套学习资料
○软件工程导论
○技术学练精讲
○软件测试专讲

6.1 软件测试的目标与原则

软件测试是确保软件质量的关键步骤，它的目标在于检测和修正软件中的错误，确保软件产品符合用户需求和质量标准。在这个过程中应遵循一系列的指导原则，才能有效提升测试的效果。

6.1.1 软件测试的目标

统计资料表明，测试的工作量约占用整个项目开发工作量的 40%，对于关系到人的生命安全的软件（如飞机飞行自动控制系统），测试的工作量还要成倍增加。格伦福德 · J. 迈尔斯（Glenford J. Myers）在其经典著作《软件测试的艺术》中提出了以下观点：

- 软件测试是为了发现错误而执行程序的过程。
- 一个好的测试用例能够发现至今尚未发现的错误。
- 一个成功的测试是发现了至今尚未发现的错误。

测试阶段的基本任务应该是根据软件开发各阶段的文档资料和程序的内部结构，精心设计一组“高产”的测试用例，利用这些测试用例执行程序，找出软件中潜在的各种错误和缺陷。

6.1.2 软件测试的原则

在软件测试中，应遵循以下指导原则：

- 测试用例应由输入数据和预期的输出数据两部分组成，以便对照检查，做到有的放矢。
- 测试用例不仅要选用合理的输入数据，还要选用不合理的输入数据，这样能更多地发现错误，提高程序的可靠性。对于不合理的输入数据，程序接受后，应给出相应提示。
- 除了检查程序是否做了它应该做的事，还应该检查程序是否做了它不应该做的事。例如，程序正确打印出用户所需信息的同时，是否还打印出用户并不需要的多余信息。
- 应制订测试计划并严格执行，排除随意性。
- 长期保留测试用例。测试用例的设计需耗费很大的工作量，保留测试用例不仅能为以后的维护工作提供便利，还由于修改后的程序可能会产生新的错误，也需要用测试用例进行回归测试，因此必须将其作为文档长期保存。
- 对发现错误较多的程序段，应进行更深入的测试。有统计数据表明，一段程序中已发现的错误数越多，其中存在的错误概率也越大。因为发现错误数多的程序段，其质量较差，同时在修改错误过程中又容易引入新的错误。

- 程序员应避免测试自己的程序。测试是一种“挑剔性”的行为，程序员自身的心理状态是其测试自己程序的障碍，而且会更难发现对需求规格说明的理解错误。因此，由别人或另外的机构来测试程序员编写的程序会更客观、更有效。

6.2 软件测试的方法

软件测试的方法有多种，如黑盒测试、白盒测试等。针对不同的开发阶段有不同的测试需求，因此测试方法要根据具体情况灵活选用，很多时候还需要结合多种方法进行综合测试。

6.2.1 软件测试方法分类

软件测试方法一般分为两大类：静态测试方法与动态测试方法。

1. 静态测试

静态测试是指被测试程序不在机器上运行，而是采用人工检测和计算机辅助静态分析的手段对程序进行检测。

① 人工检测。人工检测是指不利用计算机而是依靠人工审查程序或评审软件。人工审查程序偏重于编码质量的检验，而评审软件除了审查编码还要对各阶段的软件产品进行检验。人工检测可以发现计算机不易发现的错误，能有效地发现 30% ～ 70% 的逻辑设计和编码错误，可以减少系统测试的总工作量。

② 计算机辅助静态分析是指对被测试程序进行特性分析，从程序中提取一些信息，以便检查程序逻辑的各种缺陷和可疑的程序构造。例如，用错的局部变量和全局变量、不匹配的参数、不适当的循环嵌套和分支嵌套、潜在的死循环、不会执行到的代码，等等；还可能是提供一些间接涉及程序欠缺的信息、各种类型语句出现的次数、变量和常量的引用表、标识符的使用方式、过程的调用层次、违背编码规则，等等。另外，静态分析中还可以用符号代替数值求得程序结果，以便对程序进行运算规律的检验。

2. 动态测试

动态测试是指通过运行程序发现错误。一般意义上的测试大多是指动态测试。为使测试发现更多的错误，需要运用一些有效的方法。测试任何软件产品一般都可采用以下两种方法：一是测试产品的功能，二是测试产品内部结构及处理过程。对软件产品进行动态测试时，也用这两种方法，分别称为黑盒测试和白盒测试。

（1）黑盒测试

黑盒测试是把被测试对象看成一个黑盒子，测试人员完全不考虑程序的内部结构和处理过程，只在软件的接口处进行测试，依据需求规格说明书，检查程序是否满足功能要求。因此，黑盒测试又称为功能测试或数据驱动测试。

通过黑盒测试主要可以发现以下错误：

- 是否有不正确或遗漏了的功能。
- 在接口上，能否正确地接收输入数据，能否产生正确的输出信息。
- 访问外部信息是否有错。
- 性能上是否满足要求。

在进行黑盒测试时，必须在所有可能的输入条件和输出条件中确定测试数据。那么，是否要对每个数据都进行穷举测试呢？例如，测试一个程序，需输入 3 个整数值，64 位系统中每个整数可能取值有 2^{64} 个，3 个整数的值的排列组合数是巨大的，但这还不能算穷举测试，还要输入一切不合法的数据。可见，穷举输入测试数据进行黑盒测试是不可能的，只能选取具有代表性的数据进行测试。

（2）白盒测试

白盒测试是把测试对象看作一个打开的盒子，测试人员必须了解程序的内部结构和处理过程，以检查处理过程的细节为基础，对程序中尽可能多的逻辑路径进行测试，以检验内部控制结构和数据结构是否有错、实际的运行状态与预期的状态是否一致等。

白盒测试也不可能进行穷举测试，企图遍历所有的路径往往是做不到的。例如，测试一个循环 20 次的嵌套的 IF 语句，循环体中有 5 条路径，测试这个程序的执行路径为 5^{20} 条，如果每 1 ms 完成一个路径的测试，测试完这些路径就需要 3022 年！

对于白盒测试，即使每条路径都测试了，程序仍可能有错。例如，要求编写一个升序的程序，错编成降序程序（功能错），即使穷举路径测试也无法发现。再如，由于疏忽而漏写了一条路径，白盒测试也发现不了这种情况。

黑盒测试和白盒测试都不能实现完全彻底的测试。为了在有限的测试中发现更多的错误，需要精心设计测试用例。黑盒测试、白盒测试是设计测试用例的基本策略，每种方法对应着多种设计测试用例的技术，每种技术可达到一定的软件质量标准要求。

6.2.2　测试用例的设计

1. 白盒技术

由于白盒测试是针对程序结构的测试，被测对象基本上是源程序，因此需要以程序的内部逻辑为基础设计测试用例。

（1）逻辑覆盖

逻辑覆盖追求的是程序内部的逻辑覆盖程度。当程序中有循环时，一般情况下，覆盖每条路径是不太可能的，因此只能设计一些测试用例，使其逻辑覆盖程度较高或可以覆盖最有代表性的路径。下面根据图 6-1 所示的程序，分别讨论几种常用的覆盖技术。

① 语句覆盖。

为了提高发现错误的可能性，在测试时应该执行程序中的每一条语句。语句覆盖是指设计足够的测试用例，使被测程序中每条语句至少执行一次。

在图 6-1 的流程图中，如果能测试路径 124，就能保证每个语句至少执行一次。选择测试数据为：a=2, b=0, x=3，输入此组数据，就能达到语句覆盖标准。

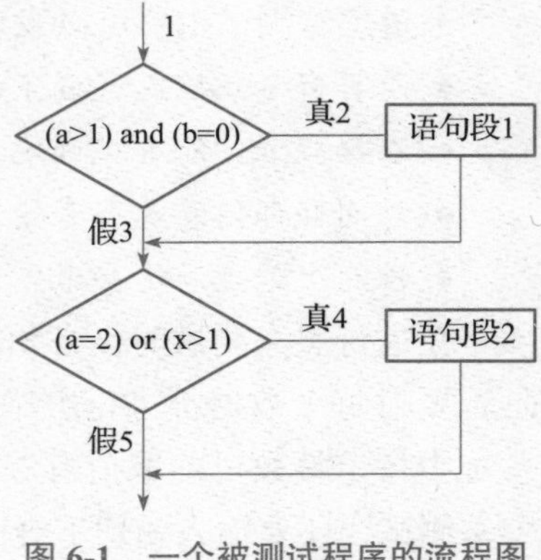

图 6-1　一个被测试程序的流程图

从程序中每条语句都能执行来看，语句覆盖似乎全面地检验了每条语句。但是，对于图 6-1 所表示的被测程序，上面的测试数据只测试了逻辑表达式为“真”的情况，如果将第一个逻辑表达式中的“AND”错写成“OR”、第二个逻辑表达式中的“x>1”错写成“x<1”，仍用上述数据进行测试，则不能发现错误。由此可知，语句覆盖是比较弱的覆盖标准。

② 判定覆盖。

判定覆盖是指设计足够的测试用例，使得被测程序中每个判定表达式至少获得一次“真”值和“假”值，从而使程序的每一个分支至少都通过一次，因此判定覆盖也称为分支覆盖。设计测试用例，只要通过路径 124、135 或者 125、134，就达到判定覆盖标准。因此可以选择两组数据：a=3,b=0,x=1（通过路径 125）和 a=2,b=1,x=2（通过路径 134）。

对于多路分支（嵌套 if 或 case)，判定覆盖需要使第一个判定表达式获得每一种可能的值来测试。

判定覆盖比语句覆盖更严格，因为如果通过了各个分支，那么各个语句就都被执行了。但该测试仍不充分，因为上述数据只覆盖了全部路径的一半。如果将第二个判定表达式中的“x>1”错写成了“x<1”，上述测试数据是查不出此错误的。

③ 条件覆盖。

条件覆盖是指设计足够的测试用例，使得判定表达式中每个条件的各种可能的值至少出现一次。图 6-1 所示的程序中有以下 4 个条件：

```
a>1,b=0,a=2,x>1
```

要选择足够的数据，使得上面的每个判定表达式为真、为假都出现一次。为此要满足以下条件：

```
a>1,b=0
a ≤ 1,b ≠ 0
a=2,x>1
a ≠ 2,x ≤ 1
```

如此才能达到条件覆盖的标准。

为满足上述要求，选择以下两组测试数据：

```
a=2,b=0,x=3（满足 a>1,b=0,a=2,x>1，通过路径 124）
a=-2,b=1,x=1（满足 a ≤ 1,b ≠ 0,a ≠ 2,x ≤ 1，通过路径 135）
```

以上两组测试用例不但覆盖了判定表达式中所有条件的可能取值，而且覆盖了所有判断条件的取“真”分支和取“假”分支。在这种情况下，条件覆盖强于判定覆盖。但也可

能有例外情况，设选择另外两组测试数据如下：

```
a=1,b=0,x=3（满足 a ≤ 1,b=0,a ≠ 2,x>1）
a=2,b=1,x=1（满足 a>1,b ≠ 0,a=2,x ≤ 1）
```

这两组测试数据覆盖了所有的条件，满足条件覆盖，但只覆盖了第一个判定表达式的取“假”分支和第二个判定表达式的取“真”分支，即只测试了路径 134，说明此组测试用例不满足判定覆盖。因此，满足条件覆盖不一定满足判定覆盖。为了解决此问题，需要兼顾条件覆盖和判定覆盖。

④ 判定/条件覆盖。

该覆盖标准指设计足够的测试用例，使得判定表达式中的每个条件的所有可能取值至少出现一次，并使每个判定表达式所有可能的结果也至少出现一次。对于上述程序，选择以下两组测试用例可以满足判定/条件覆盖。

```
a=2,b=0,x=3
a=1,b=1,x=1
```

这也是满足条件覆盖选取的数据。

从表面上看，判定/条件覆盖测试了所有条件的取值，但实际上，条件组合中的某些条件可能会抑制其他条件。例如，在含有“与”运算的判定表达式中，如果第一个条件为“假”，则这个表达式中的后面几个条件均不起作用；在含有“或”运算的表达式中，如果第一个条件为“真”，则后面其他条件也不起作用（即所谓的“逻辑短路”）。因此，在这两种情况下，如果判定表达式中后面的其他条件写错了，也是测不出来的。

⑤ 条件组合覆盖。

条件组合覆盖是比较强的覆盖标准，是指设计足够的测试用例，使得每个判定表达式中条件的各种可能的值的组合都至少出现一次。

上述程序中，两个判定表达式共有 4 个条件，因此有以下 8 种组合：

```
（i）a>1,b=0            （ii）a>1,b ≠ 0
（iii）a ≤ 1,b=0         （iv）a ≤ 1,b ≠ 0
（v）a=2,x>1            （vi）a=2,x ≤ 1
（vii）a ≠ 2,x>1         （viii）a ≠ 2,x ≤ 1
```

通过下面四组测试用例就可以满足条件组合覆盖标准。

```
a=2,b=0,x=2    覆盖条件组合（i）和（v），通过路径 124。
a=2,b=1,x=1    覆盖条件组合（ii）和（vi），通过路径 134。
a=1,b=0,x=2    覆盖条件组合（iii）和（vii），通过路径 134。
a=1,b=1,x=1    覆盖条件组合（iv）和（viii），通过路径 135。
```

显然，满足条件组合覆盖的测试一定满足“判定覆盖”“条件覆盖”和“判定/条件覆盖”，因为每个判定表达式、每个条件都不止一次地取过“真”值、“假”值。但也要看到，该例没有覆盖程序可能执行的全部路径，125 这条路径就被漏掉了，如果这条路径有错，就不能测出来。

⑥ 路径覆盖。

路径覆盖是指设计足够的测试用例，覆盖被测程序中所有可能的路径。

对于上例，选择以下测试用例覆盖程序中的 4 条路径。

```
a=2,b=0,x=2    覆盖路径 124，覆盖条件组合（ⅰ）和（ⅴ）。
a=2,b=1,x=1    覆盖路径 134，覆盖条件组合（ⅱ）和（ⅵ）。
a=1,b=1,x=1    覆盖路径 135，覆盖条件组合（ⅳ）和（ⅷ）。
a=3,b=0,x=1    覆盖路径 125，覆盖条件组合（ⅰ）和（ⅷ）。
```

可以看出，该组测试用例满足路径覆盖，却未满足条件组合覆盖。

对比这六种覆盖标准（见表 6-1），可以更清楚它们之间的区别。

表 6-1　六种覆盖标准的对比

类　型	说　明
语句覆盖	每条语句至少执行一次
判定覆盖	每个判定的每个分支至少执行一次
条件覆盖	每个判定的每个条件应取到各种可能的值
判定/条件覆盖	同时满足判定覆盖和条件覆盖
条件组合覆盖	每个判定中各条件的每一种组合至少出现一次
路径覆盖	使程序中每一条可能的路径至少执行一次

语句覆盖发现错误的能力最弱。判定覆盖包含了语句覆盖，但它可能会使一些条件得不到测试。条件覆盖对每一条件进行单独检查，一般情况它的检错能力比判定覆盖强，但有时达不到判定覆盖的要求。判定/条件覆盖包含了判定覆盖和条件覆盖的要求，但由于计算机系统软件实现方式的限制，实际上不一定能达到条件覆盖的标准。条件组合覆盖发现错误的能力较强，凡满足其标准的测试用例，也必然满足前四种覆盖标准。

前五种覆盖标准把注意力集中在单个判定或判定的各个条件上，可能会使程序中某些路径没有覆盖到。路径覆盖则是根据各判定表达式取值的组合，使程序沿着不同的路径执行，查错能力强。但由于它是从各判定的整体组合出发设计测试用例的，可能测试用例达不到条件组合覆盖的要求。

在实际的逻辑覆盖测试中，一般以条件组合覆盖为主设计测试用例，然后再补充部分用例，以达到路径覆盖的测试标准。

（2）循环覆盖

在逻辑覆盖的测试技术中，只讨论了程序内部有判定表达式存在的逻辑结构的测试用例设计技术，而循环也是程序的主要结构，测试必须要覆盖这种主要结构。前面在白盒测试中已经介绍过，要覆盖含有循环结构的所有路径几乎是不可能的，但可通过限制循环次数来测试。下面给出循环覆盖测试用例的设计原则。

① 单循环。

假设 n 为可允许执行循环的最大次数，设计针对以下情况的测试用例。

- 零次循环。
- 只执行循环一次。
- 执行循环 m 次，其中 $m<n$。
- 执行循环 $n-1$ 次，n 次，$n+1$ 次。

② 嵌套循环。

- 对最内层循环做简单循环的全部测试，所有其他层的循环变量置为最小值。
- 逐步外推，对其外面一层循环进行测试。测试时保持所有外层循环的循环变量取最小值，所有其他嵌套内层循环的循环变量取“典型”值。
- 反复进行，直到所有各层循环测试完毕。

（3）基本路径测试

图 6-1 的例子很简单，只有 4 条路径。但在实际问题中，一个不太复杂的程序的路径也可能是一个很大的数字。为了解决这一难题，应把覆盖的路径数压缩到一定的限度内，如循环体只执行一次。基本路径测试是指在程序控制流程图的基础上，通过分析控制构造的环路复杂性，导出基本路径集合，从而设计测试用例，保证这些路径至少通过一次。

基本路径测试的步骤如下：

① 以详细设计或源程序为基础，导出控制流程图的拓扑结构——程序图。

程序图是退化了的程序流程图，是反映控制流程的有向图。其中，小圆圈称为节点，代表了流程图中每个处理符号（矩形、菱形框），有箭头的连线表示控制流向，称为程序图中的边或路径。

图 6-2 是一个程序流程图，可以将它转换成图 6-3 所示的程序图（假设菱形框表示的判断内没有复合的条件）。在转换时注意以下两点：一是一条边必须终止于一个节点，在选择结构中的分支汇聚处即使无语句也应有汇聚点；二是若判断中的逻辑表达式是复合条件，应分解为一系列只有单个条件的嵌套判断，如对于图 6-2 中的复合条件判定（3 和 6）应画成图 6-3 所示的程序图。

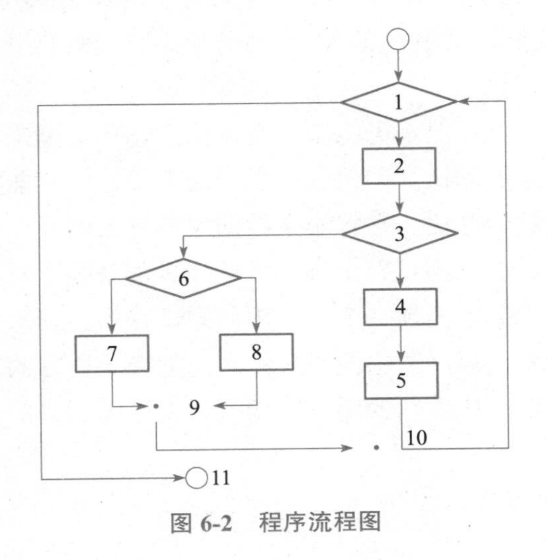

图 6-2　程序流程图

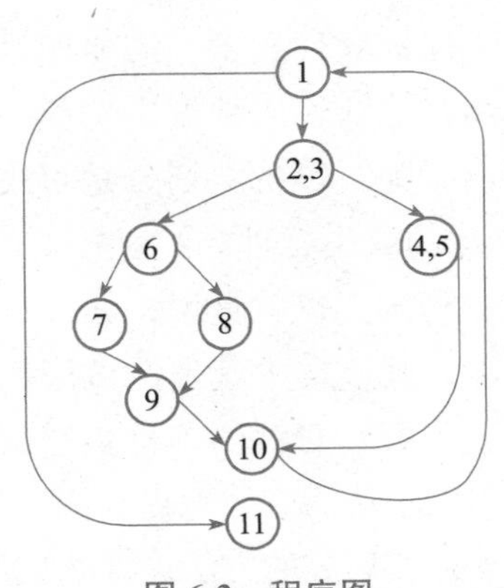

图 6-3　程序图

② 计算程序图 G 的环路复杂性 $V(G)$。McCabe 定义程序图的环路复杂性为此平面图中区域的个数。区域个数为边和节点圈定的封闭区域数加上图形外的区域数 1 。例如，图 6-4(b) 中的 $V(G)$ = 区域数 +1=3+1=4。

③ 确定只包含独立路径的基本路径集。环路复杂性可导出程序基本路径集合中的独立路径条数，这是确保程序中每个执行语句至少执行一次所必需的测试用例数目的上界。独立路径是指包括一组以前没有处理的语句或条件的一条路径。

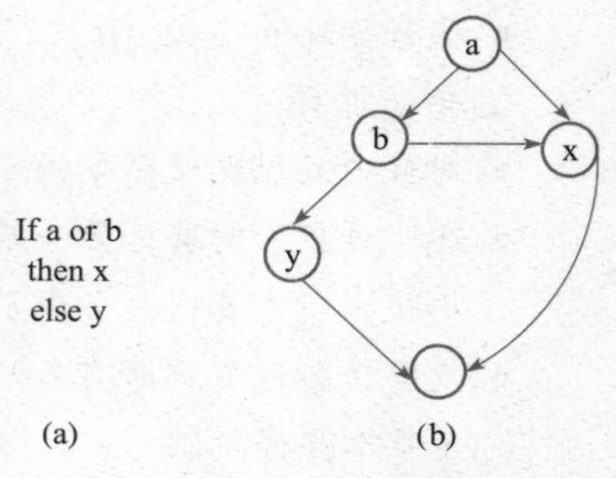

图 6-4　复合条件下的程序图

从程序图来看，一条独立路径是至少包含有一条在其他独立路径中未有过的边的路径。例如，在图 6-3 所示的图中，一组独立的路径是：

```
path1:1-11
path2:1-2-3-4-5-10-1-11
path3:1-2-3-6-8-9-10-1-11
path4:1-2-3-6-7-9-10-1-11
```

从例中可知，一条新的路径必须包含有一条新边。这四条路径组成了图 6-3 所示的程序图中的一个基本路径集，构成这个基本路径集的独立路径数的上界是 4，这也是设计测试用例的数目。只要测试用例确保这些基本路径的执行，就可以使程序中每个可执行语句至少执行一次，每个条件取“真”和取“假”的分支也都能得到测试。基本路径集不是唯一的，对于给定的程序图，可以得到不同的基本路径集。

④ 设计测试用例，确保基本路径集中每条路径的执行。

2. 黑盒技术

黑盒测试是功能测试，因此设计测试用例时，需要研究需求规格说明和系统设计说明中有关程序功能或输入、输出之间的关系等信息，从而与测试后的结果进行分析比较。用黑盒技术设计测试用例的方法一般有以下介绍的四种，但是没有一种方法能提供一组完整的测试用例，以检查程序的全部功能。在实际测试中，应该把各种方法结合起来使用。

（1）等价类划分

为了保证软件质量，需要做尽量多的测试，但不可能用所有可能的输入数据来测试程序，而只能从输入数据中选择一个子集进行测试。如何选择适当的子集，使其能发现更多的错误呢？等价类划分是解决这一问题的办法。它将输入数据域按有效的或无效的（也称合理的或不合理的）划分成若干个等价类，测试每个等价类的代表值就等于对该类其他值的测试。也就是说，如果从某个等价类中任选一个测试用例测试程序，若未发现程序错误，则该类中其他测试用例也不会发现程序的错误。这样就能把漫无边际的随机测试转变为有针对性的等价类测试，用少量有代表性的测试用例代替大量测试目的相同的测试用例，从而有效地提高测试效率。

用等价类划分的方法设计测试用例的步骤为：

① 划分等价类。

从程序的功能说明（如需求规格说明书）找出一个输入条件（通常是一句话或一个短语），然后将每一个输入条件划分成为两个或多个等价类，将其列表，其格式如表 6-2 所示。

表 6-2　等价类表

输入条件	合理等价类	不合理等价类
⋮	⋮	⋮

表中合理等价类是指各种正确的输入数据，不合理的等价类是指其他错误的输入数据。划分等价类是一个比较复杂的问题，以下提供几条经验供参考。

- 如果某个输入条件规定了取值范围或值的个数，则可确定一个合理的等价类（输入值或个数在此范围内）和两个不合理等价类（输入值或个数小于这个范围的最小值或大于这个范围的最大值）。

例如，输入值是学生的成绩，范围为 0 ～ 100，可以确定一个合理的等价类为“ 0 ≤成绩≤ 100”，两个不合理的等价类为“成绩 <0”和“成绩 >100”。

- 如果规定了输入数据的一组值，而且程序对不同的输入值做不同的处理，则每个输入值是一个合理等价类，此外还有一个不合理等价类（任何一个不允许的输入值）。

例如，输入条件上说明教师的职称可为助教、讲师、副教授、教授四种职称之一，则分别取这 4 个值作为 4 个合理等价类。另外，把 4 个职称之外的任何职称作为不合理等价类。

- 如果规定了输入数据必须遵循的规则，那么可确定一个合理等价类（符合规则）和若干个不合理等价类（从各种不同角度违反规则）。
- 如果已划分的等价类中各元素在程序中的处理方式不同，那么应将此等价类进一步划分为更小的等价类。

以上这些划分输入数据等价类的经验也同样适用于输出数据，这些数据也只是测试时可能遇到情况的很小部分。为了能正确划分等价类，一定要正确分析被测程序的功能。

② 确定测试用例。

根据已划分的等价类设计测试用例，步骤如下：

第一步，为每一个等价类编号。

第二步，设计一个测试用例，使其尽可能多地覆盖尚未被覆盖过的合理等价类。重复此步，直到所有合理等价类被测试用例覆盖。

第三步，设计一个测试用例，使其只覆盖一个不合理等价类。重复这一步，直到所有不合理等价类被覆盖。之所以这样做，是因为某些程序逻辑对某一输入错误的检查往往会屏蔽对其他输入错误的检查，因此必须针对每一个不合理等价类分别设计测试用例。

【例 6-1】 某一报表处理系统，要求用户输入处理报表的日期（年、月）。假设日期限制在 2000 年 1 月到 2022 年 12 月，即系统只能对该段时期内的报表进行处理。如果用户输入的日期不在此范围内，则显示输入错误信息。该系统规定日期由年、月的六位数字字符组成，前四位代表年，后两位代表月。现用等价类划分法设计测试用例，来测试程序的“日期检查功能”。

第一步，划分等价类并编号。对“报表日期”输入条件划分等价类，划分成3个有效等价类，7个无效等价类，如表6-3所示。

表6-3 “报表日期”输入条件的等价类表

输入数据	合理等价类	不合理等价类
报表日期	1. 6位数字字符	2. 有非数字字符 3. 少于6个数字字符 4. 多于6个数字字符
年份范围	5. 在2000～2022之间	6. 小于2000 7. 大于2022
月份范围	8. 在1～12之间	9. 等于0 10. 大于12

第二步，为合理等价类设计测试用例，对于表中编号为1、5、8对应的3个合理等价类，用一个测试用例覆盖。

```
测试数据            期望结果        覆盖范围
201605              输入有效        1、5、8
```

第三步，为每个不合理等价类至少设计一个测试用例。

```
测试数据            期望结果        覆盖范围
06MAY               输入无效          2
20015               输入无效          3
2015005             输入无效          4
198912              输入无效          6
202401              输入无效          7
201700              输入无效          9
201613              输入无效          10
```

注意，在7个不合理的测试用例中，不能出现相同的测试用例。否则，相当于一个测试用例覆盖了一个以上不合理等价类，使程序测试不完全。

等价类划分法比随机选择测试用例要好得多，但这个方法的缺点是没有注意选择某些高效的、能够发现更多错误的测试用例。

（2）边界值分析

实践经验表明，程序往往在处理边界情况时发生错误。边界情况指输入等价类和输出等价类边界上的情况。因此检查边界情况的测试用例是比较高效的，可以查出更多的错误。

例如，在做三角形设计时，要输入三角形的3个边长：*a*、*b*和*c*。这3个数值应当满足a>0,b>0,c>0、a+b>c,a+c>b,b+c>a条件才能构成三角形。如果把6个不等式中的任何

一个“>”错写成“≥”，那么不能构成三角形的问题恰好出现在容易被疏忽的边界附近。在选择测试用例时，选择边界附近的值就容易发现被疏忽的问题。

使用边界值分析方法设计测试用例往往与一般等价类划分结合起来。它不是从一个等价类中任选一个用例作为代表，而是将测试边界情况作为重点目标，选取正好等于、刚刚大于或刚刚小于边界值的测试数据。下面提供了一些设计原则供参考。

- 如果输入条件规定了值的范围，可以选择正好等于边界值的数据作为合理的测试用例，同时还要选择刚好大于边界值的数据作为不合理的测试用例。如输入值的范围是［1,100］，可取［0,100］、［1,101］等值作为测试数据。
- 如果输入条件指出了输入数据的个数，则按最大个数、最小个数、比最小个数少 1、比最大个数多 1 等情况分别设计测试用例。例如，一个输入文件可包括 1 ～ 255 条记录，则分别设计有 1 条记录、255 条记录，以及 0 条记录和 256 条记录的输入文件的测试用例。
- 对每个输出条件分别按照以上原则确定输出值的边界情况。例如，一个学生成绩管理系统规定，只能查询 2019 ～ 2023 级大学生的成绩，可以设计测试用例，使得可查询规定范围内的某一级的学生成绩，还需设计查询 2018 级、2024 级学生成绩的测试用例（不合理输出等价类）。

由于输出值的边界并不一定与输入值的边界相对应，因而要检查输出值的边界可能更不容易，要产生超出输出值之外的结果也不一定能做到，但必要时还需试一试。

- 如果程序的规格说明中给出的输入或输出域是个有序集合（如顺序文件、线性表、链表等），则应选取集合的第一个元素和最后一个元素作为测试用例。

【例 6-2】 对于例 6-1，用边界值分析设计测试用例。

程序中判断输入日期（年、月）是否有效，假设使用如下语句：

```
if (ReportDate<=MaxDate) && (ReportDate>=MinDate)
    产生指定日期报表
else
    显示错误信息
```

如果将程序中的“<=”误写成“<”，则例 6-1 中设计的所有测试用例都不能发现这一错误，采用边界值分析法的测试用例如表 6-4 所示。

显然采用这 14 个测试用例发现程序中的错误要更彻底一些。

表 6-4 “报表日期”边界值分析法测试用例

输入等价类	测试用例说明	测试数据	期望结果	选取理由
报表日期	1 个数字字符	5	显示出错	仅有一个合法字符
	5 个数字字符	20005	显示出错	比有效长度少 1
	7 个数字字符	2012005	显示出错	比有效长度多 1
	有 1 个非数字字符	2022.5	显示出错	只有一个非法字符
	全部是非数字字符	May- - -	显示出错	6 个非法字符
	6 个数字字符	201705	输出有效	类型及长度均有效

（续表）

输入等价类	测试用例说明	测试数据	期望结果	选取理由
日期范围	在有效范围边界上 选取数据	200001 202212 200000 202213	输入有效 输入有效 显示出错 显示出错	最小日期 最大日期 刚好小于最小日期 刚好大于最大日期
月份范围	月份为 1 月 月份为 12 月 月份 <1 月份 >12	201601 202112 201600 202113	输入有效 输入有效 显示出错 显示出错	最小月份 最大月份 刚好小于最小月份 刚好大于最大月份

（3）错误推测

在测试程序时，人们可能根据经验或直觉推测程序中可能存在的各种错误，从而有针对性地编写检查这些错误的测试用例，这就是错误推测法。

错误推测法没有确定的步骤，凭经验进行。它的基本思想是列出程序中可能发生错误的情况，根据这些情况选择测试用例。输入、输出数据为零就是容易发生错误的情况。

例如，对于一个排序程序，需要列出以下需特别测试的情况：

- 输入表为空。
- 输入表只含一个元素。
- 输入表中所有元素均相同。
- 输入表中已排好序。

又如，测试一个采用二分法的检索程序，考虑以下情况：

- 表中只有一个元素。
- 表长是 2 的幂。
- 表长为 2 的幂减 1 或 2 的幂加 1。

（4）因果图

等价类划分和边界值分析方法都只是孤立地考虑各个输入数据的测试功能，而没有考虑多个输入数据的组合引起的错误。如在前面“报表日期”的测试用例设计中，若年份、月份均有效或均无效时，系统可以正确判断。但对不同的组合，如年份有效而月份无效，或年份无效而月份有效，设计用例没有考虑这些情况。因果图能有效地检测输入条件的各种组合可能会引起的错误。因果图的基本原理是通过画因果图，把用自然语言描述的功能说明转换为判定表，最后为判定表的每一列设计一个测试用例。

（5）综合策略

以上介绍的四种软件测试方法各有所长，每种方法都能设计一组相应的测试用例，用这组用例容易发现某种类型的错误，但可能不易发现另一种类型的错误。因此，在实际测试中，往往需要综合使用各种测试方法，形成综合策略。通常先用黑盒法设计基本的测试

用例，再用白盒法补充一些必要的测试用例。具体做法如下：

① 在任何情况下都应使用边界值分析法，因为用这种方法设计的测试用例发现程序错误的能力最强。设计用例时，应该既包括输入数据的边界情况，又尽量包括输出数据的边界情况。

② 必要时用等价类划分方法补充一些测试用例。

③ 再用错误推测法补充测试用例。

④ 检查上述测试用例的逻辑覆盖程度，如未达到所要求的覆盖标准，则应增加更多的测试用例。

⑤ 如果规格说明中含有输入条件的组合情况，则一开始就可使用因果图法。

6.3 软件测试的步骤和策略

软件测试策略是把软件测试用例的设计方法集成到一系列经过周密计划的步骤中去，从而使得软件开发获得成功。任何测试策略都必须与测试计划、测试用例设计、测试实施以及测试结果数据的收集与分析紧密地结合在一起。

软件测试并不限于程序测试，而应贯穿于软件定义与开发的整个过程。

需求分析、系统设计、详细设计以及程序编码等各阶段所得到的文档，包括需求规格说明、系统设计规格说明、详细设计规格说明以及源程序，都应成为软件测试的对象。

6.3.1 软件测试的步骤

除非测试的是一个小程序，否则一开始就把整个系统作为一个单独的实体来测试是不现实的。与开发过程类似，测试过程也必须分步骤进行，后一个步骤在逻辑上是前一个步骤的继续。

从过程的观点考虑测试，在软件工程环境中的测试过程，实际上是顺序进行单元测试、集成测试、确认测试、系统测试。首先着重测试每个单独的模块，以确保它作为一个单元来说功能是正确的。这种测试称为单元测试。单元测试大量使用白盒测试技术，检查模块控制结构中的特定路径，以确保做到完全覆盖并发现最大数量的错误。接着必须把模块装配（即集成）在一起形成完整的软件包。在装配的同时进行测试，称为集成测试。集成测试同时解决程序通信和程序构造这两个问题。在集成过程中最常用的是黑盒测试用例设计技术，当然，为了保证覆盖主要的控制路径，也可能使用一定数量的白盒测试。在软件集成完成之后，还需要进行一系列高级测试。必须对在需求分析阶段确定的确认标准进行测试，即确认测试，它是对软件满足所有功能的、行为的和性能的需求的最终保证。在确认测试过程中仅使用黑盒测试技术。

高级测试的最后一个步骤已经超出了软件工程的范畴，而成为计算机系统工程的一部分。软件一旦经过确认之后，就必须和其他系统元素（如硬件、人员、数据库等）结合在一起。系统测试的任务是验证所有系统元素都能正常配合，从而可以完成整个系统的功能，达到预期的性能。

6.3.2 软件测试的策略

测试过程按 4 个步骤进行，即单元测试、组装（集成）测试、确认测试和系统测试。图 6-5 给出软件测试经历的 4 个步骤。

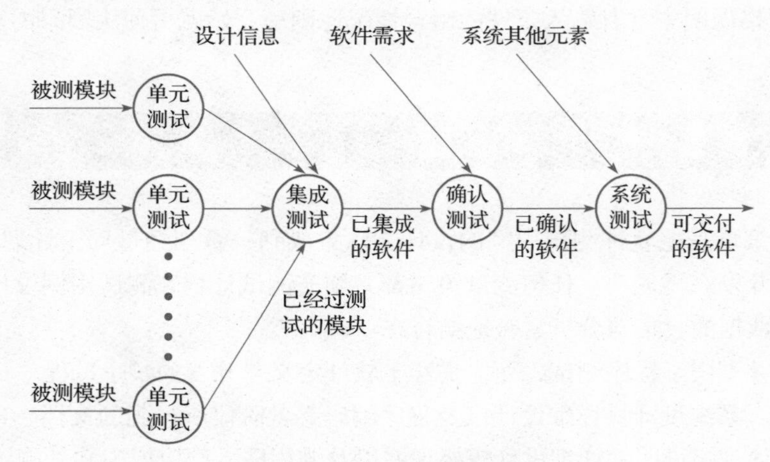

图 6-5 软件测试经历的步骤

首先是单元测试，集中对用源代码实现的每一个程序单元进行测试，检查各个程序模块是否正确地实现了规定的功能。然后是把已测试过的模块组装起来，进行集成测试，主要对与设计相关的软件体系的构造进行测试。在将每一个实施了单元测试并确保无误的程序模块组装成软件系统的过程中，对正确性和程序结构等方面进行检查。之后的确认测试则是要检查已实现的软件是否满足了需求规格说明中确定了的各种需求，以及软件配置是否完全、正确。最后是系统测试，把已经经过确认的软件纳入实际运行环境中，与其他系统组合在一起进行测试。严格地说，系统测试已超出了软件工程的范围。

1. 单元测试

单元测试（unit testing）又称模块测试，是针对软件设计的最小单位——程序模块进行正确性检验的测试工作，其目的在于发现各模块内部可能存在的各种差错。单元测试需要从程序的内部结构出发设计测试用例。多个模块可以平等、独立地进行单元测试。

（1）单元测试的内容

在进行单元测试时，测试者需要依据详细设计说明书和源程序清单，了解该模块的 I/O 条件和模块的逻辑结构，主要采用白盒测试的测试用例，辅之以黑盒测试的测试用例，使之对任何合理的输入和不合理的输入都能鉴别和响应。对所有局部的和全局的数据结构、外部接口和程序代码的关键部分，都要进行检查和严格的代码审查。

在单元测试中，测试工作主要包括 5 个方面，如图 6-6 所示。

① 模块接口测试。

在单元测试的开始，应对通过所测模块的数据流进行测试。如果数据不能正确地输入和输出，就谈不上进行其他测试。对模块接口可能需要如下的测试项目：调用所测模块时的实际输入参数与模块的形式参数在个数、属性、顺序上是否匹配；所测模块调用子模块时，输入模块的参数与子模块中的形式参数在个数、属性、顺序上是否匹配；输出给标准函数的参数在个数、属性、顺序上是否正确；全局变量的定义在各模块中是否一致；限制是否通过形式参数来传送。

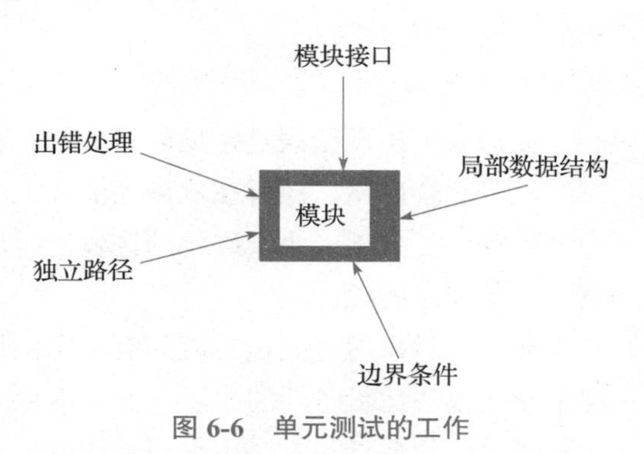

图 6-6　单元测试的工作

当模块通过外部设备进行输入/输出操作时，必须附加如下的测试项目：文件属性是否正确；fopen 语句与 fclose 语句是否正确；规定的 I/O 格式说明与 I/O 语句是否匹配；缓冲区容量与记录长度是否匹配；在进行读写操作之前是否打开了文件；在结束文件处理时是否关闭了文件；正文输入/输出错误以及 I/O 错误时，是否检查并做了相应处理，等等。

② 局部数据结构测试。

模块的局部数据结构是最常见的错误来源，应设计测试用例检查以下各种错误：不正确或不一致的数据类型说明；使用尚未定义或尚未初始化的变量；错误的初始值或错误的缺省值；变量名拼写错或书写错；不一致的数据类型，等等。可能的话，除局部数据之外的全局数据对模块的影响也需要测试。

③ 路径测试。

因为通常不可能做到穷举测试，所以在单元测试期间要选择适当的测试用例，对模块中重要的执行路径进行测试。应当设计测试用例查找由于错误的计算、不正确的比较或不正常的控制流而导致的错误；对基本执行路径和循环进行测试可以发现大量的路径错误。

常见的不正确计算有：运算的执行次序不正确；运算的方式错，即运算的对象彼此在类型上不相容；算法错；初始化不正确；运算精度不够；表达式的符号表示不正确，等等。

常见的比较和控制流错误有：不同数据类型量的相互比较；不正确的逻辑运算符；因浮点数运算精度问题而造成的两值比较不等；关系表达式中不正确的变量和比较符；“差 1”错，即不正确地多循环一次或少循环一次；错误的或不可能的循环终止条件；当遇到发散的迭代时不能终止的循环；不适当地修改了循环变量，等等。

④ 出错处理测试。

比较完善的模块设计要求能预见出错的条件，并设置适当的出错处理，以便在程序出错时，能对出错程序重做安排，保证其逻辑上的正确性。这种出错处理也应当是模块功能的一部分。若出现下列情况之一，则表明模块的出错处理功能包含有错误或缺陷：出错的描述难以理解；出错的描述不足以对错误定位，不足以确定出错的原因；显示的错误与实际的错误不符；对错误条件的处理不正确；在对错误进行处理之前，错误条件已经引起系统的干预，等等。

⑤ 边界测试。

在边界上出现错误是常见的。例如，在一段程序内有一个 n 次循环，当到达第 n 次重复时就可能会出错，还有在取最大值或最小值时也容易出错。要特别注意数据流、控制流中刚好等于、大于或小于确定的比较值时出错的可能性。对这些地方要仔细地选择测试用例，认真加以测试。

此外，如果对模块运行时间有要求的话，还要专门进行关键路径测试，以确定最坏情况下影响模块运行时间的因素。这类信息对进行性能评价是十分有用的。

虽然模块测试通常是由编写程序的人自己完成的，但是项目负责人应当关心测试的结果。所有测试用例和测试结果都是模块开发的重要资料，必须妥善保存。

总之，针对程序中规模较小的模块进行测试，易于查错；发现错误后容易确定错误的位置，易于排错；可以同时多个模块并行测试。做好模块测试将可为后续的测试打下良好的基础。

（2）单元测试的步骤

通常，单元测试是在编码阶段进行的。在源程序代码编制完成、经过评审和验证、确认没有语法错误之后，就开始进行单元测试的测试用例设计。对于每一组输入，应有预期的正确结果。

模块并不是一个独立的程序，在考虑测试模块时，同时要考虑它和外界的联系，用一些辅助模块去模拟与所测模块相联系的其他模块。这些辅助模块通常可分为以下两种：

① 驱动模块（driver）——相当于所测模块的主程序。它接收测试数据，并把这些数据传送给所测模块，再输出实测结果。

② 桩模块（stub）——也叫作存根模块，用以代替所测模块调用的子模块。桩模块可以做少量的数据操作，不需要把子模块的所有功能都带进来，但不允许什么事情也不做。

被测模块、与它相关的驱动模块及桩模块共同构成了一个“测试环境”，如图 6-7 所示。驱动模块和桩模块的编写会给测试带来额外的开销，因为它们在软件交付时并不作为产品的一部分一同交付，但是它们的编写是需要一定工作量的。特别是桩模块，不能只简单地给出“曾经进入”的信息。为了能够正确地测试软件，桩模块可能需要模拟实际子模块的功能，这样，桩模块的建立就不是很轻松了。

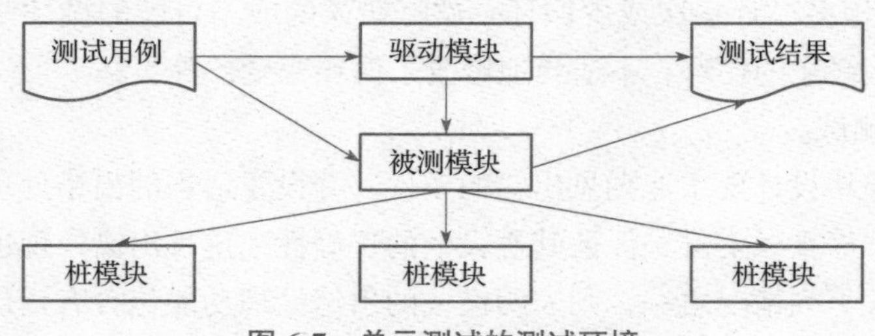

图 6-7　单元测试的测试环境

模块的内聚程度高，可以简化单元测试过程。如果每一个模块只完成一种功能，那么需要的测试用例数目将明显减少，模块中的错误也容易预测和发现。

如果一个模块要完成多种功能，以程序包（package）的形式出现的也不少见。例如，Java 中的包，C 语言中的头文件，这时可以将这个模块看成由几个小程序组成。必须对其中的每个小程序先进行单元测试，对关键模块还要做性能测试。对支持某些标准规程的程序，更要着手进行互联测试。通常把这种情况特别称为模块测试，以区别于单元测试。

2. 组装测试

组装测试（integrated testing）也称集成测试或联合测试。通常，在单元测试的基础上，需要将所有模块按照系统设计要求组装成为系统。这时需要考虑以下问题：

- 在把各个模块连接起来的时候，穿越模块接口的数据是否会丢失。
- 一个模块的功能是否会对另一个模块的功能产生不利的影响。
- 各个子功能组合起来，能否达到预期要求的父功能。
- 全局数据结构是否有问题。
- 单个模块的误差累积起来，是否会放大，从而达到不能接受的程度。

在单元测试的同时可进行组装测试，发现并排除在模块连接中可能出现的问题，最终构成符合要求的软件系统。

子系统的组装测试特别称为部件测试，它所做的工作是要找出组装后的子系统与系统需要规格说明之间的不一致。

选择什么方式把模块组装起来形成一个可运行的系统，直接影响到模块测试用例的费用和调试的费用。通常，把模块组装成为系统的方式有两种形式：一次性组装方式和增量式组装方式。

（1）一次性组装方式

一次性组装方式是一种非增量组装方式，也叫整体拼装。使用这种方式，首先要对每个模块分别进行模块测试，然后再把所有模块组装在一起进行测试，最终得到要求的软件系统。例如，有一个模块系统，如图 6-8(a) 所示，其单元测试和组装顺序如图 6-8(b) 所示。

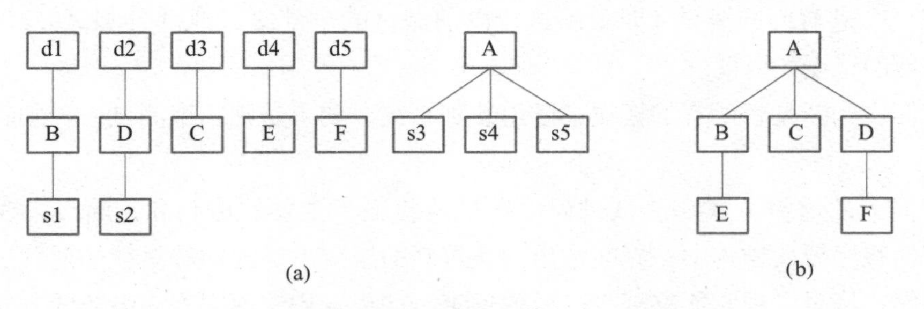

图 6-8　一次性组装方式

在图 6-8(a) 中，模块 d1、d2、d3、d4、d5 是对各个模块做单元测试时建立的驱动模块，s1、s2、s3、s4、s5 是为单元测试而建立的桩模块。这种一次性组装方式试图在辅助模块的协助下，在分别完成各模块单元测试的基础上，将所测模块连接起来进行测试。但

是由于程序中不可避免地存在涉及模块间接口、全局数据结构等方面的问题，所以一次试运行成功的可能性很小。当发现有错误时，往往很难找到原因，查错和改错都比较困难。

（2）增量式组装方式

这种组装方式又称渐增式组装。首先对一个模块进行模块测试；然后将这些模块逐步组装成较大的系统，在组装的过程中边连接边测试，以发现连接过程中产生的问题；最后通过增量逐步组装成为要求的软件系统。

① 自顶向下的增量方式。

这种组装方式是将模块按系统程序结构，沿控制层次自顶向下进行组装。其步骤如下：

步骤一，以主模块为所测模块兼驱动模块，所有直属于主模块的下属模块全部用桩模块代替，对主模块进行测试。

步骤二，采用深度优先（见图 6-9）或分层的策略，用实际模块替换相应桩模块，与已测试的模块或子系统组装成新的子系统。

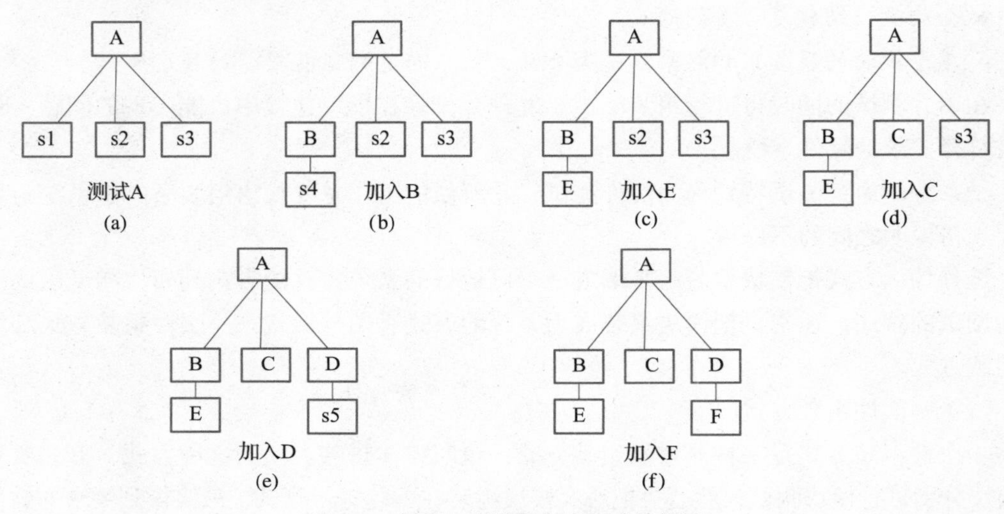

图 6-9　自顶向下增量方式测试的例子

步骤三，进行回归测试（即重新执行以前做过的全部测试或部分测试），排除组装过程中引入新的错误的可能。

步骤四，判断是否所有的模块都已组装到系统，如果是则结束测试，否则转到步骤二去执行。

自顶向下的增量方式在测试过程中较早地验证了主要的控制和判断点。在一个功能划分合理的程序模块结构中，判断常出现在较高的层次里，因而较早就能遇到。如果主要控制有问题，尽早发现它能够减少以后的返工。如果选用按深度方向组装的方式，可以实现和验证完整的软件功能，先对逻辑输入的分支进行组装和测试，检查和发现潜藏的错误和缺陷，验证其功能的正确性，这就为其后对主要加工分支的组装和测试提供了保证。此外，功能可行性较早得到证实，还能够给开发者和用户带来成功的信心。

自顶向下的组装和测试存在一个逻辑次序问题，在为了充分测试较高层的处理而需要

较低层处理的信息时，就会出现这类问题。在自顶向下组装阶段，还需要用桩模块代替较低层的模块，因此关于桩模块的编写，应根据情况的不同而有不同的选择。通常，桩模块有以下几种选择，如图 6-10 所示。

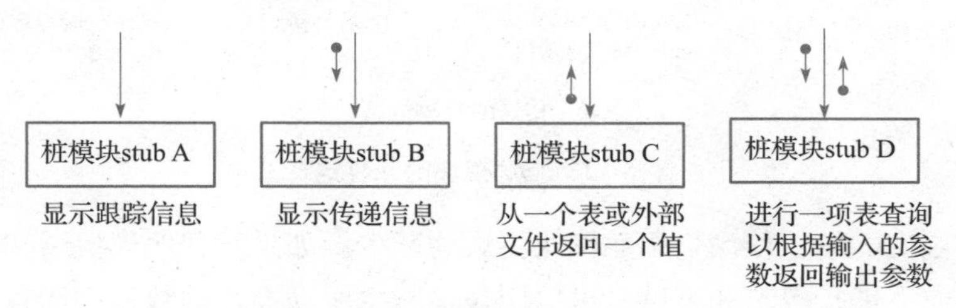

图 6-10　桩模块的几种选择

为了能够准确地实施测试，应使桩模块正确而有效地模拟子模块的功能和合理的接口，而不是只包含返回语句或只显示该模块的已调用信息却不执行任何功能的哑模块。如果不能使桩模块正确地向上传递有用的信息，那么可以采用以下解决方法：

- 将很多测试推迟到桩模块用实际模块替代了之后进行。
- 进一步开发能模拟实际模块功能的桩模块。
- 自底向上组装和测试软件。

② 自底向上的增量方式。

这种组装方式是从程序模块结构最底层的模块开始组装和测试。因为模块是自底向上进行组装，对于一个给定层次的模块，它的子模块（包括子模块的所有下属模块）已经组装并测试完成，所以不再需要桩模块。在模块的测试过程中需要从子模块得到的信息可以直接运行子模块得到。自底向上增量的步骤如下：

步骤一，由驱动模块控制最底层模块的并行测试；也可以把最底层模块组合成实现某一特定软件功能的簇，由驱动模块控制它进行测试。

步骤二，用实际模块代替驱动模块，与它已测试的直属子模块组装成为子系统。

步骤三，为子系统配备驱动模块，进行新的测试。

步骤四，判断是否已组装到达主模块。如果是则结束测试，否则执行步骤二。

以图 6-8(a) 所示的系统结构为例，用图 6-11 来说明自底向上组装和测试的顺序。

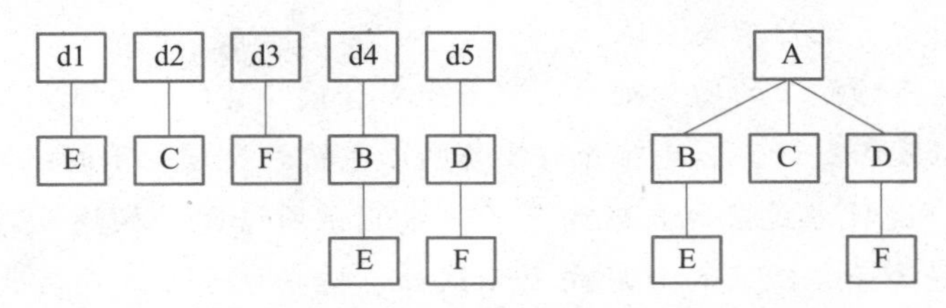

图 6-11　自底向上增量方式的例子

自底向上进行组装和测试时，需要为所测模块或子系统编制相应的驱动模块，如图 6-12 所示。

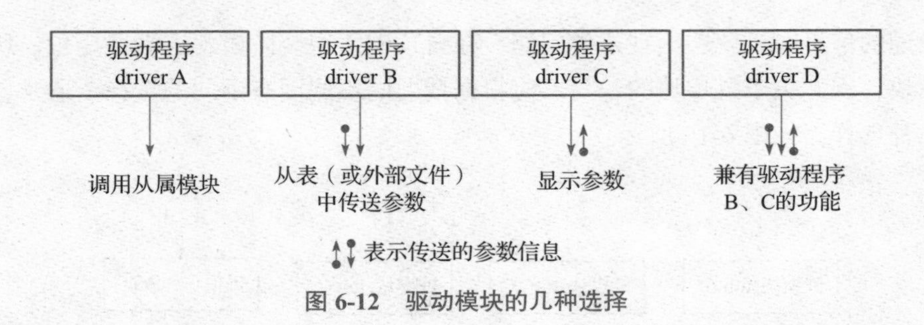

图 6-12　驱动模块的几种选择

随着组装层次的向上移动，驱动模块将大为减少。如果对程序模块结构的最上面两层模块采用自顶向下进行组装和测试，可以明显地减少驱动模块的数目，而且可以大大减少把几个子系统组装起来所需要做的工作。

③ 混合增量测试。

自顶向下增量方式的缺点是需要建立桩模块。要使桩模块能够模拟实际子模块的功能十分困难，因为桩模块在接收了所测模块发送的信息后需要按照它所代替的实际子模块功能返回应该回送的信息，这必将增加建立桩模块的复杂度，而且可能导致增加一些附加的测试。同时，涉及复杂算法和真正输入/输出的模块一般在底层，它们是最容易出问题的模块，如果到组装和测试的后期才遇到这些模块，一旦发现问题，将导致过多的回归测试。而自顶向下增量方式的优点是能够较早地发现在主要控制方面的问题。

自底向上增量方式的缺点是“程序一直未能作为一个实体存在，直到最后一个模块加上去后才形成一个实体”。也就是说，在自底向上组装和测试的过程中，对主要的控制直到最后才接触到。但这种方式的优点是不需要桩模块，而建立驱动模块一般比建立桩模块容易，同时由于涉及到复杂算法和真正输入/输出的模块最先得到组装和测试，可以在早期解决最容易出问题的部分。此外，自底向上增量的方式可以实施多个模块的并行测试，提高了测试效率。

自顶向下增量的方式和自底向上增量的方式各有优缺点，而且一种方式的优点恰是另一种方式的缺点。因此，通常把以上两种方式结合起来进行组装和测试。

下面简单介绍 3 种常见的混合增量测试方式。

- 衍变的自顶向下的增量测试：它的基本思想是强化对输入/输出模块和引入新算法模块的测试，并自底向上组装成为功能相当完整且相对独立的子系统，然后由主模块开始自顶向下进行增量测试。
- 自底向上－自顶向下的增量测试：它首先对含读操作的子系统自底向上直至根结点模块进行组装和测试，然后对含写操作的子系统做自顶向下的组装与测试。
- 回归测试：这种方式采取自顶向下的方式测试所修改的模块及其子模块，然后将这一部分视为子系统，再自底向上测试，以检查该子系统与其上级模块的接口是否适配。

在组装测试时，测试者应先确定关键模块，对这些关键模块要尽早进行测试。关键模块至少应具有以下特征之一：

- 满足某些软件需求。
- 在程序的模块结构中位于较高的层次（高层控制模块）。
- 较复杂、较易发生错误。
- 有明确定义的性能要求。

在做回归测试时，也应该集中测试关键模块的功能。

（3）组装测试的组织和实施

组装测试是一种正规测试过程，必须精心计划，并与单元测试的完成时间联系起来，在制订测试计划时，应考虑如下因素：

- 采用何种系统组装方法来进行组装测试。
- 组装测试过程中连接各个模块的顺序。
- 模块代码编制和测试进度是否与组装测试的顺序一致。
- 测试过程中是否需要专门的硬件设备。

解决了上述问题之后，就可以列出各个模块的编制、测试计划表，标明每个模块单元测试完成的日期、首次组装测试的日期、组装测试全部完成的日期，以及需要的测试用例和所期望的测试结果等。

在缺少软件测试所需要的硬件设备时，应检查该硬件的交付日期是否与组装测试计划一致。例如，若测试需要交换机和路由器，则相应测试应安排在这些设备能够投入使用之时，并需要为硬件的安装和交付使用预留一段时间，以留下时间余量。此外，在测试计划中还需要考虑测试所需软件（驱动模块、桩模块、测试用例生成程序等）的准备情况。

（4）组装测试完成的标志

组装测试完成的标志有三个：

- 成功地执行了测试计划中规定的所有组装测试。
- 修正了所发现的错误。
- 测试结果通过了专门小组的评审。

组装测试应由专门的测试小组来进行，该测试小组应由有经验的系统设计人员和程序员组成。整个测试活动要在评审人员出席的情况下进行。

在完成预定的组装测试工作之后，测试小组应负责对测试结果进行整理、分析，形成测试报告。测试报告中要记录实际的测试结果、在测试中发现的问题、解决这些问题的方法，以及解决之后再次测试的结果等。此外，还应在测试报告中提出目前不能解决或者还需要管理人员和开发人员注意的一些问题，以供测试评审和最终决策者提出处理意见。

组装测试需要提交的文档有组装测试计划、组装测试规格说明、组装测试分析报告等。

3. 确认测试

确认测试（validation testing）又称有效性测试。它的任务是验证软件的功能和性能，以及其他特性是否与用户的要求一致。对软件的功能和性能要求在软件需求规格说明中已经明确规定，其中包含了全部用户可见的软件属性，应有一节叫作有效性准则，它包含的信息就是软件确认测试的基础。

在确认测试阶段需要做的工作如图 6-13 所示。首先要进行有效性测试和软件配置复审，然后进行验收测试和安装测试，在通过了专家鉴定之后，才能成为可交付的软件。

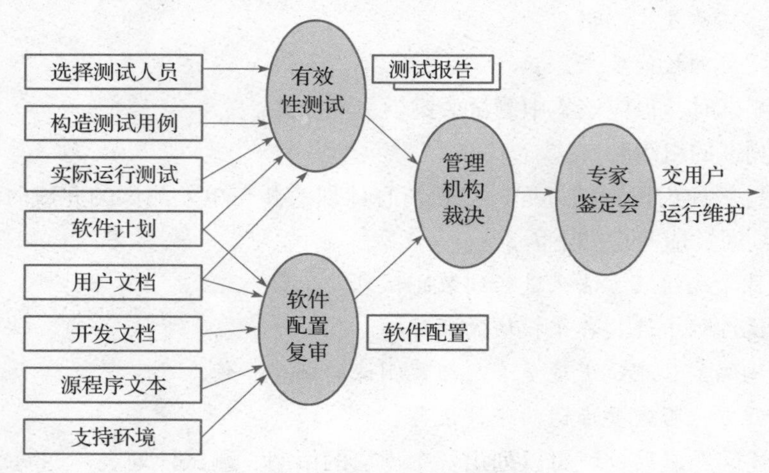

图 6-13　确认测试的步骤

（1）有效性测试（黑盒测试）

有效性测试是在模拟的环境（可能就是开发的环境）下，运用黑盒测试的方法，验证所测软件是否满足需求规格说明书列出的需求。为此，需要先制订测试计划，规定要做的测试种类，还需要规划出测试步骤，制定出具体的测试用例。通过实施预定的测试计划和测试步骤，确定软件的特性是否与需求相符，以确保所有的软件功能需求都能得到满足，所有的软件性能需求都能达到要求，所有的文档都是正确且便于使用的。同时，对软件的其他需求，如可移植性、兼容性、出错自动恢复、可维护性等，也都要进行测试，确认是否满足要求。

在全部软件测试的测试用例运行完后，所有的测试结果可以分为以下两类：

① 测试结果与预期的结果相符。这说明软件的这部分功能或性能特征与需求规格说明书相符合，可以接受这部分程序。

② 测试结果与预期的结果不符。这说软件的这部分功能或性能特征与需求规格说明不一致，需要为它提交一份问题报告。

在软件交付使用之后，用户将如何实际使用程序，对于开发者来说是无法预测的。因为用户在使用过程中常会发生对使用方法的误解、输入异常的数据组合，以及产生对某些用户来说是清晰的但对另一些用户来说却是难以理解的输出结果等。为此，在有效性测试阶段需尽力解决这些问题。有效性测试的常用方法是 α 测试和 β 测试。

当软件是为特定用户开发的时候，需要进行一系列的验收测试，让用户验证所有的需求是否已经满足。这些测试是以用户为主、而不是以系统开发者为主进行的。验收测试可以是简单的非正式的“测试运行”，也可以是一组复杂的有组织、有计划的测试活动。事实上，验收测试可能持续相当长的一段时间。

如果软件是为多个用户开发的产品，让每个用户逐个执行正式的验收测试是不切实际

的。很多软件产品开发者往往会采用 α 测试和 β 测试的方法，以发现可能只有最终用户才能发现的错误。

α 测试是由一个用户在开发环境下进行的测试，也可以是开发机构内部的用户在模拟实现操作环境下进行的测试。软件在一个自然设置状态下使用，开发者随时记下错误情况和使用中的问题，这是在受控制的环境下进行的测试。α 测试的目的是评价软件产品的 FLURPS（即功能、局域化、可使用性、可靠性、性能和支持），尤其注重产品的界面和特色。α 测试人员是除产品开发人员之外首先见到产品的人，他们提出的功能和修改意见特别有价值。α 测试可以在软件产品编码结束之时开始，或在模块（子系统）测试完成之后开始，也可以在测试过程中确认产品达到一定的稳定性和可靠程度之后再开始。有关软件的使用手册（可以为草稿）等应事先准备好。

β 测试是由软件的多个用户在一个或多个用户的实际使用环境中进行的测试。这些用户是与公司签订了支持产品预发合同的外部客户，他们要求使用该产品并愿意返回有关错误信息给开发者。与 α 测试不同的是，开发者通常不在测试现场。因而，β 测试是在开发者无法控制的环境下进行的软件现场应用。在 β 测试中，由用户记下遇到的所有问题，包括真实的以及主观认定的，并定期向开发者报告；开发者在综合用户的报告之后，做出修改；最后将软件产品交付给全体用户使用。β 测试主要衡量产品的 FLURPS，着重于产品的支持性，包括文档、客户培训和支持产品生产能力。只有当 α 测试达到一定的可靠程度时，才能开始 β 测试。由于它处在整个测试的最后阶段，不能指望这时发现主要问题。同时，产品的所有手册应该在此阶段完全定稿。

β 测试的主要目标是测试可支持性，所以 β 测试应尽可能由主持产品发行的人员来管理。

（2）软件配置复审

软件配置复审的目的是保证软件配置的所有成分都齐全，各方面的质量都符合要求，具有维护阶段所需的细节，而且已经编排好分类的目录。

除了按合同规定的内容和要求由人工审查软件配置之外，在确认测试的过程中，应当严格遵守用户手册和操作手册中规定的使用步骤，以便检查这些文档资料的完整性和正确性。必须仔细记录发现的遗漏和错误，给予适当的补充和改正。

（3）验收测试

在通过了系统的有效性测试及软件配置审查之后，就应开始系统的验收测试（acceptance testing）。验收测试是以用户为主的测试，软件开发人员和 QA（质量保证）人员也应参加。由用户参加设计测试用例，使用用户界面输入测试数据，并分析测试的输出结果。一般使用生产中的实际数据进行测试。在测试过程中，除了考虑软件的功能和性能外，还应对软件的可移植性、兼容性、可维护性、错误的恢复功能等进行确认。

验收测试实际上是对整个测试计划进行的一种“走查”（walkthrough）。

（4）确认测试的结果

确认测试的结果有两种情况：一是功能和性能与用户的要求一致，软件可以接受；二是功能和性能与用户的要求有差距。

出现后一种情况，通常与软件需求分析阶段的差错有关。这时需要开列一张软件各项缺陷表或软件问题报告，通过与用户协商，解决所发现的缺陷和错误。

确认测试应交付的文档有确认测试分析报告、最终的用户手册和操作手册、项目开发总结报告等。

4. 系统测试

系统测试（system testing）是将通过确认测试的软件，作为整个基于计算机系统的一个元素，与计算机硬件、外设、某些支持软件、数据和人员等其他系统元素结合在一起，在实际运行环境中，对计算机系统进行一系列的组装测试和确认测试。

系统测试的目的在于通过与系统的需求定义进行比较，发现软件与系统定义不符合或矛盾的地方。系统测试的测试用例应根据需求分析说明书来设计，而非在实际使用环境中设计。

5. 测试的步骤及相应的测试种类

软件测试实际上是由一系列不同的测试组成，其主要目的是对以计算机为基础的系统进行充分的测试。尽管每种测试各有不同的目的，但是所有的工作都是为了判断系统元素组装是否正确，并且是否实现了各自的功能。下面介绍软件测试的分类及其与各个测试步骤的关系。

（1）功能测试

功能测试（function testing）是在规定的一段时间内运行软件系统的所有功能，以验证这个软件系统有无严重错误。

（2）结构测试

结构测试（structure testing），也称为白盒测试，是基于测试对象的代码、数据或系统架构进行的测试。

（3）回归测试

回归测试（regression testing）用于验证对软件修改后有没有引出新的错误，或者说，验证修改后的软件是否仍然满足系统的需求规格说明。

（4）可靠性测试

如果系统需求说明书中有可靠性的要求，则需进行可靠性测试（reliability testing）。通常使用以下几个指标来度量系统的可靠性：平均失效间隔时间 MTBF（mean time between failures）是否超过规定时限，因故障而停机维修的时间 MTTR（mean time to repairs）在一年中应不超过多少时间。

（5）强度测试

强度测试（stress testing）是要检查在系统运行环境不正常到发生故障的情况下，系统可以运行到何种程度的测试。因此，强度测试总是在提供非正常数量、频率或总量资源的情况下运行系统的。例如：

- 在平均每秒产生 1 ～ 2 个中断的情况下，设计每秒产生 10 个中断的特殊用例进行测试。
- 把输入数据速率提高一个数量级，确定输入功能将如何响应。
- 设计需要占用最大存储量或其他资源的测试用例进行测试。

- 设计出在虚拟存储管理机制中引起“颠簸”的测试用例进行测试。
- 设计出会对磁盘常驻内存的数据过度访问的测试用例进行测试。

强度测试的一个变种是敏感性测试。在数学算法中经常可以看到，在程序有效数据界限内一个非常小的范围内的一组数据可能引起极端的或不平衡的错误处理出现，或者导致极度的性能下降的情况发生。因此，利用敏感性测试可以发现在有效输入类中可能引起某种不稳定性或不正常处理的某些数据的组合。

（6）性能测试

性能测试（performance testing）要检查的是系统是否满足在需求说明书中规定的性能。特别是对于实时系统或嵌入式系统，软件只满足要求的功能而达不到要求的性能是不行的，因此还需要进行性能测试。性能测试可以出现在测试过程的各个阶段，甚至在单元测试层次上也可以进行性能测试。也就是说，单元测试不但需要对单个程序的逻辑进行白盒测试（结构测试），而且还可以对程序的性能进行评估。需要说明的是，只有当所有系统的元素全部组装完毕，系统性能才能完全确定。

性能测试常需要与强度测试结合起来进行，并要求同时进行硬件和软件检测。例如，对资源利用（如处理机周期）等进行精密的度量，对执行间隔、日志事件（如中断）等进行监测。通常，对软件性能的检测表现在以下方面：响应时间、吞吐量、辅助存储区（如缓冲区、工作区的大小等）、处理精度等。

（7）恢复测试

恢复测试（recovery testing）是指要证实在克服硬件故障（包括掉电、硬件或网络出错等）后，系统能否正常地继续工作，以及对系统造成损害的程度。为此，可采用各种人工干预的手段，模拟硬件故障，故意造成软件出错，此时需要检查：

- 系统能否发现硬件失效与故障（错误探测功能）。
- 能否切换或启动备用的硬件。
- 在故障发生时能否保护正在运行的作业和系统状态。
- 在系统恢复后，如果是自动地启动运行（由系统来执行），则应对重新初始化、数据恢复、重新启动等逐个进行正确性评价；如果恢复需要人工干预，就需要对修复的平均时间进行评估以判定它是否在允许的范围之内。

在恢复测试中，掉电是具有特殊意义的一类测试，其目的是测试软件系统在发生电源中断时能否保护当时的状态，然后在电源恢复时从保留的断点处重新进行操作。必须验证不同长短的时间内电源中断和在恢复过程中反复多次中断电源的情况。

（8）启动/停止测试

启动/停止测试（startup/shutdown testing）的目的是验证在机器启动及关机阶段时软件系统能否正确处理的能力。这类测试包括反复启动软件系统（如操作系统自举、网络的启动、应用程序的调用等），以及在尽可能的多种情况下关机。

（9）配置测试

配置测试（configuration testing）主要检查计算机系统内各个设备或各种资源之间的相

互连接及功能分配中的错误。配置测试主要包括以下两种：

- 配置命令测试：验证全部配置命令的互操作性（有效性），特别是对最大配置和最小配置要进行测试。软件配置参数有内存的大小、不同的操作系统版本和网络软件、系统表格的大小以及可使用的规程等。硬件配置参数有节点的数量、外设的类型和数量及配置的拓扑结构等。
- 修复测试：检查每种配置状态及设备状况，并用自动或手工的方式进行配置状态间的转换。

（10）安全性测试

系统的安全性测试（security testing）是指要检验系统中已经存在的系统安全性措施、保密性措施是否发挥作用，以及有无漏洞。为此要了解破坏安全性的方法和工具，并设计一些模拟测试用例对系统进行测试，力图破坏系统的保护机构以进入系统。安全性测试的主要方法有以下几种：

- 从正面攻击或从侧面、背面攻击系统中易受损坏的那些部分。
- 以系统输入为突破口，利用输入的容错性进行正面攻击。
- 申请和占用过多的资源压垮系统，如缓冲区溢出攻击、拒绝服务攻击等，以破坏安全措施，从而进入系统。
- 故意使系统出错，利用系统恢复的过程，窃取用户口令及其他有用的信息。
- 通过浏览残留在计算机各种资源中的垃圾数据（无用信息），以获取如口令、安全码、译码关键字等重要信息。
- 浏览全局数据，期望从中找到进入系统的关键字。
- 网络攻击，如口令入侵、植入特洛伊木马程序、WWW 欺骗技术、电子邮件攻击、网络监听、漏洞攻击、端口扫描攻击等。

假如有充分的时间和资源，好的安全性测试应当是最终能突破保护，进入系统。系统设计者的任务是：尽可能增大进入的代价，使进入付出的代价比进入系统后能得到的好处还要大。

（11）可使用性测试

可使用性测试（usability testing）主要从使用的合理性和方便性等角度对软件系统进行检查，发现人为因素或使用上的问题。例如，要保证在足够详细的程度下，用户界面便于使用；对输入量可容错，响应时间和响应方式合理可行；输出信息有意义、正确并前后一致；出错信息能够引导用户去解决问题；软件文档全面、正规、确切；等等。由于衡量可使用性有一定的主观因素，因此必须以原型化方法获得的用户反馈作为依据。

（12）可支持性测试

可支持性测试（supportability testing）是指要验证系统的支持策略对于公司与用户方面是否切实可行。它所采用的方法是试运行支持过程（如对有错部分打补丁的过程等），并对其结果进行质量分析，评审诊断工具、维护过程、内部维护文档，衡量修复一个明显错误所需的平均最少时间。还有一种常用的方法是，在发行前把产品交给用户，向用户提供支持服务的计划，从用户处得到对支持服务的反馈。

（13）安装测试

安装测试（installation testing）的目的不是找软件错误，而是找安装错误。在安装软件系统时，不仅会有多种选择，还需要分配和装入文件与程序库、布置适用的硬件配置、进行程序的联结等。安装测试要做的就是要找出在这些安装过程中出现的错误。

安装测试是在系统安装之后进行的测试，它主要检验以下几点：

- 用户选择的一套任选方案是否相容。
- 系统的每一部分是否都齐全。
- 所有文件是否都已产生并确有所需要的内容。
- 硬件的配置是否合理。

在一些大型的系统中，部分工作由软件自动完成，其他工作需由各种人员（包括操作员、数据库管理员、终端用户等）按一定规程同计算机配合，靠人工来完成。指定由人工完成的过程也需经过仔细的检查，这就是过程测试（procedure testing）。

（14）互连测试

互连测试（interoperability testing）主要验证两个或多个不同系统之间的互连性。这类测试对支持标准规格说明，或承诺支持与其他系统互连的软件系统有效。例如，在一个大型的企业级应用中，通常包含多个子系统（如 CRM 系统、ERP 系统、财务系统等），这些子系统需要相互协作以完成复杂的业务流程。为了确保各子系统之间能够正确地进行数据交换和协同工作，需要进行多系统的互连测试。

（15）兼容性测试

兼容性测试（compatibility testing）主要验证软件产品在不同版本之间的兼容性。它分为两类基本的兼容性测试：向下兼容和交错兼容。向下兼容测试主要测试软件新版本保留其早期版本功能的情况；交错兼容测试主要测试共同存在的两个相关但不同的产品之间的兼容性。

（16）容量测试

容量测试（volume testing）主要检验系统的能力，即最高能达到的程度。例如，对于编译程序，让它处理特别长的源程序；对于操作系统，让它的作业队列“满员”；对于有多个终端的分时系统，让它所有的终端都运行；对于信息检索系统，让它的使用频率达到最大。在使系统的全部资源达到“满负荷”的情形下，测试系统的承受能力。

（17）文档测试

文档测试（documentation testing）要做的是检查用户文档（如用户手册）的清晰性和正确性。用户文档中所使用的例子必须在测试中一一试过，确保叙述正确无误。

6.4 面向对象的软件测试

测试计算机软件的经典策略是，从“小型测试”开始，逐步过渡到“大型测试”。用软件测试的专业术语来说，就是从单元测试开始，逐步进入集成测试，最后进行确认测试和系统测试。对于传统的软件系统来说，单元测试集中测试最小的可编译的程序单元（过程模块），一旦把这些单元都测试完之后，就把它们集成到程序结构中去。与此同时，应该进行一系列的回归测试，以发现模块接口错误和新单元加入到程序中所带来的副作用。最后，把系统作为一个整体来测试，以发现软件需求中的错误。测试面向对象软件的策略，与上述策略基本相同，但也有许多新特点。

1. 面向对象的单元测试

当考虑面向对象的软件时，单元的概念改变了。"封装"导致了类和对象的定义，这意味着类和类的实例（对象）有了属性（数据）和处理这些数据的操作（也称为方法或服务）。现在，最小的可测试单元是封装起来的类和对象。一个类可以包含一组不同的操作，而一个特定的操作也可能存在于一组不同的类中。因此，对于面向对象的软件来说，单元测试的含义发生了很大变化。

不能孤立地测试单个操作，而应该把操作作为类的一部分来测试。例如，在一个类层次中，操作 A 在超类中定义并被一组子类继承，每个子类都使用操作 A，但是，A 调用子类中定义的操作并处理子类的私有属性。由于在不同的子类中使用操作 A 的环境有很大的不同，因此有必要在每个子类的语境中都要测试操作 A。这就意味着，当测试面向对象软件时，传统的单元测试方法是无效的，不能再孤立地测试操作 A。

2. 面向对象的集成测试

因为在面向对象的软件中不存在层次的控制结构，所以传统的自顶向下和自底向上的集成策略就没有意义了。此外，由于构成类的成分彼此间存在直接或间接的交互，一次集成一个操作到类中（传统的渐增式集成方法），通常是不可能的。

面向对象软件的集成测试有两种不同的策略：

- 基于线程的测试（thread-based testing），这种策略把响应系统的一个输入事件所需要的一组类集成起来，分别集成并测试每个线程，同时应用回归测试以保证没有产生副作用。
- 基于使用的测试（use-based testing），这种方法首先测试几乎不使用服务器类的那些类（称为独立类），把独立类都测试完之后，接下来测试使用独立类的下一个层次的类（称为依赖类）。对依赖类的测试一个层次一个层次地持续进行下去，直至把整个软件系统测试完为止。

集群测试（cluster testing）是面向对象软件集成测试的一个步骤。在这个测试步骤中，用精心设计的测试用例检查一群相互协作的类（通过研究对象模型可以确定协作类），这些测试用例力图发现协作错误。

3. 面向对象的确认测试

在确认测试或系统测试层次，不再考虑类之间相互连接的细节。和传统的确认测试一样，面向对象软件的确认测试也集中检查用户可见的动作和用户可识别的输出。为了导出确认测试用例，测试人员应该认真研究动态模型和描述系统行为的脚本，以确定最可能发现用户交互需求错误的情景。

当然，传统的黑盒测试方法也可用于设计确认测试用例，但对于面向对象的软件来说，主要不根据动态模型和描述系统行为的脚本来设计确认测试用例。

4. 面向对象设计的测试用例

目前，面向对象软件的测试用例的设计方法还处于发展阶段。与传统软件测试（测试用例的设计由软件包输入—处理—输出视图或单个模块的算法细节驱动）不同，面向对象测试关注于设计适当的操作序列以检查类的状态。

（1）测试类的方法

软件测试一般从“小型”测试开始，逐步过渡到“大型”测试。对于面向对象的软件来说，小型测试着重测试单个类和类中封装的方法。测试单个类的方法主要有随机测试、划分测试和基于故障的测试三种。

① 随机测试。

下面通过银行应用系统的例子，简要地说明这种测试方法。银行应用系统的 account（账户）类有下列操作：open（打开）、setup（建立）、deposit（存款）、withdraw（取款）、balance（余额）、summarize（清单）、creditLimit（透支限额）和 close（关闭）等。这些操作都可以应用于 account 类的实例，但系统的性质也对操作的应用施加了一些限制。例如，必须在应用其他操作之前先打开账户，在完成了全部操作之后才能关闭账户。即使有这些限制，可做的操作也有许多种排列方法。一个 account 类实例的最小行为历史包括下列操作：

```
open · setup · deposit · withdraw · close
```

这是对 account 类的最小测试序列，但在下面的序列中可能发生许多其他行为：

```
open · setup · deposit · [deposit|withdraw|balance|summarize|creditLimit]ⁿ · withdraw · close
```

从上面序列可以随机产生一系列不同的操作序列，例如：

```
测试用例 #r1:open · setup · deposit · balance · summarize · withdraw · close
测试用例 #r2:open · setup · deposit · withdraw · deposit · balance · creditLimit · withdraw · close
```

执行上述这些及其他一些随机产生的测试用例，可以测试类实例的生存历史。

② 划分测试。

与传统测试时采用等价类划分方法类似，采用划分测试（partition testing）方法可以减少测试类时所需要的测试用例的数量。首先，把输入和输出分类，然后设计测试用例以测试划分出的每个类别。下面介绍划分类别的方法。

- 基于状态的划分。这种方法是根据类操作改变类状态的能力来划分类操作。

例如，account 类状态操作包括 deposit 和 withdraw，而非状态操作有 balance、summarize 和 creditLimit。设计测试用例，可以分为测试改变状态的操作和测试不改变状态的操作。用这种方法可以设计出如下的测试用例：

```
测试用例 #p1:open · setup · deposit · deposit · withdraw · withdraw · close
测试用例 #p2:open · setup · deposit · summarize · creditLimit · withdraw · close
```

测试用例 #p1 改变类状态，而测试用例 #p2 不改变类状态（在最小测试序列中的操作除外）。

- 基于属性的划分。这种方法根据类操作使用的属性来划分类操作。

对于 account 类来说，可以使用属性 balance 来定义划分，从而把操作划分成 3 个类别：使用 balance 的操作、修改 balance 的操作、不使用也不修改 balance 的操作，然后为每个类别设计测试序列。

- 基于功能的划分。这种方法根据类操作所完成的功能来划分类操作。

例如，可以把 account 类中的操作分类为初始化操作（open 和 setup）、计算操作（deposit 和 withdraw）、查询操作（balance、summarize 和 creditlimit）和终止操作（close），然后为每个类别设计测试序列。

③ 基于故障的测试。

基于故障的测试（fault-based testing）与传统的错误推测法类似，也是首先推测软件中可能有的错误，然后设计出最可能发现这些错误的测试用例。例如，软件工程师经常在问题的边界处犯错误，在测试 SQRT（计算平方根）操作（该操作在输入为负数时返回出错信息）时，应该着重检查边界情况——一个接近零的负数和零本身。其中零本身用于检查程序员是否犯了如下错误：

把语句

```
if (x>=0) calculate_square_root();
```

误写成

```
if (x>0) calculate_square_root();
```

为了推测出软件中可能有的错误，应该仔细研究分析模型和设计模型，而且在很大程度上要领先测试人员的经验和直觉。如果推测得比较准确，则使用基于故障的测试方法能够用相当低的工作量发现大量错误；反之，如果推测不准，则这种方法的效果并不比随机测试技术的效果好。

（2）集成测试方法

开始集成面向对象系统以后，测试用例的设计变得更加复杂。在这个测试阶段，必须对类间协作进行测试。为了说明设计类间测试用例的方法，引入银行系统的例子，如图 6-14 所示。图中箭头方向代表消息的传递方向，箭头线上的标注给出的是调用的操作，调用这些操作便可得到协作的结果。

和测试单个类相似，测试类协作也可以使用随机测试方法、划分测试方法、基于情景的测试和行为测试来完成。

① 多类测试。

使用下列步骤，可以生成多个类的随机测试用例。

- 对每个客户类使用类操作符列表来生成一系列随机测试序列。这些操作符向服务器类实例发送消息。
- 对所生成的每个消息确定协作类和在服务器对象中的对应操作符。
- 对服务器对象中的每个操作符（已经被来自客户对象的消息调用）确定传递的消息。
- 对每个消息确定下一层被调用的操作符，并把这些操作符结合进测试序列中。

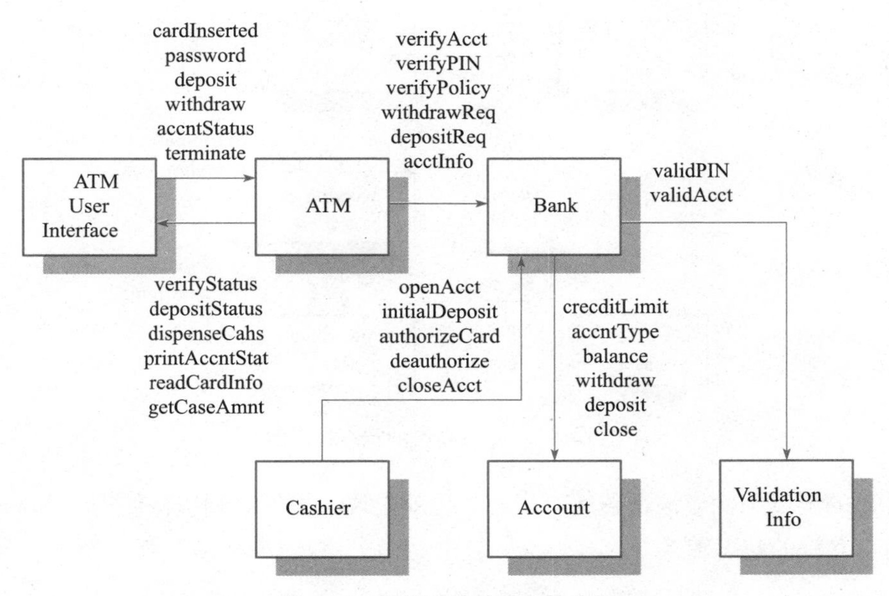

图 6-14　银行系统的类—协作图

为了说明怎样用上述步骤生成多个类的随机测试用例，考虑图 6-14 中 Bank 类相对于 ATM 类的操作序列：

```
verifyAcct · verifyPIN · [[verifyPolicy.withdrawReq]|depositReq\acctInfoREQ]ⁿ
```

对 Bank 类的随机测试用例可能是：

```
测试用例 #r3: verifyAcct · verifyPIN · depositReq
```

为了执行上述这个测试，需要考虑与测试用例 #r3 中的每个操作相关联的消息。Bank 类必须和 ValidationInfo 类协作以执行 verifyAcct 和 verifyPIN 操作，Bank 类还必须和 Account 类协作以执行 depositReq 操作。因此，测试上面涉及协作的新测试用例是：

```
测试用例 #r4: verifyAcctBank·[validAcctValidationInfo]·verifyPINBank · [validPINvalid
ationInfo] · deposiReqBank · [depositAccount]
```

多个类的划分测试方法类似于单个类的划分测试方法。对于多个类来说，应该扩充测试序列以包括那些通过发送给协作类的消息而被调用的操作。另一种划分测试方法是根据与特定类的接口来划分类操作。在图 6-14 中，Bank 类接收来自 ATM 类和 Cashier 类的消息，因此可以通过把 Bank 类中的方法划分成服务于 ATM 类的和服务于 Cashier 类的两类，分别测试它们；还可以用基于状态的划分，进一步精化划分。

② 从动态模型导出测试用例。

类的状态图可以导出测试该类（及与其协作的那些类）的动态行为的测试用例。图 6-15 为 Account 类的状态转换图。从图中可见，初始转换经过了 empty acct 和 setup acct 两个状态，而类实例的大多数行为发生在 working acct 状态中，最终的 withdraw 和 close 使得 Account 类分别向 nonworking acct 状态和 dead acct 状态转换。

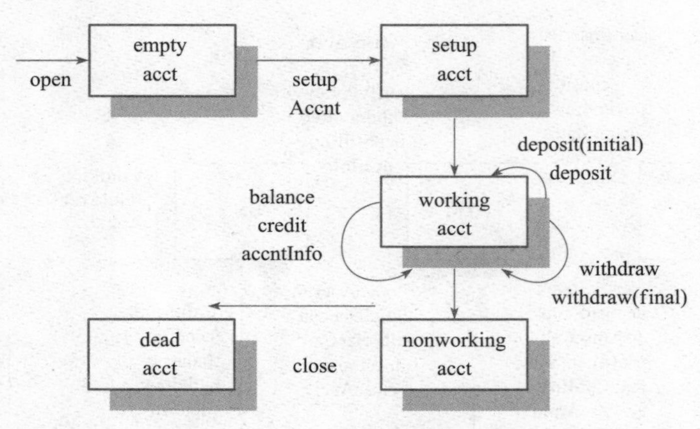

图 6-15 Account 类的状态转换图

设计出的测试用例应该覆盖所有状态，也就是说，操作序列应该使得 Account 类实例能遍历所有允许的状态转换。

```
    测试用例 #s1:open · setupAccnt · deposit(initial) · withdraw(final) · close
```

应该注意，上面列出的序列与最小测试序列相同。向最小序列中加入附加的测试序列，可以得出其他测试用例：

```
    测试用例 #s2:open · setupAccnt · deposit(initial) · deposit · balance · credit · withdraw
(final) · close
    测试用例 #s3:open · setupAccnt · deposit(initial) · deposit · withdraw · accntInfo · withdraw
(final) · close
```

从状态转换图中还可以导出更多测试用例进行测试，以保证该类的所有行为都被适当地测试了。在类的行为导致与一个或多个类协作的情况下，还可使用多个状态图去跟踪系统的行为流。

6.5 停止测试

对测试所投入的资金和时间总是有限的，在这有限的资源内无法穷尽测试，因此一个首要的问题就是如何在有限的时间内尽可能多地发现错误，又应在何时停止测试工作。图 6-16 表示发现错误的模型。假如错误是随机分布的，那么进行随机测试发现错误的情况为直线。事实上，错误的分布往往是集中的，而且相互关联，所以先把测试的时间和资金用于复杂的、规模大的、易出错的程序，可显著提高测试工作的效率，使直线成为向上的曲线。

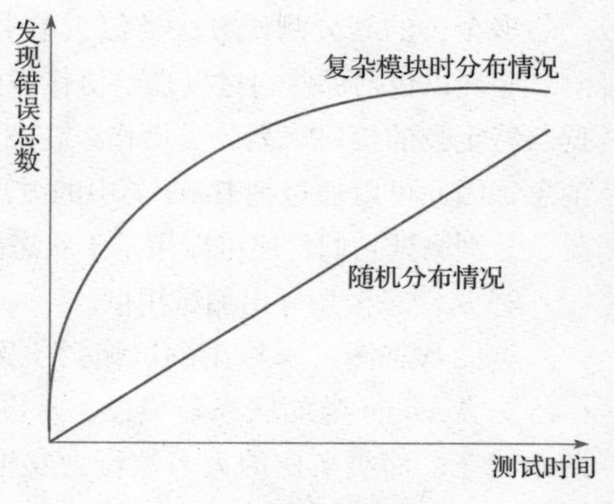

图 6-16 错误发现模型

从图 6-16 可看出，何时停止测试是资金、时间的约束问题。从技术本身而言，很难以测试的基础数据决定测试的进行程度。一般情况下，当测试达到一定程度，而且时间和资金已耗费完，测试就可以结束了。下面简单说明常用的五类停止测试的标准。

- 第一类标准：测试时间超过了预定期限，则停止测试。这类标准不能用来衡量测试质量。
- 第二类标准：执行了所有测试用例，但并没有发现故障，则停止测试。这类标准测试也没有好的指导作用，相反却鼓励测试人员不用去编出更好的、能暴露出更多故障的测试用例。
- 第三类标准：使用特定的测试用例设计方案作为判断测试停止的基础。这类标准仍然是一个主观衡量尺度，无法保证测试人员准确、严格地使用某种测试方法。因为这类标准只是给出测试用例设计的方法，并非确定的目标，而且这类标准只对某些测试阶段适用。
- 第四类标准：明确指出了停止测试的具体要求，即停止测试的标准可定义为查出某一预定数目的故障，如规定发现并修改了 60 处故障就可停止测试。对系统测试的标准是，发现并修改若干个故障或至少系统要运行一定时间，如 2 个月等。使用第四类标准需要解决两个问题：一个是如何知道将要查出的故障数目；另一个是可能会过高地估计故障数目。解决的办法是根据过去的经验和采用软件开发业界常用的一些平均估计值方法。
- 第五类标准：根据单位时间内查出故障的数量决定是否停止测试。这一类标准看似容易，但在实际操作中要用到很多直觉和判断。通常使用某个图表表示某个测试阶段中单位时间检查出的故障数量，通过分析表确定应继续测试还是停止测试。

6.6 自动化测试工具

自动化软件测试是现代软件工程中不可或缺的组成部分，它极大地提升了测试效率和软件质量。自动化测试能够快速执行大量测试用例，提高了测试的全面性和深度，还可以减少人为的错误，保证测试结果的一致性和准确性，进而降低软件缺陷率。随着软件复杂性的增加，自动化测试作为保障软件稳定性和可靠性的关键手段，其重要性越发凸显。目前，各种商业测试工具和开源测试工具已被广泛地运用于软件测试中，每种工具都有其特点和适用场景，在选择时应综合考虑相关因素。

6.6.1 白盒测试工具

白盒测试工具一般是针对被测源程序进行的测试，测试发现的故障可以定位到代码级。根据测试工具依据的原理的不同，白盒测试工具可分为静态测试工具和动态测试工具。

1. 静态测试工具

静态测试工具是指在不执行程序的情况下，分析软件的特性。静态分析主要集中在需求文档、设计文档及程序结构上，可以进行类型分析、接口分析、输入/输出规格说明分析等。

常用的静态测试工具有 Parasoft C/C++test、SonarQube、PVS-Studio 等。

按照完成职能的不同，静态测试工具可分为很多种类型，主要的类型如下：

- 代码审查工具：代码审查工具可以帮助测试人员了解不太熟悉的代码，如了解代码的相关性、跟踪程序逻辑、浏览程序的图示表达、确认“死”代码、检查源程序是否遵循了程序的规则等。代码审查工具通常称为代码审查器。
- 一致性检查工具：这项检查是检测程序的各个单元是否使用了统一的记法或术语，检查设计是否遵循了规格说明。
- 错误检查工具：用于确定差异和分析错误的严重性和原因。
- 接口分析工具：检查程序单元之间接口的一致性，以及是否遵循了预先确定的规则或原则；分析检查传送给子程序的参数以及检查模块的完整性。
- 输入/输出规格说明分析检查工具：此项分析的目标是借助于分析输入/输出规格说明生成测试输入数据。
- 数据分析工具：检测数据的赋值与引用之间是否出现了不合理的现象，如引用未赋值的变量、对未曾引用的变量再次赋值等。
- 类型分析工具：主要检测命名的数据项和操作是否得到正确的使用。通常类型分析检测某一实体的值域（或函数）是否按照正确的、一致的形式构成。
- 单元分析工具：检查单元或者构成实体的物理元件是否定义正确和使用一致。
- 复杂度分析工具：这项分析帮助测试人员精确地计划测试活动，如对于复杂的代码域，必须补充测试用例进行深入的审查。一般认为复杂度分析是软件测试成本/进度或程序当中存在故障的指示器。

2. 动态测试工具

动态测试工具是通过直接执行被测程序以提供测试支持。它包括功能确认与接口测试、覆盖率分析、性能测试、内存分析等。其代表工具有 Rational PurifyPlus、Valgrind、JProfiler 等。

动态测试工具也分为多种类型，主要的类型如下：

- 功能确认与接口测试工具：包括对各模块功能、模块间的接口、局部数据结构、主要执行路径、错误处理等进行测试。
- 覆盖率分析工具：对所涉及的程序结构元素进行度量，以确定测试执行的充分性。覆盖率分析主要用于单元测试中。
- 性能测试工具：主要查找影响性能的瓶颈所在，是改善系统性能的关键。
- 内存分析工具：内存泄漏是指程序没有释放应释放的内存单元块，这些内存块从可供分配给所有程序的内存区中“漏”掉了。最终这种故障将“耗尽”所有的内存，从而导致程序无法正常运行。通过分析内存的使用状况，能够了解程序内存分配的

真实情况，发现内存的非正常使用，在问题暴露前发现征兆，并在系统崩溃前找出内存泄露错误、分配错误、找出发生故障的原因。

6.6.2 黑盒测试工具

黑盒测试是在明确软件产品应具有的功能条件下，完全不考虑被测程序的内部结构和内部特性的情况下，通过测试来检验功能是否都能按照需求规格说明正常工作。

常用的黑盒测试工具包括两类：

- 功能测试工具：用于检测程序能否达到预期的功能要求并正常运行。
- 性能测试工具：用于确定软件和系统的性能，常可用于 C/S 系统的加载和性能测量，主要是服务器端的性能、连接数、系统的响应时间、事务处理速度和其他的时间敏感性能等。

常用的黑盒测试工具有 QTP/UFT、Selenium、LoadRunner、JMeter、SoapUI 等。

习题 6

一、填空题

1. 被测试程序不在机器上运行，而采用人工检测和计算机辅助分析检测的手段称为________测试，被测试程序在机器上运行的测试方法称为________测试。

2. 在动态测试中，主要测试软件功能的方法称为________法和________法。

3. 要覆盖含有循环结构的所有路径是不可能的，一般通过限制________来测试。

4. 用黑盒技术设计测试用例的方法有______、_______、______和______。

5. 用等价类划分法设计一个测试用例时，使其覆盖______尚未被覆盖的合理等价类、________不合理等价类。

6. 集成测试的方法有________和________，增量式测试组合模块的方法有________和________，自顶向下结合可采用_______和________策略。

7. 在单元测试时，需要设计________模块和________模块。

二、选择题

1. 软件测试中，白盒法是通过分析程序的________来设计测试用例的。

   A. 应用范围　　B. 内部逻辑　　C. 功能　　D. 输入数据

2. 黑盒法是根据程序的________来设计测试用例的。

   A. 应用范围　　B. 内部逻辑　　C. 功能　　D. 输入数据

3. 为了提高测试的效率，应该________。

   A. 随机地选取测试数据

   B. 取一切可能的输入数据作为测试数据

   C. 在完成编码以后制订软件的测试计划

D. 选择发现错误可能性大的数据作为测试用例

4. 与设计测试用例无关的文档是____________。

A. 项目开发计划　　B. 需求规格说明书

C. 设计说明书　　D. 源程序

5. 软件测试用例主要由输入数据和____________两部分组成。

A. 测试计划　　B. 测试规则

C. 预期输出结果　　D. 以往测试记录分析

6. 成功的测试是指运行测试用例后____________。

A. 未发现程序错误　　B. 发现了程序错误

C. 证明程序正确　　D. 改正了程序错误

7. 软件测试的目的是____________。

A. 试验性运行软件　　B. 发现软件错误

C. 证明软件正确　　D. 找出软件中的全部错误

8. 在黑盒测试中，着重检查输入条件的组合是____________。

A. 等价类划分法　　B. 边界值分析法

C. 错误推测法　　D. 因果图法

9. 软件测试过程中的集成测试主要是为了发现____________阶段的错误。

A. 需求分析　　B. 系统设计　　C. 详细设计　　D. 编码

10. 不属于白盒测试的技术是____________。

A. 语句覆盖　　B. 判定覆盖　　C. 条件覆盖　　D. 边界值分析

11. 集成测试时，能较早发现高层模块接口错误的测试方法为____________。

A. 自顶向下渐增式测试　　B. 自底向上渐增式测试

C. 非渐增式测试　　D. 系统测试

12. 确认测试以____________文档作为测试的基础。

A. 需求规格说明书　　B. 设计说明书

C. 源程序　　D. 开发计划

13. 下列叙述中正确的是____________。

A. 软件测试应该由程序开发者来完成

B. 程序经调试后一般不需要再测试

C. 软件维护只包括对程序代码的维护

D. 以上三种说法都不对

14. 下列对软件测试的描述中正确的是____________。

A. 软件测试的目的是证明程序是否正确

B. 软件测试的目的是使程序运行结果正确

C. 软件测试的目的是尽可能多地发现程序中的错误

D. 软件测试的目的是使程序符合结构化原则

15. 下面哪些测试属于黑盒测试____________。(多选)

A. 路径测试　　B. 等价类划分　　C. 边界值分析　　D. 条件判断

E. 循环测试

16. 检查软件产品是否符合需求定义的过程称为____________。

A. 确认测试　　B. 集成测试　　C. 验收测试　　D. 验证测试

三、简答题

1. 软件测试的目的是什么？软件调试的目的是什么？
2. 白盒法有哪些逻辑覆盖标准？
3. 属于黑盒法的具体设计用例方法有哪几种？试对这些方法进行比较。
4. 软件测试要经过哪几个阶段？各个阶段与什么文档有关？

即刻学习

○配套学习资料 ○软件工程导论

○技术学练精讲 ○软件测试专讲

模块 7

软件维护

学习目标

❖ 理解软件维护的内容及特点。
❖ 理解软件的可维护性，了解提高软件可维护性的方法。
❖ 了解软件维护任务实施的相关工作。

7.1 软件维护的内容及特点

软件投入使用后就进入软件维护阶段。维护阶段是软件生存周期中时间最长的一个阶段，所花费的精力和费用也是最多的一个阶段。维护阶段包含很多工作，例如，计算机程序隐含的错误要修改；新增的功能要加入系统中；随着环境的变化，要对程序进行变动；等等。因此，如何提高软件的可维护性，减少维护的工作量和费用，成了软件工程的一个重要任务。

7.1.1 软件维护的内容

软件维护的内容主要有校正性维护、适应性维护、完善性维护和预防性维护 4 种。

1. 校正性维护

在软件交付使用后，由于在软件开发过程中产生的错误并没有完全彻底地在测试中发现，因此必然有一部分隐含的错误被带到了维护阶段。这些隐含的错误在某些特定的使用环境下会暴露出来。为了识别和纠正错误，修改软件性能上的缺陷，进行确定和修改错误的过程，称为校正性维护。校正性维护约占整个维护工作的 21%。

2. 适应性维护

随着计算机技术的飞速发展，计算机硬件和软件环境不断发生变化，数据环境也在不断发生变化。为了使应用软件适应这种变化而修改软件的过程称为适应性维护。例如，某个应用软件原来是在 Windows 7 环境下运行的，现在要把它移植到 Windows 10 环境下运行；某个应用软件原来是在某一种数据库环境下工作的，现在要改到另一种安全性较高的数据库环境下工作。这些变动都需要对相应的软件进行修改。这种维护活动约占整个维护活动的 25%。

3. 完善性维护

在软件漫长的运行时期中，用户的业务会发生变化，组织机构也会发生变化，用户往往会对软件提出新的功能要求与性能要求。为了适应这些变化，应用软件原来的功能和性能需要扩充和增强。这种为增加软件功能、增强软件性能、提高软件运行效率而进行的维护活动称为完善性维护。例如，软件原来的查询响应速度较慢，要提高响应速度；软件原来没有帮助信息，使用不方便，现在要增加帮助信息等。这种维护性活动数量较大，约占整个维护活动的 50%。

4. 预防性维护

为了提高软件的可维护性和可靠性而对软件进行的修改称为预防性维护。这需要采用先进的软件工程方法对需要维护的软件或软件中的某一部分进行设计、编码和测试，为以后进一步的运行和维护打好基础。预防性维护占很小的比例，约占整个维护活动的4%。

7.1.2 软件维护的特点

1. 非结构化维护和结构化维护

软件的开发过程对软件的维护有较大的影响。若不采用软件工程的方法开发软件，则软件只有程序而无文档，维护工作非常困难，这是一种非结构化的维护。若采用软件工程的方法开发软件，则各阶段都有相应的文档，容易进行维护工作，这是一种结构化的维护。

（1）非结构化维护

因为只有源程序，相关的文档很少或没有文档，维护活动只能从阅读、理解、分析源程序开始。如果没有需求说明文档和设计文档，就只能通过阅读源程序来了解系统功能、软件结构、数据结构、系统接口、设计约束等。这样做，第一非常困难，第二难以清楚地理解这些问题，第三是容易对这些问题产生误解。没有测试文档，就不能进行回归测试，也很难保证程序的正确性。这便是软件工程时代以前进行软件维护的情况。

（2）结构化维护

用软件工程思想开发的软件具有各个阶段的文档，这对于理解和掌握软件功能、性能、系统结构、数据结构、系统接口和设计约束有很大作用。在进行维护活动时，首先从评价需求说明开始，明确功能、性能上的改变，然后对设计说明文档进行评价、修改和复查；其次根据设计的修改，进行程序的变动；然后根据测试文档中的测试用例进行回归测试；最后，把修改后的软件再次交付使用。这样做对于减少工作量、降低成本、提高软件维护效率都有很大的作用。

2. 维护的困难性

软件需求分析和开发方法的缺陷导致了软件维护的困难性。如果在软件生存周期的开发阶段缺乏严格而又科学的管理和规划，就会在软件运行时导致维护困难。这种困难往往表现在几个方面。

① 读懂别人的程序是困难的。要修改别人编写的程序，首先要看懂、理解别人的程序，而理解别人的程序是非常困难的。这种困难程度随着程序文档的减少而大幅增加，如果没有相应的文档，困难就会达到非常严重的地步。

② 文档的不一致性。文档的不一致性是维护工作困难的又一因素。它会导致维护人员不知所措，不知根据什么进行修改。这种不一致表现在各种文档之间的不一致以及文档与程序之间的不一致，这是由于开发过程中文档管理不严造成的。在开发中，经常会出现修改程序时却遗忘了修改与其相关的文档，或某一文档做了修改却没有修改与其相关的另一文档这类现象。要解决文档不一致性，就要加强开发工作中的文档版本管理工作。

③ 软件开发和软件维护在人员和时间上的差异。如果软件维护工作是由该软件的开发人员来进行，维护工作就变得容易很多，因为他们熟悉软件的功能、结构等。但是，实

际情况中开发人员与维护人员往往是不同的，这种差异也会导致维护的困难。

④ 由于维护阶段持续时间很长，正在运行的软件可能是多年前开发的，开发工具、方法、技术与当前的工具、方法、技术差异很大，这也是维护困难的另一因素。

软件维护不是一项吸引人的工作。由于维护工作的困难性，维护工作经常遭受挫折，而且很难出成果，不像软件开发工作那样吸引人。

3. 软件维护的费用

软件维护的费用在软件项目的总费用中往往占有相当大的比重。根据软件工程的研究和实践经验，软件维护费用可以占到软件生命周期总成本的很大一部分，有时甚至超过了最初开发的费用。在某些情况下，特别是当软件需要频繁更新、适应新技术或面临复杂业务需求时，维护费用可能会超过开发费用。

软件维护的费用会受到许多因素的影响，包括软件的复杂性、使用的技术、业务需求的变化、用户反馈、法规遵从性要求以及软件的架构和设计等。为了准确估计软件维护的费用，通常需要详细分析软件的具体情况和预期的维护活动。

随着技术的不断演进，软件系统的复杂性和规模日益增大，这直接导致了维护难度和工作量的显著增加，进而推高了维护成本。用户需求的不断变化要求软件系统能够持续迭代和优化，以适应新的业务场景和流程，使得维护成本持续增加。另外，专业的软件维护人才薪资水平不断提高，也间接推高了软件维护的整体费用。

7.2 软件可维护性

软件的维护是十分困难的，这是因为软件的源程序和文档难以理解、难以修改，因此造成软件维护工作量大，成本上升，修改出错率高。软件维护工作面广，维护难度大，稍有不慎就会在修改中给软件带来新的问题。为了使软件能够易于维护，必须考虑使软件具有可维护性。

7.2.1 可维护性的定义

所谓软件可维护性是指软件能够被理解、校正、适应及增强功能的容易程度。

软件的可维护性、可使用性、可靠性是衡量软件质量的几个主要特性，也是用户十分关心的几个问题。然而，对于这些影响软件质量的主要因素，目前尚无普遍适用的定量度量的方法，但就其概念和内涵来说则是很明确的。

软件的可维护性是软件开发阶段的关键目标。影响软件可维护性的因素较多，设计、编码及测试中的疏忽和低劣的软件配置、缺少文档等都会对软件的可维护性产生不良影响。软件可维护性可用下面 7 个质量特性来衡量，即可理解性、可测试性、可修改性、可靠性、可移植性、可使用性和效率。对于不同类型的维护，这 7 种特性的侧重点也不相同。这些质量特性通常体现在软件产品的许多方面。为使每一个质量特性都达到预定的要求，需要在软件开发的各个阶段采取相应的措施加以保证，即这些质量要求要渗透到各开发阶段的各个步骤中。软件的可维护性是产品投入运行以前各阶段针对上述各质量特性要求进行开发的最终结果。

7.2.2 可维护性的度量

目前有一些对软件可维护性进行综合度量的方法，但要对可维护性作出定量度量依然存在困难。度量一个可维护的软件的 7 种特性时，常采用的方法有质量检查表、质量测试和质量标准。

质量检查表是用于测试程序中某些质量特性是否存在的一个问题清单。检查者对检查表上的每一个问题，依据自己的定性判断，回答“是”或者“否”。质量测试与质量标准用于定量分析和评价程序的质量。由于许多质量特性是相互抵触的，所以要考虑用几种不同的度量标准去度量不同的质量特性。

7.2.3 提高可维护性的方法

要得到可维护性高的程序，可从 5 个方面着手来解决这个问题。

1. 建立明确的软件质量目标

使程序满足可维护性 7 个特性的全部要求需要付出很大的代价。实际上，有一些可维护特性是相互促进的。例如，可理解性和可测试性，可理解性和可修改性。而另一些则是相互矛盾的，例如，效率和可移植性，效率和可修改性等。为保证程序的可维护性，应该在一定程度上满足可维护性的各个特性，但各个特性的重要性随着程序用途的不同或计算机环境的不同而改变。例如，对编译程序来说，效率和可移植性是主要的；对信息管理系统来说，可使用性和可修改性是主要的。通过大量实验证明，强调效率的程序包含的错误比强调简明性的程序所包含的错误要高出约 10 倍。因此，明确软件所追求的质量目标，对软件的质量和生存周期的费用将产生很大的影响。

2. 使用先进的软件开发技术和工具

利用先进的软件开发技术能大大提高软件质量和减少软件开发费用。例如，面向对象的软件开发方法就是一个非常实用而先进的开发方法。

面向对象方法与人类习惯的思维方法一致，使用现实世界的概念来思考问题，从而自然地解决问题。它强调模拟现实世界中的概念而不强调算法，鼓励开发者在开发过程中都使用应用领域的概念去思考，开发过程自始至终都围绕着建立问题领域的对象模型来进行，从而按照人们习惯的思维方式建立起问题领域的模型，模拟客观世界，使描述问题的问题空间和描述解法的解空间在结构上尽可能一致，开发出尽可能直观、自然的表现求解方法的软件系统。

面向对象方法开发出的软件的稳定性较好。传统方法开发出来的软件系统的结构紧密依赖于系统所需要完成的功能，当功能需求发生变化时，将引起软件结构的整体修改，因而这样的软件结构是不稳定的。面向对象方法以对象为中心构造软件系统，用对象模拟问题领域中的实体，并以对象间的联系刻画实体间的联系，因此建立的模型也相对稳定。当系统功能需求发生变化时，并不会引起软件结构的整体变化，往往只需要做一些局部性的修改。因此，面向对象方法构造的软件系统也比较稳定。

面向对象方法构造的软件可重用性好。对象所固有的封装性和信息隐蔽机制，使得对象内部的实现与外界隔离，具有较强的独立性。因此，对象类提供了比较理想的模块化机制和比较理想的可重用的软件成分。

由于对象类是理想的模块机制，独立性好，修改一个类通常很少涉及其他类。若只修改一个类的内部实现部分而不修改该类的对外接口，则可以完全不影响软件的其他部分。由于面向对象的软件技术符合人们习惯的思维方式，用这种方法所建立的软件系统的结构与问题空间的结构基本一致，因此，面向对象的软件系统比较易于理解。

对面向对象的软件系统进行维护，主要通过从已有类派生出一些新类来实现。因此，维护时的测试和调试工作也主要围绕这些新派生出来的类进行。类是独立性很强的模块。向类的实例发消息即可运行它，观察它是否能正确地完成要求它做的工作。对类的测试通常比较容易实现，如果发现错误也往往集中在类的内部，比较容易调试。

总之，面向对象方法开发出来的软件系统，稳定性好，易于理解和修改，同时也便于测试和调试，因而具有较好的可维护性。

3. 建立明确的质量保证

这里提到的质量保证是指为提高软件质量所做的各种检查工作。质量保证检查是非常有效的方法，不仅在软件开发的各阶段中得到了广泛应用，在软件维护中也是一个非常主要的工具。为了保证可维护性，进行以下四类检查是非常有用的。

（1）在检查点进行检查

检查点是指软件开发的每一个阶段的终点。在检查点进行检查的目的是证实已开发的软件是否满足设计要求。在不同的检查点所检查的内容是不同的。例如，在设计阶段检查的重点是可理解性、可修改性和可测试性；测试阶段检查的重点是可靠性和有效性。

（2）验收检查

验收检查是一个特殊的检查点的检查，是交付使用前的最后一次检查。它对减少维护费用，提高软件质量是非常重要的。验收检查实际上是验收测试的一部分，只不过验收检查是从维护角度提出验收条件或标准。

（3）周期性的维护检查

上述两种软件检查适用于新开发的软件，对已运行的软件应进行周期性的维护检查。为了改正在开发阶段未发现的错误，使软件适应新的计算机环境并响应用户新的需求，对正在使用的软件进行更新是不可避免的。改变程序可能引入新错误并破坏原来程序概念的完整性。为了保证软件质量，应该对正在使用的软件进行周期性的维护检查。实际上，周期性的维护检查是开发阶段对检查点进行检查的继续，采用的检查方法和检查内容都是相同的。把多次维护检查结果与以前进行的验收检查结果、检查点检查结果进行对比，对检查结果的任何改变都要进行分析，找出原因。

（4）对软件包的检查

对软件包的维护通常采用下述方法：由单位的维护程序员在分析研究卖方（或开发方）提供的用户手册、操作手册、培训教程、新版本策略指导、计算机环境和验收测试的基础上，深入了解本单位的希望和要求，编制软件包检验程序。软件包检验程序是一个测试程序，它检查软件包程序所执行的功能是否与用户的要求和条件相一致。为了建立这个程序，维护程序员可以利用卖方提供的验收测试实例或重新设计新的测试实例，根据测试结果检查和验证软件包的控制结构，从而完成软件包的维护。

4. 选择可维护的语言

程序设计语言的选择对维护影响很大。低级语言很难掌握和理解，因而很难维护。一般来说，高级语言比低级语言更容易理解；而在高级语言中，一些语言可能比另一些语言更容易理解。当前非常流行的 Java、C# 等高级程序设计语言开发的软件都是面向对象的、结构化的，也是易于维护的。

5. 改进程序文档

程序文档是对程序功能、程序各组成部分之间的关系、程序设计策略、程序实现过程的数据等信息的说明和补充。程序文档对提高程序的可阅读性有重要作用。为了维护程序，人们必须阅读和理解程序文档。通常，过低估计文档的价值是因为人们过低估计用户对修改的需求。虽然人们对文档的重要性还有许多不同的看法，但大多数人同意以下的观点：

- 高质量的文档能提高程序的可阅读性，但低质量的文档比没有文档更糟糕。
- 高质量的文档意味着简明性、风格的一致性，易于修改。
- 程序编码中应该有必要的注释，以提高程序的可理解性。
- 程序越长就越复杂，对文档的需求也越迫切。

为了支持应用软件，通常需要以下几类文档：

① 用户文档。它提供用户如何使用程序的命令和指示，通常是指用户手册。好的用户文档是联机的，用户在终端可以阅读到它，这给没有经验的用户提供了必要的帮助和引导。

② 操作文档。该文档指导用户如何运行程序，包括操作员手册、运行记录、备用文件目录等。

③ 数据文档。它是程序数据部分的说明，由数据模型和数据字典组成。数据模型表示数据内部结构和数据各部分之间的功能依赖性，通常用图形表示。数据字典列出了程序中使用的全部数据项，包括数据项的定义、数据项的使用以及在什么地方使用。

④ 程序文档。程序员利用程序文档来理解程序的内部结构，理解程序同系统内其他程序、操作系统以及其他软件系统之间如何相互作用。程序文档包括源代码的注释、设计

文档、系统流程图、程序流程图、交叉引用表等。

⑤ 历史文档。该文档用于记录程序开发和维护的历史。历史文档有三类：系统开发日志、出错历史和系统维护日志。因为系统开发者和维护者通常是分开的，了解系统如何开发和系统如何维护的历史对维护程序员来说是非常有用的信息。利用历史文档可以简化维护工作，如用历史文档可以理解原设计意图，指导维护程序员如何修改代码而不破坏系统的完整性。

7.3 维护任务的实施

要做好软件维护，必须要有合适的维护人员，维护人员必须按照相应的流程去实施维护任务，任务完成后一定要保存好维护记录。

7.3.1 建立维护机构

为了有效地进行软件维护，应事先做好组织工作，建立维护机构。这种维护机构通常以维护小组形式出现。维护小组可分为临时维护小组和长期维护小组。

1. 临时维护小组

临时维护小组是非正式的机构，执行一些特殊的或临时的维护任务。例如，对程序排错，检查完善性维护的设计，进行质量控制的复审等。临时维护小组采用“同事复审”或“同行复审”等方法来提高维护工作的效率。

2. 长期维护小组

长期运行的复杂系统需要一个稳定的维护小组。维护小组一般可以由以下成员组成：组长、副组长、维护负责人和维护程序员。

① 组长。维护小组组长是该小组的技术负责人，负责向上级主管部门报告维护工作。组长应是一个有经验的系统分析员，具有一定的管理经验，熟悉系统的应用领域。

② 副组长。副组长是组长的助手，在组长指导下开展工作，应具有与组长相同的业务水平和工作经验。副组长还执行与开发部门或其他维护小组联系的任务。在系统开发阶段，收集与维护有关的信息；在维护阶段，与开发者继续保持联系，向他们传送程序运行的反馈信息。因为大部分维护要求是由用户提出的，所以副组长与用户保持密切联系也是非常重要的。

③ 维护负责人。维护负责人是维护小组的行政负责人，通常管理几个维护小组的人事工作，负责维护小组成员的人事管理工作。

④ 维护程序员。维护程序员负责分析程序改变的要求和执行修改工作。维护程序员不仅要具有软件开发方面的知识和经验，也应具有软件维护方面的知识和经验，还应熟悉程序应用领域的知识。

7.3.2 维护流程

软件维护的流程如下：制定维护申请报告，审查并批准申请报告，进行维护并做详细记录，复审。

1. 制定维护申请报告

所有的软件维护申请报告都应按规定的方式提出。该报告也称为软件问题报告，是维护阶段的一种文档，由申请维护的用户填写。当遇到一个错误时，用户必须完整地说明错误产生的情况，包括输入数据、错误清单、源程序清单以及其他有关材料，即导致该错误的环境的完整描述。对于适应性或完善性的维护要求，要提交一份简要的维护规格说明。

维护申请报告是一种由用户产生的文档，用作计划维护任务的基础。在软件维护组织内部，还要制定一份软件修改报告，该报告是维护阶段的另一种文档，用来指出以下几个方面的情况。

- 为满足软件问题报告实际要求的工作量。
- 要求修改的性质。
- 请求修改的优先权。
- 关于修改的事后数据。

提出维护申请报告之后，由维护机构来评审维护申请。评审工作很重要，通过评审回答要不要维护，从而可以避免盲目的维护。

2. 维护的工作过程

一个维护申请提出之后，经评审需要维护，则按下列过程实施维护。

① 确定要进行维护的类型。有许多情况，用户把一个请求看作校正性维护，而软件开发者把这个请求看作适应性或完善性维护。此时，持不同观点的双方就要协商解决。

② 校正性维护。从评价错误的严重性开始。如果是一个严重的错误（如一个系统的重要功能不能执行），则由管理者组织有关人员立即开始分析问题。如果错误并不严重，则可根据任务情况，视轻重缓急，统一安排，按计划进行维护工作。甚至会有这样一种情况：申请是错误的，经审查后发现并不需要修改软件。

③ 适应性和完善性维护。如同它是另一项开发工作一样，建立每个请求的优先权，安排所要求的工作。若设置一个极高的优先权，也就意味着要立即开始此项维护工作了。

④ 实施维护任务。不管维护类型如何，大体上要开展相同的技术工作。这些工作包括修改软件设计、必要的代码修改、单元测试、集成测试、确认测试以及复审。每种维护类型的侧重点不一样。

此外，还有一种特殊的“救火”维护。在软件发生重大问题时，一般就会出现这种情况。例如，一个造纸厂的流程控制系统出现了一个严重故障，这时申请的维护称为“救火”维护。此时维护小组要立即组织有关人员去“救火”，必须立即解决问题。显然，如果一个软件开发机构经常“救火”，这就必须认真检查，该机构的管理和技术是否存在什么重大问题。

3. 维护的复审

维护任务完成后，要对其进行复审。复审时要确认下列问题：

- 给出当前的完成情况，即设计、代码、测试的哪些方面已经完成。
- 各种维护资源已经用了哪些？还有哪些未使用？
- 对于本项维护工作，主要的、次要的障碍是什么？

复审对维护工作能否顺利进行有重大影响，对一个软件机构来说也是有效的管理工作的一部分。

7.3.3 保存维护记录

在软件维护工作中，保存维护记录具有重要的意义。这些记录不仅是软件维护活动的历史见证，更是后续工作顺利开展、问题快速解决的关键依据。维护记录详细记录了每一次维护活动的具体内容、处理过程、结果以及相关的技术细节。当系统再次出现问题或需要进一步优化时，维护人员可以通过查阅这些记录，迅速了解系统的历史状态，从而更加准确地定位问题所在，避免重复劳动和不必要的试错过程。通过对维护记录的统计和分析，企业可以了解软件在运行过程中出现的常见问题、故障类型以及解决效率等信息，进而对软件质量进行评估和改进。同时，这些记录还能为软件开发团队提供反馈，帮助他们在未来的开发过程中避免类似问题的发生，提高软件的整体质量。

软件维护记录需要全面、详细地记录问题的基本信息、处理过程、影响范围、关联信息以及后续计划等内容。同时，还需要注意数据保护、清晰性和及时性等方面的要求。通过保存和维护这些记录，企业可以更有效地进行软件维护工作，提高系统的稳定性和可维护性。

7.3.4 维护活动的评价

维护的目的是延长软件的寿命并让其创造更多的价值。经过一段时间的维护，软件中的错误减少了，功能增强了。但是，修改软件是有风险的，每修改一次，就可能增加若干潜伏的错误。这种因修改软件而造成的错误或其他不希望出现的情况称为维护的副作用。维护的副作用有编码副作用、数据副作用、文档副作用三种。

1. 编码副作用

在使用程序设计语言修改源代码时可能引入新的错误。例如：

- 删除或修改一个子程序、一个标号、一个标识符。
- 改变程序代码的时序关系，改变占用存储的大小，改变逻辑运算符。
- 修改文件的打开或关闭操作。
- 改进程序的执行效率。
- 把设计上的改变转化为代码的改变。
- 对边界条件的逻辑测试进行调整。

做以上这些变动都要特别小心，仔细地修改，以免引入新的错误。

2. 数据副作用

在修改数据结构时，有可能造成软件设计与数据结构不匹配，因而导致软件错误。数据副作用是修改软件信息结构导致的结果。例如：

- 重新定义局部或全局的常量，重新定义记录或文件格式。
- 增加或减少一个数组或高层数据结构的大小。
- 修改全局或公共数据。
- 重新初始化控制标志或指针。
- 重新排列输入/输出或子程序的参数。

以上这些情况都容易导致设计与数据不相容的错误。数据副作用可以通过详细的设计文档加以控制，在此文档中描述了一种交叉引用，把数据元素、记录、文件和其他结构联系起来。

3. 文档副作用

对数据流、软件结构、模块逻辑或任何其他有关特性进行修改时，必须对相关技术文档进行相应修改，否则会导致文档不能反映软件当前的状态，出现文档与程序功能不匹配、缺省条件改变或者新错误信息不正确等错误。如果对可执行软件的修改没有反映在文档中，就会产生文档副作用。例如：

- 修改交互输入的顺序或格式，没有正确地记入文档中。
- 过时的文档内容、索引和文本可能造成冲突等。

因此，必须在软件交付之前对整个软件配置进行评审，以减少文档副作用。事实上，有些维护申请并不要求改变软件设计和源代码，而只是指出在用户文档中有不够明确的地方（要求给出更明确清晰的说明）。在这种情况下，维护工作主要集中在文档。

为了控制因修改而引起的文档副作用，要做到以下几点：

- 按模块把修改分组。
- 自顶向下地安排被修改模块的顺序。
- 每次修改一个模块。
- 对每个修改了的模块，在安排修改下一个模块之前要确定这个修改的副作用。可使用交叉引用表、存储映像表，执行流程跟踪等。

习题 7

一、填空题

1. 维护阶段是软件生存周期中时间__________的阶段，花费精力和费用__________的阶段。

2. 在软件交付使用后，由于在软件开发过程中产生的__________没有完全彻底在__________阶段发现，必然有一部分隐含错误带到__________阶段。

3. 未采用软件工程方法开发软件，只有程序而无文档，维护困难，这是一种______维护。

二、选择题

1. 在生存周期中，时间长、费用高、困难大的阶段是____________。

A. 需求分析阶段　　B. 编码阶段

C. 测试阶段　　D. 维护阶段

2. 为适应软硬件环境变化而修改软件的过程是____________。

A. 校正性维护　　B. 适应性维护　　C. 完善性维护　　D. 预防性维护

3. 产生软件维护的副作用，是指____________。

A. 开发时的错误　　B. 隐含的错误

C. 因修改软件而造成的错误　　D. 运行时误操作

4. 可维护性的特性中相互促进的是____________。

A. 可理解性和可测试性　　B. 效率和可移植性

C. 效率和可修改性　　D. 效率和结构好

5. 可维护性的特性中，相互矛盾的是____________。

A. 可修改性和可理解性　　B. 可测试性和可理解性

C. 效率和可修改性　　D. 可理解性和可读性

6. 下列叙述中正确的是____________。

A. 软件交付使用之后还需要维护　　B. 软件一旦交付使用之后就不需要维护

C. 软件交付使用之后其生命周期结束　　D. 软件维护指修复程序中被破坏的指令

7. 下列叙述中正确的是____________。

A. 软件测试应该由程序开发者来完成　　B. 程序经调试后一般不需要再测试

C. 软件维护只包括对程序代码的维护　　D. 以上三种说法都不对

三、简答题

1. 软件维护的特点是什么？

2. 提高可维护性有哪些方法？

模块 8

软件管理

学习目标

❖ 理解软件质量与质量保证的概念，了解质量度量模型。
❖ 熟悉软件工程管理和项目计划的内容和方法。
❖ 了解软件能力成熟度模型的概念及其主要含义。
❖ 了解软件工程的成本因素，并理解其中涉及的工程管理与经济决策问题。

即刻学习
○配套学习资料
○软件工程导论
○技术学练精讲
○软件测试专讲

8.1 软件质量与质量保证

在软件开发过程中，质量控制的实施不仅影响最终产品的可靠性、性能和用户体验，还直接关系到项目的成败，因此必须要了解软件质量和质量保证方面的相关知识。

8.1.1 概述

1. 软件质量的定义

软件质量是贯穿软件生存周期的一个极为重要的问题，关于软件质量的定义有多种说法，从实际应用来说，软件质量定义为：

- 与所确定的功能和性能需求的一致性。
- 与所成文的开发标准的一致性。
- 与所有专业开发的软件所期望的隐含特性的一致性。

上述软件质量定义反映了以下 3 个方面的问题。

① 软件需求是度量软件质量的基础，不符合需求的软件就不具备质量。

② 专门的标准中定义了一些开发准则，用来指导软件人员用工程化的方法来开发软件。如果不遵守这些开发准则，软件质量就得不到保证。

③ 有一些隐含的需求没有明确地提出来。例如，软件应具备良好的可维护性。如果只满足那些精确定义了的需求而没有满足这些隐含的需求，软件质量也不能得到保证。软件质量是各种特性的复杂组合，它随着应用的不同而不同，也随着用户提出的质量要求的不同而不同。

2. 软件质量的度量和评价

一般来说，影响软件质量的因素可以分为两大类：可以直接度量的因素，如单位时间内千行代码（kilo lines of code, KLOC）中所产生的错误数；只能间接度量的因素，如可用性或可维护性。

在软件开发和维护的过程中，为了定量地评价软件质量，必须对软件质量特性进行度量，以测定软件具有要求的质量特性的程度。20 世纪 70 年代，贝姆（Boehm）在他的《软件风险管理》一书中提出了定量评价软件质量的层次模型，如图 8-1 所示；随后，麦考尔（McCall）等人提出了从软件质量要素、准则到度量的三个层次上考虑的层次式的软件质量度量模型；后来，国际标准化组织 ISO 9126 提出了软件质量管理（software quality management, SQM）技术，用来评价软件质量。

3. 软件质量保证

软件的质量保证就是向用户及社会提供满意的高质量的产品，确保软件产品从诞生到消亡期间所有阶段的质量的活动，即确定、达到和维护需要的软件质量而进行的所有有计划、有系统的管理活动。它包括的主要工作有：质量保证方针和质量保证标准的制定；质量保证体系的建立和管理；明确各阶段的质量保证工作；各阶段的质量评审；确保设计质量；重要质量问题的提出与分析；总结实现阶段的质量保证活动；整理面向用户的文档、说明书等；产品质量鉴定；质量信息的收集、分析和使用；等等。

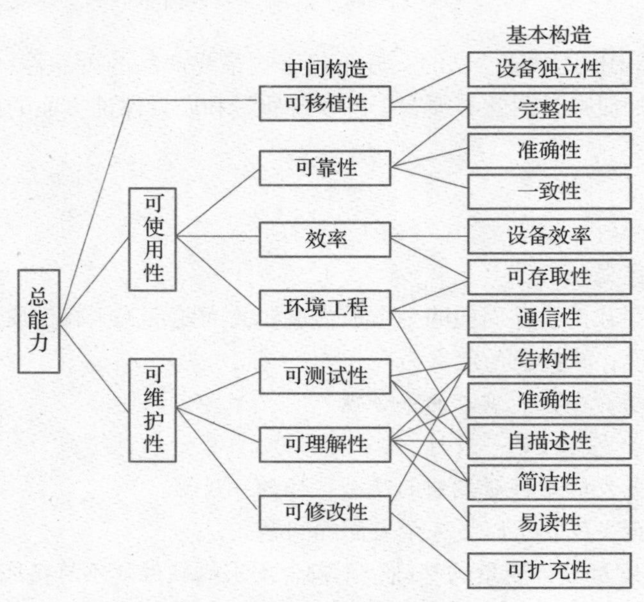

图 8-1　Boehm 软件质量度量的层次模型

（1）质量保证的策略

质量保证策略的发展大致可以分为 3 个阶段。

① 以检测为重。产品生产后才进行检测，这种检测只能判断产品的质量，不能提高产品质量。

② 以过程管理为重。把质量保证工作重点放在过程管理上，对制造过程的每一道工序都进行质量控制。

③ 以新产品开发为重。许多产品的质量源于新产品的开发设计阶段，因此在产品开发设计阶段就应采取有力措施来消灭由于设计原因而产生的质量隐患。由此可见，软件质量保证应从产品计划和设计开始，直到投入使用和售后服务的软件生存周期的每一阶段中的每一步骤。

（2）质量保证的主要任务

为了提高软件的质量，软件质量保证的任务大致可归结为以下几点：

① 正确定义用户要求。软件质量保证人员必须正确定义用户的要求，必须十分重视全体开发人员收集和积累的有关用户业务领域的各种业务资料和技术技能。

② 技术方法的应用。开发新软件的方法，普遍公认的成功方法就是软件工程学的方法。因此应当在开发新软件的过程中大力推行和使用软件工程学中所介绍的开发方法和工具，标准化、设计方法论、工具化、自动化等都属此列。

③ 提高软件开发的工程能力。只有高水平的软件工程能力，才能生产出高质量的软件产品。因此必须在软件开发环境或软件工具箱的支持下，运用先进的开发技术、工具和管理方法，提高开发软件的能力。

④ 软件的复用。利用已有的软件成果是提高软件质量和软件生产率的重要途径。为此，不应只考虑如何开发新软件，还应考虑哪些已有软件可以复用，并在开发过程中随时考虑所开发软件的复用性。

⑤ 发挥每个开发者的能力。软件生产是人的智力生产活动，依赖于开发组织团队的能力。开发者必须学习各专业的业务知识、生产技术和管理技术等。管理者或产品服务者要制订技术培训计划、技术水平标准，以及适用于将来需要的中长期技术培训计划。

⑥ 组织外部力量协作。一个软件自始至终由一家软件开发单位来开发也许是最理想的，但在现实中往往难以做到。因此需要改善对外协作部门对软件开发的管理，必须明确规定进度管理、质量管理、交接检查、维护体制等各方面的要求，建立跟踪检查的机制。

⑦ 排除无效劳动。最大的无效劳动是因需求规格说明有误、设计有误而造成的返工。定量记录返工工作量，收集和分析返工劳动花费的数据非常重要。另一种较大的无效劳动是重复劳动，即相似的软件在几个地方同时开发。这多是因软件开发计划不当，或者开发信息不流畅造成的。为此，要建立互相交流往来通畅、具有横向交流特征的信息流通网。

⑧ 提高计划和管理质量。对于大型软件项目来说，提高工程项目管理能力极其重要。必须重视项目开发初期计划阶段的项目计划评价，计划执行过程中及计划完成报告的评价，将评价、评审工作在工程实施之前就归纳到整个开发工程的工程计划之中。

（3）质量保证与检验

软件质量必须在设计和实现过程中加以保证。如果工程能力不足，或者由于各种失误导致产生软件差错，最终将引发软件失效。为了确保每个开发过程的质量，防止把软件差错传递到下一个过程，必须进行质量检验。因此须在软件开发工程的各个阶段实施检验。检验的实施有两种形式：实际运行检验（即白盒测试和黑盒测试）和鉴定，这两种形式可在各开发阶段中结合起来使用。

8.1.2 质量度量模型

下面是几个影响较大的软件质量模型。

1. McCall 质量度量模型

这是麦考尔等人于 1979 年提出的软件质量模型，针对面向软件产品的运行、修正、转移。软件质量概念包括 11 个特性。各个质量特性直接进行度量是很困难的，在有些情况下甚至是不可能的。因此，麦考尔定义了一些评价准则，使用它们对反映质量特性的软件属性分级，以此来估计软件质量特性的值。软件属性一般分级范围从 0（最低）到 10（最高）。

2. ISO 的软件质量评价模型

1991 年发布的 ISO/IEC 9126 标准分为两部分：ISO/IEC 9126（软件产品质量）和 ISO/IEC 14598（软件产品评价）。2011 年发布了软件质量标准 ISO/IEC 25010:2011。目前，对

应的国家标准为《系统与软件工程 系统与软件质量要求和评价（SQuaRE） 第10部分：系统与软件质量模型》(GB/T 25000.10—2016)。

产品质量模型将系统/软件产品质量属性划分为8个特性：功能性、性能效率、兼容性、易用性、可靠性、信息安全性、维护性和可移植性等。每个特性由一组相关子特性组成，如图8-2所示。

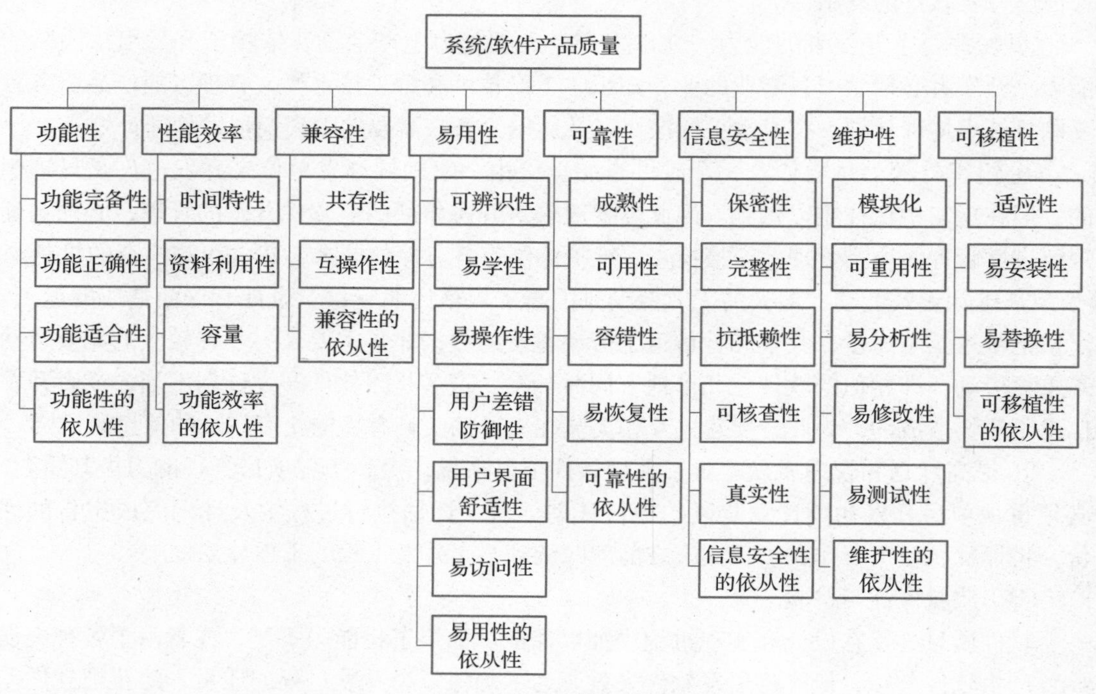

图 8-2 产品质量模型

8.1.3 软件复杂性

1. 软件复杂性的基本概念

软件度量的一个重要分支就是软件复杂性度量。对于软件复杂性，至今尚无一种公认的精确定义。软件复杂性与质量属性有着密切的关系，从某些方面反映了软件的可维护性、可靠性等质量要素。软件复杂性度量的参数有很多，主要的几个参数如下：

- 规则，即总共的指令数，或源程序行数。
- 难度，通常由程序中出现的操作数的数目所决定的量来表示。
- 结构，通常用与程序结构有关的度量来表示。
- 智能度，即算法的难易度。

软件复杂性主要表现在程序的复杂性。程序的复杂性主要指模块内程序的复杂性。它直接关系到软件开发费用的多少、开发周期的长短和软件内部潜藏错误的多少，同时也是软件可理解性的另一种度量。

减少程序复杂性，可提高软件的简单性和可理解性，并使软件开发费用减少，开发周期缩短，软件内部潜藏错误减少。为了度量程序复杂性，要求复杂性度量满足以下假设。

- 可以用来计算任何一个程序的复杂性。
- 对于不合理的程序，例如，对于长度动态增长的程序，或者对于原则上无法排错的程序，不应当用它进行复杂性计算。
- 如果程序中指令条数、附加存储量、计算时间增多，不会减少程序的复杂性。

2. 软件复杂性的度量方法

程序复杂性的度量方法有多种，常见和常用的主要有下面的两种。

（1）代码行度量法

要度量程序的复杂性，最简单的方法就是统计程序的源代码行数。此方法的基本考虑是统计一个程序的源代码行数，并以源代码行数作为程序复杂性的度量。

每行代码的出错率为每 100 行源程序中可能的错误数目，例如，每行代码的出错率为 1%，则是指每 100 行源程序中可能有一个错误。著名的需求工程设计师塞耶（Thayer）曾指出，程序出错率的估算范围是 0.04% ～ 7%，即每 100 行源程序中可能存在 0.04 ～ 7 个错误。他还指出，每行代码的出错率与源程序行数之间不存在简单的线性关系。利波（Lipow）进一步研究后指出，对小程序，每行代码的出错率为 1.3% ～ 1.8%；对于大型程序，每行代码的出错率增加到 2.7% ～ 3.2%，但这只是考虑了程序的可执行部分，没有包括程序中的说明部分。利波及其他研究者得出一个结论：对于少于 100 行语句的小程序，源代码行数与出错率是线性相关的。随着程序的增大，出错率以非线性方式增长。代码行度量法只是一个简单的、很粗糙的方法。

（2）McCabe 度量法

McCabe 度量法是由托马斯·麦凯布（Thomas McCabe）提出的一种基于程序控制流的复杂性度量方法。McCabe 复杂性度量又称环路度量，它认为程序的复杂性很大程度上取决于控制的复杂性。单一的顺序程序结构最为简单，循环和选择所构成的环路越多，程序就越复杂。这种方法以图论为工具，先画出程序图，然后用该图的环路数作为程序复杂性的度量值。程序图是退化的程序流程图。也就是说，把程序流程图中每个处理符号都退化成一个节点，原来连接不同处理符号的流线变成连接不同节点的有向弧，这样得到的有向图就叫作程序图。

程序图仅描述程序内部的控制流程，完全不表现对数据的具体操作，以及分支和循环的具体条件。因此，它往往把一个简单的 if 语句与循环语句的复杂性看成是一样的，把嵌套的 if 语句与 switch 语句的复杂性看成是一样的。下面给出计算环路复杂性的方法，图 8-3 为一个程序图。

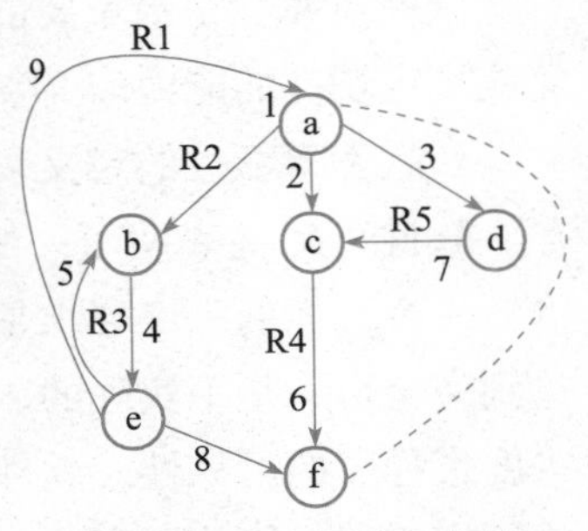

图 8-3 程序图的复杂性

根据图论，在一个强连通的有向图 G 中，环的个数 $V(G)$ 由以下公式给出：

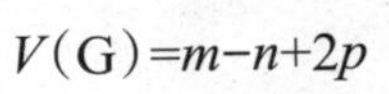

$$V(G)=m-n+2p$$

其中，$V(G)$ 是有向图 G 中环路数，m 是图 G 中的弧数，n 是图 G 中的节点数，p 是图 G 中的强连通分量个数。在一个程序中，从程序图的入口点总能到达图中任何一个节点，因此程序总是连通的，但不一定是强连通的。为了使图成为强连通图，从图的入口点到出口点加一条用虚线表示的有向边，使图成为强连通图。这样就可以使用上式计算环路复杂性了。

以图 8-3 所给出的程序图为例，其中，结点数 n=6，弧数 m=9，p=1，则有

$$V(G)=m-n+2p=9-6+2=5$$

即 McCabe 环路复杂度度量值为 5。这里选择的 5 个线性无关环路为（abefa)、（beb)、（abea)、（acfa)、（adcfa)，其他任何环路都是这 5 个环路的线性组合。

当分支或循环的数目增加时，程序中的环路也随之增加，因此 McCabe 环路复杂度量值实际上是为软件测试的难易程度提供了一个定量度量的方法，同时也间接地表示了软件的可靠性。实验表明，源程序中存在的错误数以及为了诊断和纠正这些错误所需的时间与 McCabe 环路复杂度度量值有明显的关系。

利用 McCabe 环路复杂度度量时，有几点需要说明。

① 环路复杂度取决于程序控制结构的复杂度。当程序的分支数目或循环数目增加时，其复杂度也增加。环路复杂度与程序中覆盖的路径条数有关。

② 环路复杂度是可加的。例如，模块 A 的复杂度为 3，模块 B 的复杂度为 4，则模块 A 与模块 B 的复杂度为 7（3+4）。

③ McCabe 建议，对于复杂度超过 10 的程序应分成几个小程序，以减少程序中的错误。

④ 这种度量方法的缺点如下：

- 对于不同种类的控制流的复杂性不能区分。
- 简单 if 语句与循环语句的复杂性被同等看待。
- 嵌套 if 语句与简单 case 语句的复杂性是一样的。
- 一个具有 1 000 行的顺序程序与一行语句的复杂性相同。

尽管 McCabe 环路复杂度度量法有许多缺点，但它容易使用，而且在选择方案和估计排错费用等方面都是很有效的。

8.1.4 软件可靠性

软件可靠性是最重要的软件特性之一。通常用它来衡量在规定的条件和时间内，软件完成规定功能的能力。

1. 软件可靠性的定义

软件可靠性表明了一个程序按照用户的要求和设计的目标，执行基本功能的正确程度。一个可靠的程序要求是正确的、完整的、一致的和健壮的。但在现实中，一个程序要达到完全可靠是不实际的，要精确地度量它也不现实。在一般情形下，只能通过程序测试去度量程序的可靠性。软件可靠性是指：在给定的时间内、在规定的环境条件下，系统完成所指定的功能的概率。

2. 软件可靠性的指标

软件可靠性的定量指标，是指能够以数字概念来描述可靠性的数学表达式中所使用的量。人们常借用硬件可靠性的定量度量方法来度量软件的可靠性。下面主要介绍常用的两项指标——平均失效等待时间（mean time to failure, MTTF）与平均失效间隔时间（mean time between failures, MTBF）。

（1）MTTF

假如对 n 个相同的系统（硬件或者软件）进行测试，它们的失效时间分别是 $t_1,t_2,\cdots,t_n$，则平均失效等待时间 MTTF 定义为：

$$\text{MTTF}=\frac{1}{n}\sum_{i=1}^{n}t_i$$

对于软件系统来说，这相当于同一系统在 n 个不同的环境（即使用不同的测试用例）下进行测试。因此，MTTF 是一个描述失效模型或一组失效特性的指标量。这个指标的目标值应由用户给出，在需求分析阶段纳入可靠性需求，作为软件规格说明提交给开发部门。在运行阶段，可把失效率函数 $\lambda(t)$ 视为常数 λ，则平均失效等待时间 MTTF 是失效率 λ 的倒数：MTTF=$1/\lambda$。

（2）MTBF

MTBF 是平均失效间隔时间，它是指两次相继失效之间的平均时间。在实际使用时，MTBF 通常是指当 n 很大时，系统第 n 次失效与第 n+1 次失效之间的平均时间。对于失效率 $\lambda(t)$ 为常数和平均修复时间（mean time to repair, MTTR）很短的情况，MTTF 与 MTBF 几乎相等。

3. 软件可靠性模型

软件可靠性是软件最重要的质量要素之一。可靠性度量方法之一是它的稳定可用程度，用其错误出现和纠正的速率来表示。令 MTTF 是机器的平均无故障时间，MTTR 是错误的平均修复时间，则机器的稳定可用性可定义为：

A=MTTF/（MTTF+MTTR）

在对软件可靠性的数学理论的研究中已经产生了一些不错的可靠性模型，软件可靠性模型通常分为以下几类：

- 由硬件可靠性理论导出的模型。
- 基于程序内部特性的模型。
- 植入模型。

硬件可靠性工作的模型通常会设定一些假设条件，这些假设如下：

- 错误出现之间的调试时间与错误出现率呈指数分布，错误出现率和剩余错误成正比。
- 每个错误一经发现，立即排除。
- 错误之间的故障率为常数。

对软件来说，每个假设的合法性可能还是个问题。例如，纠正一个错误的同时可能不小心而引入另一些错误，这样第二个假设显然并不总是成立。根据软件复杂性度量函数给出的定量关系，这类模型建立了程序的面向代码的属性（如操作符和操作数的数目）与程序中错误的初始估计数字之间的关系，因此，基于程序内部特性的可靠性模型可以计算出存在于软件中的错误的预计数。

植入可靠性模型是在软件中“植入”已知的错误，并计算发现的植入错误数与发现的实际错误数之比。随机将一些已知的带标记的错误植入程序，在历经一段时间的测试之后，假定植入错误和程序中的残留错误都可以同等难易地被测试到，就可求出程序中尚未发现的残留错误总数。这种模型依赖于测试技术，而且如何判定哪些错误是程序的残留错误，哪些是植入带记号的错误，并不是一件容易的事。还需注意的是，植入带标记的错误有可能导致新的错误。

还有其他一些软件可靠性模型，如外延式模型等。关于软件可靠性模型的研究工作尚在发展之中。

8.1.5 软件评审

人的认识不可能100%符合客观实际，因此在软件生存周期的每个阶段的工作中都可能有人为的错误。在某一阶段中出现的错误，如果得不到及时纠正，就会传播到开发的后续阶段中去。因此，在后续阶段都要采用评审的方法，以发现软件中的缺陷，然后加以改正。通常，把“质量”理解为“用户满意程度”。为使用户满意，通常有两个必要条件。

- 条件一，设计的规格说明书要符合用户的要求。
- 条件二，程序要按照设计规格说明所规定的情况正确执行。

把上述条件一称为“设计质量”，条件二称为“程序质量”。过去多把程序质量当作设计质量，但优秀的程序质量是构成好的软件质量的必要条件，而不是充分条件。

软件的规格说明分为外部规格说明和内部规格说明。外部规格说明是从用户角度来看的规格说明，包括硬件/软件系统设计（在分析阶段进行）、功能设计（在需求分析阶段与系统设计阶段进行）。内部规格说明是为了实现外部规格的更详细的规格说明，即软件模块结构与模块处理过程的设计（在系统设计与详细设计阶段进行）。因此，内部规格说明是从开发者角度来看的规格说明。将上述两个概念联系起来，设计质量是由外部规格说明决定的，程序质量是由内部规格说明决定的。

1. 设计质量的评审内容

设计质量评审的对象是在需求分析阶段产生的软件需求规格说明、数据需求规格说明，在软件系统设计阶段产生的软件系统设计说明等。对这些内容通常需要从多方面进行评审。

① 评价软件的规格说明是否合乎用户的要求，即总体设计思想和设计方针是否明确；需求规格说明是否得到了用户或单位上级机关的批准；需求规格说明与软件的系统设计规格说明是否一致等。

② 评审可靠性，即是否能避免输入异常（错误或超载等）、硬件失效及软件失效所产生的失效，一旦发生应能及时采取代替手段或恢复手段。

③ 评审保密措施实现情况，即是否提供对使用系统资格进行检查。例如，对特定数据的使用资格、特殊功能的使用资格进行检查，在查出有违反使用资格的情况后，能否向系统管理人员报告有关信息；是否提供对系统内重要数据加密的功能等。

④ 评审操作特性实施情况，即操作命令和操作信息的恰当性。例如，输入数据与输入控制语句的恰当性；输出数据的恰当性；应答时间的恰当性等。

⑤ 评审性能实现情况，即是否达到所规定性能的目标值。

⑥ 评审软件是否具有可修改性、可扩充性、可互换性和可移植性。

⑦ 评审软件是否具有可测试性。

⑧ 评审软件是否具有复用性。

2. 程序质量的评审内容

程序质量评审通常是从开发者的角度进行评审，直接与开发技术有关。它是着眼于软件本身的结构、与运行环境的接口，以及变更带来的影响而进行的评审活动。

（1）软件的结构

为了使软件能够满足设计规格说明中的要求，软件的结构本身必须是优秀的。检查软件的结构主要包括功能结构、功能的通用性、模块的层次、模块结构、处理过程的结构等几方面的内容。

① 功能结构。在软件的各种结构中，功能结构是用户唯一能见到的结构。功能结构可以说是联系用户跟开发者的规格说明，在软件的设计中占有极其重要的地位。在讨论软件的功能结构时，首先必须明确软件的数据结构。需要检查的项目主要有：

- 数据结构：包括数据名和定义；构成该数据的数据项；数据与数据间的关系等。
- 功能结构：包括功能名和定义；构成该功能的子功能；功能与子功能之间的关系等。
- 数据结构和功能结构之间的对应关系：包括数据元素与功能元素之间的对应关系；数据结构与功能结构的一致性等。

② 功能的通用性。在软件的功能结构中，某些功能有时可以作为通用功能反复多次出现。从功能便于理解、增强软件的通用性及降低开发的工作量等观点出发，应尽可能地使功能通用化。检查功能通用性的项目包括：抽象数据（包括抽象数据的名称和定义，抽象数据构成元素的定义等）和抽象功能结构。

③ 模块的层次。模块的层次是指程序的模块结构。因为模块是功能的具体体现，所以模块层次应当根据功能层次来设计。

④ 模块结构。模块的层次结构是指模块的静态结构，这里要检查的是模块间的动态结构。模块一般可分为处理模块和数据模块两类。模块间的动态结构也与这些模块分类有关。对这样的模块动态结构进行检查的项目有：

- 控制流结构：它规定了处理模块之间的流程关系。检查控制流结构就是检查处理模块之间的控制转移关系与控制转移形式（调用方式）。
- 数据流结构：它规定了数据模块是如何被处理及模块进行加工的流程关系。检查数据流结构就是检查处理模块与数据模块之间的对应关系；处理模块与数据模块之间的存取关系，如执行建立、删除、查询、修改等操作后数据模块与处理模块之间的对应关系与存取关系。

- 模块结构与功能结构之间的对应关系：主要包括功能结构与控制流结构的对应关系；功能结构与数据流结构的对应关系；每个模块的定义（包括功能、输入与输出数据）等。

⑤ 处理过程的结构。处理过程是最基本的加工逻辑过程。对它的检查项目有：

- 模块的功能结构与实现这些功能的处理过程的结构应明确对应。
- 控制流应是结构化的。
- 数据的结构与控制流之间的对应关系应是明确的，并且可依这种对应关系来明确数据流程的关系。
- 用于描述的术语标准化。

（2）与运行环境的接口

运行环境包括硬件、其他软件和用户。与运行环境的接口应设计得比较理想，且对环境的改变要有预见性。一旦要变更时，应尽量限定其变更范围和变更所影响的范围。对于与运行环境的接口，要检查的项目主要有：

- 与硬件的接口：包括与硬件的接口约定，即根据硬件的使用说明等所做出的规定；硬件故障时的处理和超载时的处理等。
- 与用户的接口：包括与用户的接口规定；输入数据的结构；输出数据的结构；异常输入时的处理；超载输入时的处理；用户存取资格的检查等。

（3）运行环境变更带来的影响

随着软件运行环境的变更，软件的规格也在跟着不断地变更。运行环境变更时的影响范围需要从三个方面来分析。

① 与运行环境的接口。

② 在每项设计工程规格内的影响。

③ 在设计工程相互间的影响。

上述①是变更的重要原因，而②是在每个软件结构范围内的影响。例如，若是改变某一功能，则与之相联系的父功能和它的子功能都会受到影响；若要变更某一模块，则调用该模块的其他模块都会受到影响。此外，③是指不同种类的软件结构相互间的影响。例如，当改变某一功能时，就会影响到模块的层次及模块的结构，这些多模块的处理过程都将受到影响。

8.1.6 软件容错技术

提高软件质量和可靠性的技术大致可分为两类：一类是避开错误（fault-avoidance）技术，即在开发的过程中不让差错带入软件的技术；另一类是容错（fault-tolerance）技术，即对某些无法避开的差错，使其影响减至最小的技术。避开错误技术是进行质量管理以

实现产品应有质量所必不可少的技术。无论使用多么高明的避开错误技术，也无法做到完美无缺和绝无错误，这就需要采用即使错误发生时也不影响系统的特性的容错技术，或即使错误发生时对用户影响也限制在某些允许的范围内。一些高可靠性、高稳定性的系统，例如飞机导航控制系统、医院疾病诊断系统、银行网络系统等，都非常重视应用容错技术。

1. 容错软件的定义

对容错软件的定义，归纳起来有以下 4 种：

- 具有规定功能的软件在一定程度上对自身错误的作用（软件错误）具有屏蔽能力，则称此软件为具有容错功能的软件，即容错软件。
- 具有规定功能的软件在一定程度上能从错误状态自动恢复到正常状态，则称之为容错软件。
- 具有规定功能的软件在发生错误时，仍然能在一定程度上完成预期的功能，则把该软件称为容错软件。
- 具有规定功能的软件在一定程度上具有容错能力，则称之为容错软件。

2. 容错的一般方法

实现容错技术的主要手段是冗余。冗余是指实现系统规定功能时多余的那部分资源，包括硬件、软件、信息和时间等资源。由于加入了这些资源，有可能使系统的可靠性得到较大的提高。通常，冗余技术可分为 4 类：结构冗余、信息冗余、时间冗余和冗余附加技术等。

（1）结构冗余

通常采用的冗余技术大多是结构冗余。结构冗余按其工作方式可分为静态、动态和混合冗余 3 种。

① 静态冗余。常用的有三模冗余（triple module redundancy, TMR）和多模冗余。静态冗余通过表决和比较来屏蔽系统中出现的错误。如三模冗余，是对 3 个功能相同但由不同的人采用不同的方法开发出来的模块的运行结果，通过表决以多数结果作为系统的最终结果，即如果模块中有一个出错，这个错误能够被其他模块的正确结构“屏蔽”。由于无须对错误进行特别的测试，也不必进行模块的切换就能实现容错，故称为静态容错。

② 动态冗余。动态冗余的主要方式是多重模块待机储备，当系统检测到某工作模块出现错误时，就用一个备用的模块来顶替它并重新运行。这里需要有检测、切换和恢复过程，故称其为动态冗余。每当一个出错模块被其备用模块顶替后，冗余系统相当于进行了一次重构。各备用模块在其待机时，可与主模块一样工作，也可不工作。前者叫作热备份系统，后者叫作冷备份系统。在热备份系统内，备用模块在待机过程中的失效率为 0。

③ 混合冗余。它兼有静态冗余和动态冗余的长处。

（2）信息冗余

为检测或纠正信息在运算中的错误而需增加一部分信息，这种现象称为信息冗余。在通信和计算机系统中，信息常以编码的形式出现。采用奇偶码、循环码等冗余码制式就可以发现甚至纠正这些错误。为了达到此目的，这些码（统称误差校正码）的码长远超过不考虑误差校正时的码长，增加了计算量和信道占用的时间。

（3）时间冗余

时间冗余是指以重复执行指令（指令复执）或程序（程序复算）来消除瞬时错误带来的影响。对于重复执行不成功的情况，通常的处理办法是发出中断，输入错误处理程序，或对程序进行复算，或重新组合系统，或放弃程序处理。在程序复算中较常用的方法是程序回滚（program rollback）技术。

（4）冗余附加技术

冗余附加技术是指为实现上述冗余技术所需的资源和技术，包括程序、指令、数据、存放和调动它们的空间和通道等。在没有容错要求的系统中，它们是不需要的；但在容错系统中，它们是必不可少的。

在屏蔽硬件错误的冗错技术中，冗余附加技术一般包括以下两类：

- 关键程序和数据的冗余存储和调用。
- 检测、表决、切换、重构、纠错和复算的实现。

由于硬件出错可能对软件造成破坏作用，如导致进程混乱或数据丢失等，因此对其采取预防性的冗余存储措施是十分必要的。

在屏蔽软件错误的冗错系统中，冗余附加技术的构成一般包括：

- 冗余备份程序的存储及调用。
- 实现错误检测和错误恢复的程序。
- 实现容错软件所需的固化程序。

容错消耗了资源，但换来了对系统正确运行的保护。这与那种由于设计不当而造成资源浪费的冗余是不同的。

3. 容错软件的设计过程

容错系统的设计过程一般包括四个步骤。

① 按设计任务要求进行常规设计，尽量保证设计的正确性。按常规设计得到非容错结构，它是容错系统构成的基础。在结构冗余中，不论是主模块还是备用模块的设计和实现，都要在费用许可的条件下，尽可能提高可靠性。

② 对可能出现的错误进行分类，确定实现容错的范围。对可能发生的错误进行正确的判断和分类。例如，对于硬件的瞬时错误，可以采用指令复执或程序复算；对于永久错误，则需要采用备份替换或者系统重构。对于软件来说，只有最大限度地弄清错误发生和暴露的规律，才能正确地判断和分类，实现成功的容错。

③ 按照“成本－效率”最优原则，选用某种冗余手段（结构、信息、时间）来实现对各类错误的屏蔽。

④ 分析或验证上述冗余结构的容错效果。如果效果没有达到预期，则应重新进行冗余结构设计。如此反复，直到有一个满意的结果为止。

8.2 软件工程管理的内容

软件工程管理的具体内容包括对开发人员、组织机构、用户、文档资料等方面的管理。

1. 开发人员

软件开发人员一般分为：项目负责人、系统分析员、高级程序员、初级程序员、资料员和其他辅助人员。根据项目的规模大小，有可能一人身兼数职，但职责必须明确。不同职责的人，要求的素质不同。如项目负责人需要有组织能力、判断能力和对重大问题能作出决策的能力；系统分析员需要有概括能力、分析能力和社交活动能力；程序员需要有熟练的编程能力等。人员要少而精，选人要慎重。软件生存周期各个阶段的活动既要有分工又要互相联系。因此，要求选择的各类人员既要能胜任工作，又要能相互很好地配合。没有一个和谐的工作环境很难完成一个复杂的软件项目。

2. 组织机构

组织机构不等于开发人员的简单集合。这里所说的组织机构要有好的组织结构、合理的人员分工及有效的通信。软件开发的组织机构没有统一的模式。下面简单介绍主程序员组织、专家组织、民主组织三种常见的组织机构。

① 主程序员组织机构。它主要由一位高级工程师（主程序员）主持计划、协调和复审全部技术活动；一位辅助工程师协助主程序员工作，在必要时代替主程序员工作；还有若干名技术人员，负责分析和开发活动；可以有一位或几位专家和一位资料员协助软件开发机构的工作。资料员非常重要，负责保管和维护所有的软件文档资料，帮助收集软件的数据，并在研究、分析、评价文档资料的准备方面从事协助工作。主程序员的制度突出了主程序员的领导，责任集中在少数人身上，有利于提高软件质量。

② 专家组织机构。它是由若干专家组成一个开发机构，强调每个专家的才能，充分发挥每个专家的作用。这种组织机构虽然能发挥所有工作人员的积极性，但有可能出现协调上的困难。

③ 民主组织机构。民主组织由从事各方面工作的人员轮流担任组长。这种组织机构易调动积极性和个人的创造性，但由于过多地进行组长信息“转移”，不符合软件工程化的方向。

3. 用户

软件是为用户开发的，在开发过程中自始至终必须得到用户的密切合作和支持。作为项目负责人，要特别注意与用户保持联系，掌握用户的心理和动态，防止来自用户的各种干扰和阻力。来自用户的干扰和阻力主要有以下几个：

① 不积极配合。当用户对采用先进技术持怀疑态度，或担心影响其现有工作时，可能会表现出抵触情绪，从而在行动上显得消极、漠不关心。在需求分析阶段，争取这部分

用户的理解和支持至关重要，只有通过他们中的业务骨干才能真正了解用户的需求。

② 求快求全。对使用软件持积极态度的用户可能希望新系统尽快上线。需要让他们理解，开发一个软件项目不是一朝一夕就能完成的，软件工程不是靠人海战术就能加快的工程。同时，还要使他们认识到，计算机软件并不是万能的，有些杂乱无章的、随机的、没有规律的事物，软件可能无法处理。另外，即使软件能够处理的事情，系统也不可能一开始就覆盖所有需求。

③ 功能变化。在软件开发过程中，用户可能会不断提出新的需求或修改以前提出的需求。虽然从软件工程的角度不希望有这种变化，但实际上，不允许用户提出变动的要求是不可能的。一方面，每个人对新事物都有一个认识过程，不可能一下子提出全面的、正确的要求；另一方面，还要考虑与用户的关系。对于用户的这种变化需求，应正确对待，向用户解释软件工程的规律，并在可能的条件下部分或有条件地满足其合理要求。

4. 文档资料

软件工程管理很大程度上是通过对文档资料进行管理而实现的。因此，要把开发过程中的初步设计、中间过程、最后结果等环节形成一套完整的文档资料。文档标准化是文档管理的重要方面。

5. 控制

控制包括进度控制、人员控制、经费控制和质量控制。为保证软件开发按预定的计划进行，开发过程要以计划为基础实施。由于软件产品的特殊性和软件工程的不成熟，制订软件进度计划比较困难。通常把一个大的开发任务分为若干期工程，然后再制订各期工程的具体计划，这样才能保证计划切实可行，便于控制。在制订计划进度时要适当留有余地。

8.3 软件项目计划

在软件项目管理过程中，一个关键的活动是制订项目计划，它是软件开发工作的第一步。项目计划的目标是为项目负责人提供一个框架，使之能合理地估算软件项目开发所需的资源、经费和开发进度，并控制软件项目开发过程按此计划进行。

8.3.1 软件项目计划的概念

软件项目计划是由系统分析员与用户共同经过“可行性研究与计划”阶段后制订的，是可行性研究阶段的结果产品。但由于可行性研究是在高层次进行系统分析，未能考虑软件系统开发的细节情况，因此软件项目计划一般是在需求分析阶段完成后才定稿的。

在做计划时，必须就需要的人力、项目持续时间及成本作出估算，这种估算通常是基于以往项目的经验数据。软件项目计划包括两个任务：研究与估算。通过研究确定该软件项目的主要功能、性能和系统界面。估算是在软件项目开发前，估算项目开发所需的经

费、所要使用的资源以及开发进度等。

在做软件项目估算时往往存在某些不确定性，使得软件项目管理人员无法正常进行管理而导致迟迟不能完成。现在所使用的方法一般是时间和工作量估算法。因为估算是所有其他项目计划活动的基石，且项目计划又为软件工程过程提供了工作方向，所以不能没有计划就开始着手开发，如果那样做，将会使项目开发陷入盲目性。

8.3.2　软件项目计划的内容

软件项目计划的内容包括范围、资源、进度安排、成本估算和培训计划等方面。

（1）范围

范围是对该软件项目的综合描述，定义其所要做的工作以及性能限制，它包括以下内容：

- 项目目标：说明项目的目标与要求。
- 主要功能：给出该软件的重要功能描述，该描述只涉及高层及较高层的系统逻辑模型。
- 性能限制：描述总的性能特征及其他约束条件（如主存、数据库、通信速率和负荷限制等）。
- 系统接口：描述与此项目有关的其他系统成分及其关系。
- 特殊要求：指对可靠性、实时性等方面的特殊要求。
- 开发概述：概括说明软件开始过程各阶段的工作，重点集中于需求定义、设计和维护。

（2）资源

- 人员资源：要求的人员数（系统分析员、高级程序员、程序员、操作员、资料员和测试员）；各类人员工作的时间阶段。人员在各个阶段的参加程度如图 8-4 所示。
- 硬件资源：指软件项目开发所需的硬件支持和测试设备等。
- 软件资源：指软件项目开发所需的支持软件和应用软件，如各种开发和测试的软件工具包、操作系统和数据库软件等。

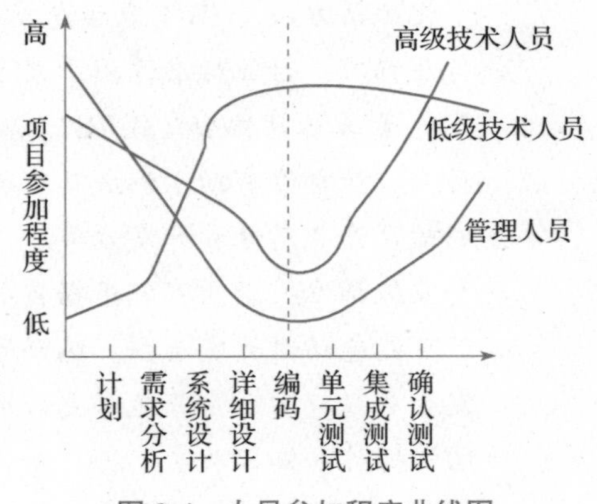

图 8-4　人员参加程度曲线图

（3）进度安排

进度安排的好坏往往会影响整个项目能否按期完成，因此这一环节十分重要。制定软件进度与其他工程没有很大的区别，其主要的方法有：

- 工程网络图。
- 甘特（Gantt）图。

- 任务资源表。

（4）成本估算

为使开发项目能在规定的时间内完成，且不超过预算，成本估算是很重要的。软件成本估算比较复杂，可以参考各方面已有的方法。

（5）培训计划

为用户各级人员制订培训计划。

8.3.3 制定软件工程规范

软件工程规范的制定和实施在软件项目管理中起着至关重要的作用，它能够引导项目团队按照统一标准进行工作，确保软件产品的质量和项目的顺利进行。软件工程规范不仅涉及开发实践，还包括文档管理、质量保障、技术与管理标准等多个方面。

软件工程规范可选用现成的各种规范，也可自己制定。目前软件工程规范可分为三级：国家标准与国际标准，行业标准与工业部门标准，企业级标准与开发小组级标准。下面简要介绍几个在软件工程领域内常见和常用的规范标准。

- 国家标准：根据《国家标准管理办法》及相关资料，国家标准包括专业基础标准、过程标准、质量标准、技术与管理标准、工具与方法标准、数据标准等六大类。这些标准的目的在于提供全国范围内统一的技术要求，包括通用的技术术语、资源、能源、环境的通用技术要求等。国家标准又分为强制性标准和推荐性标准，强制性国家标准用于保障人身健康、生命财产安全等，而推荐性标准则提供了行业指导。如 GB/T 36964—2018《软件工程 软件开发成本度量规范》为软件开发成本提供了量化评估方法（GB/T 表示是推荐标准）。
- 行业标准：行业标准适用于某个特定行业或业务领域内的软件工程实践。例如，电气电子工程师协会（IEEE）发布的标准常用于指导电气和电子行业的软件工程项目。行业标准有助于形成具有行业特色的统一开发流程和质量要求，提升行业内部的软件产品质量和开发效率。
- 企业级标准：企业可以根据自身的特殊需求制定适合自己的软件工程规范。这些规范可能包括对开发流程、编码风格、测试方法以及项目管理等方面的规定。通过制定企业级标准，企业能够更好地控制软件开发的质量和进度，同时促进内部团队之间的协作和知识共享。
- 开发小组级标准：在更小的团队或项目中，开发小组可能会制定自己的规范，以确保团队成员之间能够高效合作，代码易于维护和理解。这类规范可能包括具体的编程规则、代码审查制度、版本控制策略等。

制定了规范，还要有效实施才能起到规范的作用。为了有效实施软件工程规范，可能需要组织有关软件工程规范的培训活动，以提高开发团队人员对规范重要性的认识，并掌握相关知识和技能。同时，对规范的实施效果还应进行定期评估，并根据反馈情况进行适

当的调整和优化。

不同层级的软件工程规范共同构成了软件开发质量的保障体系，每一级别的规范都对软件开发过程的标准化和质量控制起到了重要作用。遵守良好的软件工程规范，可以显著提高软件产品的质量，降低开发成本，提升开发效率，并促进团队间的有效沟通与合作。

8.3.4 软件开发成本估算

为了使开发项目能够在规定的时间内完成，而且不超过预算，成本预算和管理控制是关键。对于一个大型的软件项目，由于项目的复杂性，开发成本的估算不是一件简单的事，要进行一系列的估算处理。一个项目是否开发，从经济上来说是否可行，归根结底取决于对成本的估算。

1. 成本估算方法

成本估算方法有多种，主要的有自顶向下估算方法、自底向上估算方法和差别估算方法。

（1）自顶向下估算方法

估算人员参照以前完成的项目所耗费的总成本（或总工作量），推算将要开发的软件的总成本（或总工作量），然后把它们按阶段、步骤和工作单元进行分配，这种方法称为自顶向下估算方法。

优点：由于对系统级工作的重视，估算中不会遗漏系统级（如集成、用户手册和配置管理之类的事务）的成本估算，且估算工作量小、速度快。

缺点：往往不太清楚低级别上的技术性困难问题，而这些困难可能会使成本上升。

（2）自底向上估算方法

自底向上估算方法是将待开发的软件细分，分别估算每一个子任务所需要的开发工作量，然后将它们加起来，得到软件的总开发量。

优点：每一部分的估算工作交给负责该部分工作的人来做，因此估算较为准确。

缺点：采用这种方法的估算往往缺少与软件开发有关的系统级工作量的估算，如集成、配置管理、质量管理、项目管理等，所以这种方法所做的估算往往偏低。

（3）差别估算方法

差别估算方法是将开发项目与一个或多个已完成的类似项目进行比较，找出与某个相类似项目的若干不同之处，并估算每个不同之处对成本的影响，从而计算出开发项目的总成本。

优点：可以提高估算的准确度。

缺点：不容易明确“差别”的界限。

除了以上三种常被采用的方法外，还有许多其他的估算方法，大致可以分为以下三类：

- 专家估算法：依靠一个或多个专家对项目做出估算，其精确性取决于专家对估算项目的定性参数的了解和他们的经验。
- 类推估算法：它是通过将估算项目的总体参数与类似项目进行直接比较得到估算结果。例如，在自底向上估算方法中，类推是在两个具有相似条件的工作单元之间进行的。

- 算式估算法：专家估算法和类推估算法的缺点在于，它们依靠带有一定盲目性和主观性的猜测对项目进行估算。算式估算法则是力求避免主观因素的影响，使用数学公式，将项目特征（如代码行数、功能点、复杂度等）与历史数据联系起来以预测项目成本。

2. 成本估算模型

成本估算有多种方法，许多方法依赖于经验和推算。对于同一个项目，不同的人往往给出的估算结果差异很大。如果能用数学的方法建立起成本估算模型，将项目的各种特征作为模型的参数，那么估算的结果应该比较准确。而且，用同样的模型进行估算，不同的人得出的结果差异也会较小。好的成本估算模型可以得到比较准确的估算结果，而准确的成本估算对于项目预算控制、资源分配和风险管理至关重要。有多种模型可以用于软件成本估算，这些模型各有特点和适用场景。下面介绍两个常用的软件成本估算模型。

（1）COCOMO 模型

COCOMO 模型（constructive cost model，构造性成本模型）是由美国学者巴利·波姆（Barry Boehm）提出的一个软件成本估计模型。此模型使用一个带参数的回归公式，通过考虑软件项目的多个属性（如代码行数、项目成员经验、复杂度等）来预测项目的开发时间和维护成本。它是一个流行的参数化成本估算模型。

COCOMO 模型分为三个级别：基本、中级和详细，分别适用于不同阶段的估算需求。基本 COCOMO 模型使用简单的线性关系公式，实现对整个软件系统的成本估算；而中级和详细模型则引入更多详细的项目参数，以提供更精确的估算。中级 COCOMO 模型，是一个静态多变量模型，它将软件系统模型分为系统和部件两个层次，系统是由部件构成的，它把软件开发所需成本看作是程序大小和一系列“成本驱动属性”的函数，用于部件级的估算，它所做的估算更精确些；详细 COCOMO 模型则将软件系统模型分为系统、子系统和模块 3 个层次，它除了包括中级模型中所考虑的因素之外，还考虑了需求分析、软件设计等每一步的成本驱动属性的影响，估算结果会比中级 COCOMO 模型更精确一些。这个模型特别适用于需要快速且较为准确估算的情景。

（2）功能点分析模型

功能点分析是一种基于软件功能大小的估算方法。它考虑了软件的功能性需求，而不是代码的具体实现细节，也就是说，它是依据用户需求而非代码量来估算软件的大小和复杂性，进而估算成本的。在这种方法中，开发者会计算软件系统的功能点数，然后使用历史数据将功能点数转换为对工作量和成本的估算。功能点分析模型尤其适用于那些需求已经相对明确且可以通过用户功能来度量的项目。

8.3.5 风险分析

每当建立一个计算机应用系统程序时，总是存在某些不确定性。常见的不确定性有：是否能准确地理解用户的要求，在项目结束之前要求的功能能否实现，是否存在目前仍未

发现的技术难题，是否会因某些变更造成项目严重错误等。

风险分析在软件项目管理中扮演着至关重要的角色，然而令人遗憾的是，当前仍有许多项目在未充分考虑风险的情况下就着手启动。实际上，风险分析是贯穿在软件工程中的一系列风险管理步骤，涵盖了风险识别、风险估计、风险管理策略制定、风险解决以及风险监督等环节。通过风险分析，人们能够主动“迎战”潜在风险。

8.3.6　软件项目进度安排

每个软件项目都需要精心制定一个进度安排，但并不是所有项目的进度安排都应一致。在制定进度时，需要考虑以下几个因素：如何预先规划进度；如何确保工作顺利进行；如何准确识别并定义任务；管理人员如何控制项目的最终期限，如何识别和监控关键路径以保证项目按时完成；如何衡量进度以及如何设立分阶段任务的里程碑。这些都是确保项目按计划顺利推进的关键要素。

软件项目的进度安排与任何一个工程项目的进度安排没有实质上的不同。首先识别一组项目任务，建立任务之间的相互关联，然后估算各个任务的工作量，分配人力和其他资源，指定进度时序。

1. 软件开发任务的并行性

当软件项目有多人参加时，多个开发者的活动将并行进行，图 8-5 展示的是典型的软件开发任务的并行图。

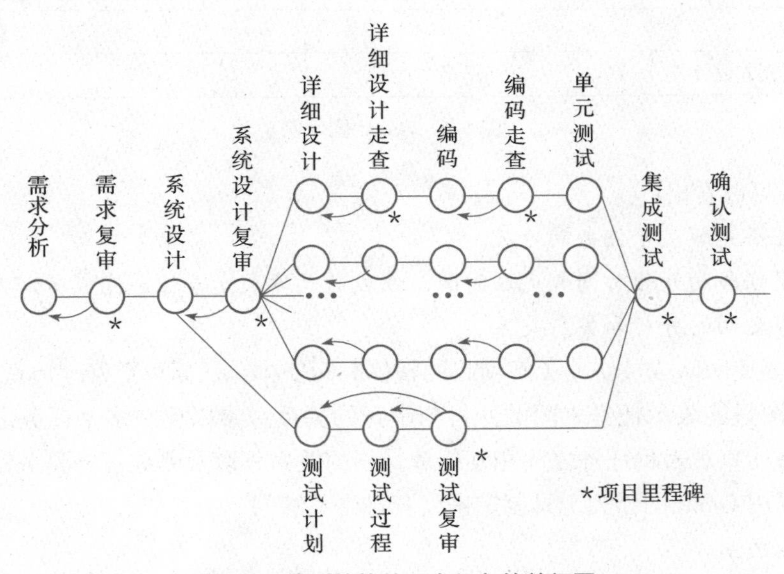

图 8-5　典型的软件开发任务的并行图

从图 8-5 中可以看出，在需求分析完成并进行复审后，系统设计和制订测试计划可以并行进行；各模块的详细设计、编码与单元测试可以并行进行。由于软件工程活动的并行性，并行任务是异步进行的，因此为保证开发任务的顺利进行，制订开发进度计划和制定任务之间的依赖关系是十分重要的。项目经理必须了解处于关键路径上的任务进展的情况，如果这些任务能及时完成，则整个项目就可以按计划完成。

2. 甘特（Gantt）图

在项目管理中，甘特图是一种常用的工具，它通过条形图的形式将项目的时间轴和任务分配直观地展示出来，可以帮助项目团队规划、监控和控制项目进度。

在 Gantt 图中，横轴代表时间，纵轴代表项目的任务或活动，每个任务用一条条形表示，其长度对应任务所需的时间。这种图表示方法简单易懂，一目了然，能动态地反映软件开发进度情况，因此成为制订进度计划和进行进度管理的有力工具。图 8-6 为一个 Gantt 图示例。

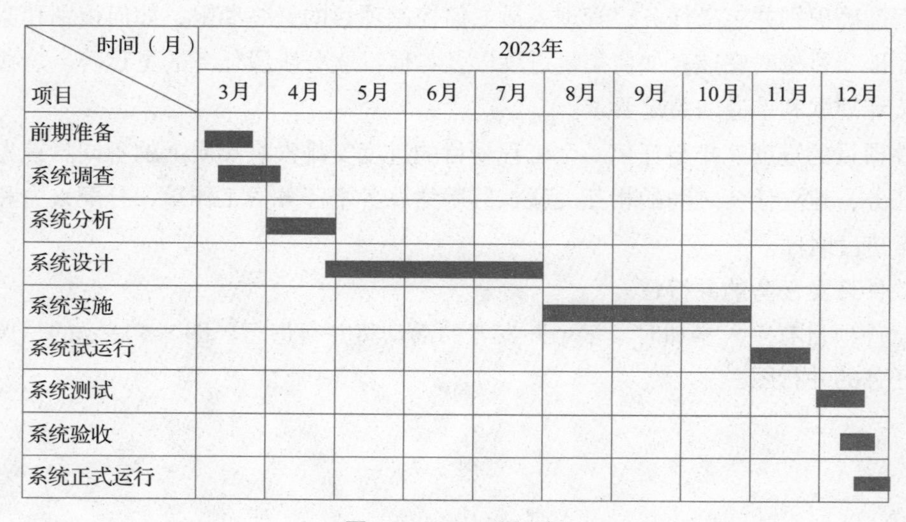

图 8-6　Gantt 图示例

由图 8-6 可以看出：

- 项目任务分解成子任务的情况。
- 每个子任务的开始时间和完成时间，线段的长度表示子任务完成所需要的时间。
- 子任务之间的并行和串行关系。

Gantt 图能使团队成员快速了解项目的整体时间安排，从而可更好地协调工作和资源。但是，Gantt 图只能表示任务之间的并行与串行的关系，难以反映多个任务之间存在的复杂关系，也不能直观表示任务之间相互的依赖制约关系，以及哪些任务是关键子任务等信息，因此仅仅用 Gantt 图作为工具制定进度安排是不够的。

3. 工程网络图

工程网络图是一种有向图，该图中用圆表示事件（事件表示一项子任务的开始与结束），有向弧或箭头表示子任务的进行。箭头上的数字称为权，该权表示此子任务的持续

时间，箭头下面括号中的数字表示该任务的机动时间，图中的圆表示某个子任务开始或结束时的时间点。圆的左边部分中数字表示事件号，右上部分中的数字表示前一子任务结束或后一个子任务开始的最早时刻，右下部分中的数字表示前一子任务结束或后一子任务开始的最迟时刻。工程网络图只有一个开始点和一个终止点，开始点没有流入箭头，称为入度为零。终止点没有流出箭头，称为出度为零。中间的事件圆表示它之前的子任务已经完成，在它之后的子任务可以开始。图 8-7 为一个工程网络图示例。

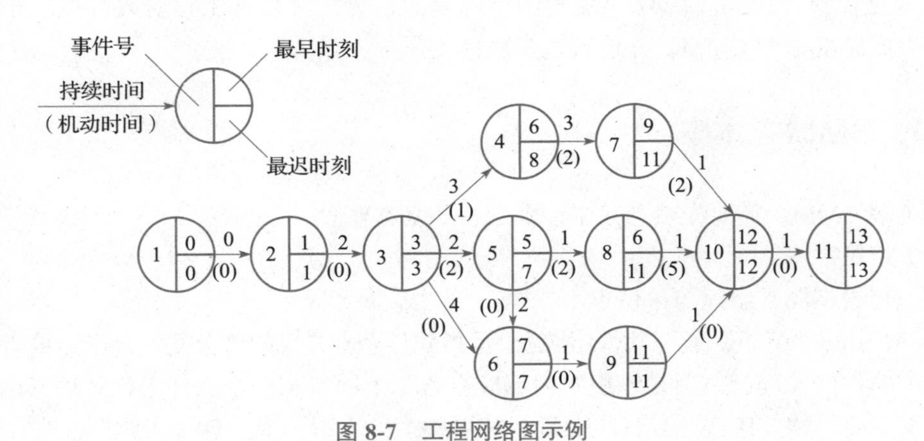

图 8-7　工程网络图示例

8.3.7　软件质量保证

软件质量保证是软件工程管理的重要内容，它应做好下面几方面的工作。

① 采用技术手段和工具。质量保证活动要贯穿开发过程的始终，必须采用适当的技术手段和工具，尤其是使用软件开发环境来进行软件开发。

② 组织正式的技术评审。在软件开发的每一个阶段结束时，都要组织正式的技术评审。国家标准要求单位必须采用审查、文档评审、设计评审、审计和测试等具体手段来保证质量。

③ 加强软件测试。软件测试是质量保证的重要手段，因为测试可发现软件中大多数潜在的错误。

④ 推行软件工程规范（标准）。用户可以自己制定软件工程规范（标准），但标准一旦确认就应贯彻执行。

⑤ 对软件的变更进行严格控制。软件的修改和变更常常会引起潜伏的错误，因此必须严格控制软件的修改和变更。

⑥ 对软件质量进行度量。即对软件质量进行跟踪，及时记录和报告软件质量情况。

8.4 软件能力成熟度模型

能力成熟度模型（capability maturity model, CMM）是改进软件过程的一种策略，与实际使用的过程模型无关。1987 年由美国卡内基 · 梅隆大学软件工程研究院提出了软件机构的能力成熟度模型 CMM，并进行过多次修改。

8.4.1 CMM 基本概念

要了解 CMM，需要先熟悉其中涉及的一些基本概念。

（1）组织

组织与组不同，组织与单位也不一样。

CMM 中的“组织”或“软件组织”，是指软件企业（或软件公司）自己，或者企业内部的一个软件研发部门。但是该组织内部应有若干个项目和一个软件工程管理部门。如公司的研发中心、软件中心、软件事业部，均可称为“组织”或“软件组织”。

CMM 实施的评估不在整个软件企业的所有部门进行，而只在软件企业中的某个软件组织范围内进行。例如，对它的软件研发中心实施评估。因此，如果说某家软件公司通过了 CMM 二级（简写为 CMML2）评估，并不是指该公司的所有部门都通过了 CMM 二级评估，而是指该公司的软件研发部门通过了 CMM 二级评估。

（2）软件过程

这里的软件过程，既指软件开发过程，又指软件管理过程。一般来讲，过程是指为了实现某一目标而采取的一系列步骤。一个软件过程是指人们从开发到维护软件相关产品所采取的一系列活动。其中，软件相关产品包括项目计划、设计文档、源代码、测试报告和用户指南等。软件产品的质量主要取决于产品开发和维护的软件过程质量。一个有效的、可视的软件过程能够将人力资源、物理设备和实施方法结合成为一个有机的整体，并为软件工程师和高级管理者提供实际项目的状态和性能，从而可以监督和控制软件的执行。

（3）软件产品和软件工作产品

在软件开发过程中，上一道工作程序的输出，就是下一道工作程序的输入。在 CMM 中，每一道工作程序的输出均称为软件工作产品，里程碑上的软件工作产品一般称为基线，如用户需求报告、系统设计说明、详细设计说明、源代码、测试报告、用户指南等。评审报告、跟踪记录等软件管理文档，也是软件工作产品。

软件承包方最终交付给客户方的软件工作产品，称为软件产品。在 UML 中，将软件工作产品称为“制品”，其中管理文档叫管理制品，技术文档叫技术制品。

（4）软件过程能力与性能

软件过程能力是指软件过程本身具有的按预定计划生产产品的固有能力。一个组织的

软件过程能力，为组织提供了预测软件项目开发的数据基础。

软件过程性能是软件过程执行的实际结果。一个项目的软件过程性能决定于内部子过程的执行状态，只有每个子过程的性能都得到改善，相应的成本、进度、功能和质量等性能目标才能得到控制。由于特定项目的属性和环境限制，项目的实际性能并不能充分反映组织的软件过程与能力。成熟的软件过程，可以弱化和预见不可控制的过程因素（如客户需求变化或技术变革等）。

（5）软件过程成熟度及其 5 个等级

软件过程成熟度是指一个软件过程被明确定义、管理、度量和控制的有效程度。成熟意味着软件过程能力持续改善的过程，成熟度代表软件过程能力改善的潜力。过程的改善不能跳跃式进行。成熟度等级用来描述某一成熟度等级上的组织特征，每一等级都为下一等级奠定基础，过程的潜力只有在一定的基础之上才能够被充分发挥。例如，一般看来，规划一个工程过程要比规划管理过程更加重要。实际上，如果没有管理过程的规划，工程过程很容易成为进度和成本的牺牲品。另外，成熟度级别的改善需要强有力的管理支持，它包括软件管理者和软件开发者基本工作方式的改变。组织成员依据建立的软件过程标准，执行并改进软件过程。一旦来自组织和管理上的障碍被清除，有关技术和过程的改善进程就能迅速推进。

CMM 模型将软件组织的管理水平划分为 1 ～ 5 五个级别，共计 18 个关键过程域（key process area, KPA）、52 个具体目标、316 个关键实践（key practices, KP）。对于每个 KPA，都用 5 个共同属性（政策、资源、活动、测量、验证）来描述它。对于每个共同属性，又用一系列的关键实践（KP）来说明。

软件能力成熟度模型（capability maturity model for software, SW-CMM）的 5 个成熟度等级分别为：初始级（CMML1）、可重复级（CMML2）、已定义级（CMML3）、已管理级（CMML4）和优化级（CMML5）。任何没有实施 CMM 评估的软件组织，不管其管理水平如何低下，均属于 CMM 一级的水平。CMM 的 5 个等级的描述如表 8-1 所示。

表 8-1　CMM 的 5 个等级的描述

等级	成熟度名称	级别描述	级别特点
1	初始级（Initial）	在初始级，组织一般不具备稳定的软件开发与维护环境。项目成功与否在很大程度上取决于是否有杰出的项目经理和经验丰富的开发团队。此时，项目经常超出预算和不能按期完成，组织的软件过程能力不可预测	组织内部是人治，处于“英雄创造历史”的状态
2	可重复级（Repeatable）	在可重复级，组织建立了管理软件项目的方针，以及贯彻执行这些方针的措施。组织基于在类似项目上的经验，能对新项目进行开发和管理，并且项目过程处于项目管理系统的有效控制之下。可重复级的特点是：项目组已经达到了项目经验的可重复使用，项目组在 CMML2 规定的 6 个 KPA 上的经验已文档化，因而可重复使用	项目管理级，在组织内部重复使用项目管理的成功经验

（续表）

等级	成熟度名称	级别描述	级别特点
3	已定义级（Defined）	在已定义级，组织形成了管理软件开发和维护活动的组织和标准软件过程，包括软件工程过程和软件管理过程。项目依据标准，定义了自己的软件过程，并且能进行管理和控制。组织的软件过程能力已被描述为标准的和一致的，过程是稳定的和可重复的，并且高度可视	组织级管理，在组织内部已经达到了法律化管理，由项目级管理发展到组织级管理，13个KPA已制度化和法律化，组织级法律框架健全，工程过程和管理过程已文档化，软件过程数据库已开始建立
4	已管理级（Managed）	在已管理级，组织对软件产品和过程都设置有质量目标。项目通过把过程性能的变化限制在可接受的范围内，实现对产品和过程的控制。组织的软件过程能力可被描述为可预测的，软件产品具有可预测的高质量	定量管理或数据管理，在组织内部已经达到了量化管理，实现了定量的数据级管理，产品和项目级管理的经验已定量化，组织级过程管理已标准化和定量化，软件过程数据库已发挥量化管理的作用
5	优化级（Optimizing）	在优化级，组织通过预防缺陷、技术创新和更改过程等多种方式，不断提高项目的过程性能，以持续改善组织软件过程能力。组织的软件过程能力可被描述为持续改善的	组织已经达到了循环优化和与时俱进

表8-2从另外一个角度描述了SW-CMM不同成熟度等级过程的可视性和过程能力。可视性是指软件过程的透明性，即过程操作的可见、可知程度。过程能力是指通过软件过程实现预期目标的把握度。

表8-2　SW-CMM的5个等级的可视性与过程能力比较

等级	成熟度	可视性	过程能力
1	初始级	非常有限的可视性	一般达不到进度和成本的目标
2	可重复级	里程碑上具有管理可视性	基于项目管理的经验，开发计划比较现实可行
3	已定义级	项目已定义的软件过程活动具有可视性	基于已定义的软件过程，组织将持续地改善过程能力
4	已管理级	定量地控制软件过程	基于对过程和产品的度量，组织将进一步改善过程能力
5	优化级	不断地改善软件过程	组织将持续地优化过程能力

8.4.2 能力成熟度模型集成 CMMI

自从 CMM 发布以来，它在国际软件行业和工程界引起了广泛关注并得到了认可，进而发展出一系列成熟度模型，如系统工程能力成熟度模型、软件采购能力成熟度模型等。能力成熟度模型集成（capability maturity model integration, CMMI）则把这些模型整合到一个统一的框架中，包括软件工程、采购和系统工程等领域，以满足不限于软件开发的各种需求。它是一套多学科融合的产品集合，兼顾工程实践和管理方法，能够适应变化的技术环境和广泛的业务需求。

CMMI 的核心在于提供一个系统化的方法，帮助评估和提升组织的过程能力，从而提高软件和系统的质量与性能。CMMI 分为五个成熟度等级，从初始级、已管理级、已定义级、量化管理级到优化级，每个级别都代表了不同的过程成熟度。在初始级，组织的过程可能比较混乱，而在优化级，组织会积极寻找改进机会，使用新技术和工具来提升效率。这种分级方式让组织能根据自身情况设定目标，逐步实现改进。

为了实现这些目标，CMMI 定义了一系列过程域，明确过程改进的目标和活动。例如，项目管理过程域关注如何进行项目计划、监控和控制，而需求管理过程域则专注于需求的收集和变更管理。此外，CMMI 还列出了一些具体的实践，帮助实现每个过程域的目标。通过这些过程域和实践的结合，CMMI 为组织提供了一条清晰的改进路径，最终提升产品和服务的质量。

CMMI 的应用不仅限于过程改进，还涉及质量管理、成本和时间控制以及风险管理等方面。通过遵循 CMMI 的指导，组织可以提高产品质量和可靠性，并通过更有效的过程管理和资源分配来降低成本和缩短开发周期。同时，CMMI 帮助识别潜在风险，并采取适当措施来降低风险，从而提高项目成功率和客户满意度。

实施 CMMI 的关键步骤包括评估现状、设定目标、制订计划、进行培训、执行改进和持续评估。首先，了解组织当前的过程状态，通常通过自评或第三方评估来进行。然后，确定需要改进的过程，并设定明确的目标。接下来，制订详细的改进计划，包括时间表和责任分配。为了确保所有相关人员理解 CMMI 的概念，需进行充分的培训与教育。按照计划逐步实施改进措施，并定期检查进度，最后还要定期评估改进效果，并进行必要的调整，以确保组织持续进步。

随着云计算、大数据、人工智能等新技术的迅速发展，未来 CMM/CMMI 的实践将更加注重灵活性和敏捷性，以更好地适应市场和技术的变化，继续发挥重要作用。

习题 8

一、填空题

1. 目前软件工程规范可分为三级：____________、____________和____________。

2. 软件开发人员一般分为____________、系统分析员、高级程序员、初级程序员、资料员和其他辅助人员。

3. ________的制度突出了主程序员的管理，责任集中在少数人身上，有利于提高软件质量。

4. 成本估算是在软件项目开发前，估算项目开发所需的________。

5. 差别估算的优点是可以提高________，缺点是不容易明确“差别”的界限。

二、选择题

1. 软件工程管理是对软件项目的开发管理，即对整个软件________的一切活动的管理。

A. 软件项目　　B. 生存期
C. 软件开发计划　　D. 软件开发

2. 在软件项目管理过程中一个关键的活动是________，它是软件开发工作的第一步。

A. 编写规格说明书　　B. 制订测试计划
C. 编写需求说明书　　D. 制订项目计划

3. 单元测试是发现________错误，确认测试是发现____错误，系统测试是发现______错误。

A. 接口　　B. 编码上的错误
C. 性能、质量不合要求　　D. 功能错误
E. 需求错误　　F. 设计错误

4. 一个项目是否开发，从经济上来说是否可行，归根结底是取决于对________。

A. 成本的估算　　B. 项目计算
C. 过程管理　　D. 工程管理

5. 自顶向下估算方法的主要优点是对________工作的重视，所以估算中不会遗漏系统级的成本估算，估算工作量小、速度快。它的缺点是往往不清楚________上的技术性困难问题，而往往这些困难将会使成本上升。

A. 成本估算　　B. 系统级
C. 低级别　　D. 工程管理

6. 自底向上估算的优点是将每一部分的估算工作交给负责该部分工作的人来做，所以估算________。其缺点是其估算往往缺少与软件开发有关的系统级工作量，所以估算________。

A. 往往偏低　　B. 不太准确
C. 往往偏高　　D. 较为准确

7. COCOMO 模型是________。

A. 模块性成本模型　　B. 结构性成本模型
C. 动态单变量模型　　D. 动态多变量模型

8. ____________是软件产品的重要组成部分，它在产品的开发过程起着重要的作用。

A. 需求说明　　B. 概要说明
C. 软件文档　　D. 测试大纲

9. ____________是开发人员为用户准备的有关该软件使用、操作、维护的资料。

A. 开发文档　　B. 管理文档
C. 用户文档　　D. 软件文档

三、简答题

1. 软件工程管理包括哪些内容?
2. 软件项目计划中应包括哪些内容?
3. 软件开发成本估算常用的方法有哪几种?

即刻学习
○配套学习资料 ○软件工程导论
○技术学练精讲 ○软件测试专讲

模块 9

软件工程标准与文档编制

学习目标

❖ 了解软件工程标准、软件工程国家标准的概况。
❖ 理解软件工程文档作用及编制文档时应考虑的因素。
❖ 熟悉软件开发相关文档的基本内容。
❖ 理解软件工程相关的技术标准体系对软件工程的影响。

即刻学习

○配套学习资料
○软件工程导论
○技术学练精讲
○软件测试专讲

9.1 软件工程标准

随着计算机技术的发展以及软件开发与管理的日益复杂化，软件工程标准的建立成为了必然趋势。这些标准覆盖多个方面，也因制订方的不同而分为不同的类别，如国际标准、国家标准、行业标准等，并且随着软件工程技术的进步仍在不断丰富和完善。

9.1.1 软件工程标准化概况

随着软件工程学的发展，人们对计算机软件的认识逐渐深入。软件工程涉及的范围从只是使用程序设计语言编写程序，扩展到整个软件生存周期，诸如可行性分析、需求分析、设计、实现、测试、运行和维护，直到软件淘汰（为新的软件所取代）。同时还有许多技术管理工作（如过程管理、产品管理、资源管理），以及确认与验证工作（如评审和审计、产品分析、测试等是跨软件生存周期各个阶段的专门工作）。所有这些工作都应当逐步建立起标准或规范。由于计算机技术发展迅速，未形成标准之前，在行业中先使用一些约定，然后逐渐形成标准。

积极推行软件工程标准化，其道理是显而易见的。一个软件开发项目需要许多不同层次、不同分工的人员相互配合，在开发项目的各个部分以及各开发阶段之间存在着许多联系和衔接工作。如何把这些错综复杂的关系协调好，需要有一系列统一的约束和规定。在软件开发项目取得阶段成果或最后完成时，需要进行阶段评审和验收测试。投入运行的软件，其维护工作中遇到的问题也与开发工作有着密切的关系。软件的管理工作渗透到软件生存周期的每一个环节。所有这些都要求提供统一的行动规范和衡量准则，使得各种工作都能有章可循。

另一方面，软件工程标准的类型也是多方面的，以往通常分为过程标准（如方法、技术、度量等）、产品标准（如需求、设计、部件、描述、计划、报告等）、专业标准（如职业、认证、许可、课程等），以及记法标准（如术语、表示法、语言等）。随着软件工程技术的发展，相关标准也逐步丰富。

9.1.2 软件工程标准化的分类

在软件工程方面，有以下几类标准：国际标准、国家标准、行业标准、企业标准、项目规范。

1. 国际标准

国际标准化组织（ISO）和国际电工委员会（IEC）共同制定了多项软件工程国际标准，以提高软件产品质量和过程效率。这些标准的形成过程包括需求识别、提案提交、工作组创建、草案编制、征求意见、修订和完善、投票与发布等步骤。具体到软件工程领域，标准覆盖软件生存周期的各个环节，如 ISO/IEC 12207 定义了软件生存周期过程，而 ISO/IEC 15504（SPICE）用于评估和改进软件开发组织的过程成熟度。此外，ISO/IEC 25010 建立了系统与软件的质量模型。

2. 国家标准

国家标准是由政府或国家级的机构制定或批准，适用于国家范围的标准。比较常见的国家标准有：

- ANSI 标准：美国国家标准协会（American National Standards Institute, ANSI）认可的软件工程标准。
- BSI 标准：英国国家标准协会（British Standards Institution, BSI）制定的标准。
- CEN 标准：欧洲标准化委员会制定的标准。
- JIS 标准：日本工业标准调查会制订的日本国家标准。
- GB 标准：中国国家标准（简称为“国标”）是我国最高标准化机构——中华人民共和国国家标准化管理委员会发布的标准。

3. 行业标准

行业标准是由行业机构、学术团体或国防机构制定并适用于某个业务领域的标准。典型的该类机构如电气电子工程师协会（Institute of Electrical and Electronics Engineers, IEEE)、国际电工委员会（International Electrotechnical Committee, IEC）等。例如，IEEE 通过的标准常常提交给 ANSI，经其认可后成为美国标准。因此，IEEE 公布的标准常冠有 ANSI 字头，如 ANSI/IEEE 802.3 标准、ANSI/IEEE Str 828—2008 软件配置管理技术标准。

近年来，我国许多部门和行业都开展了软件标准化工作，制定和公布了一些适用于本行业工作需要的规范。这些规范大都参考了国际标准或国家标准，对各行业所属企业的软件业务起到了有力的推动作用。如 SJ/T 11788—2021《大数据从业人员能力要求》行业标准，是由中国电子技术标准化研究院牵头组织起草，由工业和信息化部批准发布的行业标准。

4. 企业标准

由于软件开发与管理工作的需要，一些大型企业制定了适用于本企业的规范。如美国 IBM 公司在 1984 年制定的《程序设计开发指南》，供该公司内部使用。一些大型的软件公司，如 Microsoft、Oracle、华为、腾讯等，都有自己内部制定的各种管理规范，这些规范就是企业自身的企业标准。

5. 项目规范

项目规范是指由某一个科研或生产项目组织制定、且为该项任务专用的软件工程规范。例如，信息系统集成工程服务规范。

9.2 软件工程国家标准

我国的软件工程标准起步于 1984 年。目前软件工程相关的现行国家标准有五十多项。这些标准的制定和发布对规范我国软件产业开发和维护高质量的软件产品、规范和提高软

件开发人员的开发水平起到了重要作用。常用的国家标准化委员会发布的软件工程国家标准包括基础标准、开发标准、文档标准和管理标准四大类。

1. 基础标准

① GB/T 11457—2006《信息技术 软件工程术语》。

该标准定义了软件工程领域中通用的术语，适用于软件开发、使用维护、科研、教学和出版等方面。

② GB/T 1526—1989《信息处理 数据流程图、程序流程图、系统流程图、程序网络图和系统资源图的文件编制符号及约定》。

该标准规定了信息处理文档编制中使用的各种符号，并给出数据流图、程序流程图、系统流程图、程序网络图和系统资源图中使用的符号约定。

③ GB/T 13502—1992《信息处理 程序构造及其表示的约定》。

该标准定义了程序构造的定义、组合方式与规格说明，用于构造一个良好的程序。

④ GB/T 15535—1995《信息处理 单命中判定表规范》。

单命中判定表是指其任意一组条件只符合一条规则的判定表。该标准定义了单命中判定表的基本格式和相关定义，并推荐了编制和使用该判定表的约定。

2. 开发标准

① GB/T 8566—2022《系统与软件工程 软件生存周期过程》。

该标准提供了软件生存周期过程中的术语和定义、关键概念和应用、软件生存周期过程及很多相关的附件资料，为用户提供了一个公共框架。

② GB/T 15532—2008《计算机软件测试规范》。

该标准规定了计算机软件生存周期内各种类型测试的测试目的、测试内容、测试方法、测试环境、测试过程及测试文档等。

③ GB/T 20157—2006《信息技术软件维护》。

该标准阐明了对软件维护过程的要求，描述了软件维护的内容和类型、软件维护的策略、维护过程及维护的控制和改进等。

④ GB/T 39788—2021《系统与软件工程 性能测试方法》。

该标准规定了系统与软件性能测试的测试过程、测试需求模型与测试类型，适用于系统与软件性能测试的分析、设计与执行。

3. 文档标准

① GB/T 8567—2006《计算机软件文档编制规范》。

该标准主要对软件的开发过程和管理过程应编制的主要文档及其编制的内容、格式规定了基本要求，原则上适用于所有类型的软件产品的开发过程和管理过程。

② GB/T 9385—2008《计算机软件需求规格说明规范》。

该标准代替了 GB/T 9385—1988，为软件需求规格说明书提供了一个规范化的编制方法。

③ GB/T 9386—2008《计算机软件测试文档编制规范》。

该标准代替了 GB/T 9386—1988，为软件测试提供了一个规范化的编制方法，其中包括测试计划、测试设计说明、测试用例说明、测试规程说明、测试项传递报告、测试日志、测试事件报告、测试总结报告等内容。

4. 管理标准

① GB/T 20158—2006《信息技术软件生存周期过程配置管理》。

该标准规定了在制定软件配置管理计划时应遵循的统一的基本要求。

② GB/T 19003—2008《软件工程 GB/T 19001—2000 应用于计算机软件的指南》。

该标准是 GB/T 19001 族标准（质量管理体系标准）的组成部分，是为各组织在获取、提供、开发、运行和维护计算机软件和相关的支持服务时应用 GB/T 19001—2000 提供指南，它规定了质量管理体系的要求，即规定了在软件生存周期过程中质量管理的目标、职责、评审、验证、测量与持续改进等质量控制与管理的要求。

9.3 软件工程文档标准

软件工程中涉及的文档很多，不同种类的文档编制都应该遵循约定的标准或规范，以方便使用、验证与管理。

9.3.1 软件生存周期与文档的编制

在软件的生存周期中，一般应产生以下一些基本文档：可行性分析（研究）报告、软件（或项目）开发计划、软件需求规格说明、接口需求规格说明、系统/子系统设计（结构设计）说明、软件（结构）设计说明、接口设计说明、数据库（顶层）设计说明、（软件）用户手册、操作手册、测试计划、测试报告、软件配置管理计划、软件质量保证计划、开发进度月报、项目开发总结报告、软件产品规格说明、软件版本说明等。

GB/T 8567—2006 给出了这些文档的编制规范，为软件开发过程中一些主要文档的编制提供了指南。这些文档从使用者的角度可分为用户文档和开发文档两大类。其中，用户文档必须交给用户，用户应该得到的文档的种类和规模由供应者与用户之间签订的合同规定。

9.3.2 文档的作用与分类

（1）文档的作用

文档是指某种数据媒体和其中所记录的数据，是能供人或机器阅读的，通常具有永久性的一套资料。在软件工程中，文档用来表示对需求、过程或结果进行描述、定义、规定、报告或认证的任何书面或图示的信息。它们描述和规定了软件设计和实现的细节，说明了使用软件的操作命令。文档也是软件产品的一部分，没有文档的软件就不能被视为合格

的软件。软件文档的编制在软件开发工作中占有突出的地位，并涉及相当大的工作量。高质量文档对于转让、变更、修改、扩展软件，以及发挥软件产品的效益有着重要的意义。

软件文档的作用体现在：提高软件开发过程的透明度；提高开发效率；作为开发人员阶段性工作成果和结束标志；记录开发过程的有关信息，便于使用与维护；提供软件运行、维护和培训的有关资料；便于用户了解的软件功能和性能，等等。

（2）文档的分类

软件开发项目生存期各阶段应包括的主要文档以及与各类人员的关系如表 9-1 所示。

表 9-1　主要文档以及与各类人员的关系

文档＼人员	管理人员	开发人员	维护人员	用户
可行性分析（研究）报告	√	√		
项目开发计划	√	√		
软件配置管理计划	√			
软件质量保证计划	√			
开发进度月报	√			
软件需求规格说明		√	√	
接口需求规格说明		√	√	
软件（结构）设计说明		√	√	
接口设计说明书		√		
数据库（顶层）设计说明		√		
测试计划		√		
测试报告		√	√	
软件产品规格说明				√
软件版本说明				√
用户手册				√
操作手册				√

9.3.3　文档编制中要考虑的因素

文档编制是开发过程的有机组成部分，也是一个不断努力的工作过程。它是一个从形成最初轮廓并经反复检查和修改直到程序和文档正式交付使用的过程，其中每一步都要求工作人员做出很大的努力，既要保证文档编制的质量，体现每个开发项目的特点，也要注意不要消耗过多的人力资源。因此，编制文档时要考虑文档的读者、重复性和灵活性等因素的影响。

1. 文档的读者

每一种文档都有特定的读者。这些读者包括：个人或小组，软件开发单位的成员或社会上的公众，从事软件工作的技术人员、管理人员或领导干部。他们期待着使用这些文档的内容来进行工作，如设计、编写程序、测试、使用、维护或进行计划管理。因此，这些文档的作者必须了解自己的读者，文档的编写必须注意适应特定读者的水平、特点和要求。

2. 重复性

标准中列出的文档编制规范的内容中明显存在某些重复，较明显的重复有两类：第一类是引言，引言是每一种文档都要包含的内容，以向读者提供总的梗概。第二类明显的重复是各种文档中的说明部分，如对功能、性能的说明，对输入、输出的描述，系统中包含的设备等。这种重复是为了方便每种文档各自的读者。每种文档应当自成体系，尽量避免读一种文档时又不得不去参考另一种文档。当然，在每一种文档中，有关引言、说明等同其他文档相重复的部分，在行文、所用术语及详细程度上要有一些区别，以适应各种文档的不同读者的需要。

3. 灵活性

由于软件开发是具有创造性的脑力劳动，不同软件在规模和复杂程序上差别极大，因此，在文档编制工作中应允许一定的灵活性，可根据实际需要进行裁剪。具体体现在以下一些方面。

（1）应编制的文档种类

尽管标准认为在一般情况下，一项软件的开发过程中应产生如 9.3.1 所述的各种文档，然而针对一项具体的软件开发项目，有时不必编制如此多的文档，可以把几种文档合并成一种。一般来说，当项目的规模、复杂性和失败风险增大时，文档编制的范围、管理手续和详细程度将随之增加，反之，则可适当减少。为了恰当地掌握这种灵活性，标准中要求贯彻分工负责原则，这意味着：

- 一个软件开发单位的领导机构应该根据本单位经营承包的应用软件的专业领域和本单位的管理能力，制定一个对文档编制要求的实施规定，其主要内容是：在不同的条件下，应该形成哪些文档；这些文档的详细程度；该开发单位的每一个项目负责人，必须认真执行这个实施规定的要求。
- 对于一个具体的应用软件项目，项目负责人应根据上述实施规定，确定一个文档编制计划，有关的设计人员必须严格执行这个文档编制计划。计划中应包括以下内容：① 应该编制哪几种文档，详细程度如何；② 各个文档的编制负责人和进度要求；③ 审查、批准的负责人和时间进度安排；④ 在开发时间内，各文档的维护、修改和管理的负责人，以及批准手续。

（2）文档的详细程度

从同一份文件的提纲起草的文件的篇幅往往不同，可以少到几页，也可以长达几百页。对于这种差别，标准是允许的。文件详细程度取决于任务的规模、复杂性和项目负责

人对该软件的开发过程及运行环境所需要的详细程度的判断。

（3）文件的扩展

当被开发系统的规模非常大（如源代码超过一百万行）时，一种文档可以分成几卷编制，可以按其中每一个系统分别编制，也可以按内容划分成多卷，具体如下：

① 项目开发计划可能包括质量保证计划、配置管理计划、用户培训计划、安装实施计划等。

② 系统设计说明可分写成系统设计说明和子系统设计说明等。

③ 程序设计说明可分写成程序设计说明、接口设计说明和版本说明等。

④ 操作手册可分写成操作手册、安装实施过程说明等。

⑤ 测试计划可分写成测试计划、测试设计说明、测试规程、测试用例等。

⑥ 测试分析报告可分写成综合测试报告、验收测试报告等。

⑦ 项目开发总结报告可分写成项目开发总结报告和资源环境统计等。

（4）章、条的扩张与缩并

在软件文档中，一般宜使用标准提供的章、条标题，但所有的条都可以扩展，可以进一步细分以适应实际需要。反之，如果章、条中的有些细节并非必需，也可以根据实际情况缩并，此时章、条的编号也应相应地变更。

（5）程序设计的表现形式

标准对于程序设计的表现形式并未做出规定或限制，可以使用流程图、判定表的形式，也可以使用其他形式，如程序设计语言、问题分析图等。

（6）文档的表现形式

标准对于文档的表现形式也未做出规定或限制，可以使用自然语言，也可以使用形式化语言，还可以使用各种图、表等。

（7）文档的其他种类

当标准中规定的文档种类仍不能满足某些应用部门的特殊需求时，可以建立一些特殊的文档种类要求，如软件质量保证计划、项目管理开支计划等。这些自行建立的要求可以包含在本单位的文件编制实施规定中。

9.4 计算机软件开发文档编制

为使读者具体了解怎样编制文档，这里列出了主要开发文档的内容要求及其简要说明。这些文档包括：可行性分析（研究）报告、软件开发计划、软件需求规格说明、系统设计说明、软件用户手册、软件测试计划、软件测试报告、开发进度月报、项目开发总结报告等。各文档内容大纲由带编号的标题构成，标题后方括号内为其说明。下面给出一个统一的封面格式。

文档编号________

版本号________

文档名称：________

项目名称：________

项目负责人：________

编写________ ______年______月______日

校对________ ______年______月______日

审核________ ______年______月______日

批准________ ______年______月______日

开发单位________________

9.4.1 可行性分析（研究）报告编制参考

说明：

①《可行性分析（研究）报告》（feasibility analysis report, FAR）是项目初期策划的结果，它分析了项目的要求、目标和环境；提出了几种可供选择的方案；并从技术、经济和法律各方面进行了可行性分析。《可行性分析（研究）报告》可作为项目决策的依据。

② FAR也可以作为项目建议书、投标书等文件的基础。

《可行性分析（研究）报告》的正文内容可以参考如下格式。

可行性分析（研究）报告

1 引言

1.1 标识

本条应包含本文档适用的系统和软件的完整标识，（若适用）包括标识号、标题、缩略词语、版本号和发行号。

1.2 背景

本条说明项目在什么条件下提出，提出者的要求、目标、实现环境和限制条件。

1.3 项目概述

本条简述本文档适用的项目和软件的用途，它应描述项目和软件的一般特性；概述项目开发、运行和维护的历史；标识项目的投资方、需方、用户、开发方和支持机构；标识当前和计划的运行现场；列出其他有关的文档。

1.4 文档概述

本条概述本文档的用途和内容，并描述与其使用有关的保密性和私密性的要求。

2 引用文件

本章列出了本文档引用的所有文档的编号、标题、修订版本和日期，也标识出不能通过正常的供货渠道获得的所有文档的来源。

3 可行性分析的前提

说明对所建议的开发项目进行可行性研究的前提，如要求、目标、假定、限制等。

3.1 项目的要求

3.2 项目的目标

3.3 项目的环境、条件、假定和限制

3.4 进行可行性分析的方法

4 可选的方案

4.1 原有方案的优缺点、局限性及存在的问题

4.2 可重用的系统，与要求之间的差距

4.3 可选择的系统方案 1

4.4 可选择的系统方案 2

4.5 选择最终方案的准则

5 所建议的系统

5.1 对所建议的系统的说明

5.2 数据流程和处理流程

5.3 与原系统的比较（若有原系统）

5.4 影响（或要求）

5.4.1 设备

5.4.2 软件

5.4.3 运行

5.4.4 开发

5.4.5 环境

5.4.6 经费

5.5 局限性

6 经济可行性（成本—效益分析）

6.1 投资

投资包括基本建设投资（如开发环境、设备、软件和资料等）、其他一次性和非一次性投资（如技术管理费、培训费、管理费、人员工资、奖金和差旅费等）。

6.2 预期的经济效益

6.2.1 一次性收益

6.2.2 非一次性收益

6.2.3 不可定量的收益

6.2.4 收益 / 投资比

6.2.5 投资回报周期

6.3 市场预测

7 技术可行性（技术风险评价）

本公司现有资源（如人员、环境、设备和技术条件等）能否满足此工程和项目实施要求，若不满足，应考虑补救措施（如需要分承包方参与、增加人员、投资和设备等），涉及经济问题应进行投资、成本和效益可行性分析，最后确定此工程和项目是否具备技术可行性。

8 法律可行性

系统开发可能导致的侵权、违法和责任。

9 用户使用可行性

用户单位的行政管理、工作制度；使用人员的素质和培训要求。

10 其他与项目有关的问题

未来可能的变化。

11 注解

本章包含有助于理解本文档的一般信息（如原理），也应包含文档需要的术语和定义、所有缩略语和它们在文档中的含义的字母序列表。

附录

附录可用来提供为便于文档维护而单独出版的信息（如图表、分类数据）。为便于处理，附录可单独装订成册。附录应按字母顺序（如 A、B 等）编排。

9.4.2 软件开发计划编制参考

说明：

①《软件开发计划》（software development report, SDP）描述开发人员实施软件开发工作的计划，本文档中“软件开发”一词涵盖了新开发、修改、重用、再工程、维护和由软

件产品引起的其他所有的活动。

② SDP 是向需求方提供了解和监督软件开发过程、所使用的方法、每项活动的途径、项目的安排、组织及资源的一种手段。

③ 本计划的某些部分可视实际需要单独编制成册，如软件配置管理计划、软件质量保证计划和文档编制计划等。

《软件开发计划》的正文内容可以参考如下格式。

软件开发计划

1 引言

1.1 标识

本条应包含本文档适用的系统和软件的完整标识，(若适用）包括标识号、标题、缩略词语、版本号和发行号。

1.2 系统概述

本条应简述本文档适用的系统和软件的用途，它应描述系统和软件的一般特性；概述系统开发、运行和维护的历史；标识项目的投资方、需方、用户、开发方和支持机构；标识当前和计划的运行现场；列出其他有关的文档。

1.3 文档概述

本条应概述本文档的用途和内容，并描述与其使用有关的保密性和私密性的要求。

1.4 与其他计划之间的关系

(若有）本条描述本计划和其他项目管理计划的关系。

1.5 基线

给出编写本项目开发计划的输入基线，如软件需求规格说明。

2 引用文件

本章应列出本文档引用的所有文档的编号、标题、修订版本和日期，本章也应标识不能通过正常的供货渠道获得的所有文档的来源。

3 交付产品

本章分若干条进行说明，主要包括：程序、文档、服务、非移交产品、验收标准和最后交付期限。列出本项目应交付的产品，包括软件产品和文档。其中，软件产品应指明哪些是要开发的，哪些是属于维护性质的；文档是指随软件产品交付给用户的技术文档，例如用户手册、安装手册等。

4 所需工作概述

本章根据需要分条对后续章描述的计划作出说明，(若适用）包括以下概述：

a. 对所要开发系统、软件的需求和约束；

b. 对项目文档编制的需求和约束；

c. 该项目在系统生命周期中所处的地位；

d. 所选用的计划/采购策略或对它们的需求和约束；

e. 项目进度安排及资源的需求和约束；

f. 其他的需求和约束，如：项目的安全性、保密性、私密性、方法、标准、硬件开发和软件开发的相互依赖关系等。

5 实施整个软件开发活动的计划

本章分以下几条。不需要的活动的条款用“不适用”注明，如果对项目中不同的开发阶段或不同的软件需要不同的计划，这些不同之处应在此条加以注解。除以下规定的内容外，每条中还应标识可适用的风险和不确定因素，及处理它们的计划。

5.1 软件开发过程

本条应描述要采用的软件开发过程。计划应覆盖论及它的所有合同条款，确定已计划的开发阶段（适用的话）、目标和各阶段要执行的软件开发活动。

5.2 软件开发总体计划

本条应分以下若干条进行描述。

5.2.1 软件开发方法

本条应描述或引用要使用的软件开发方法，包括为支持这些方法所使用的手工、自动工具和过程的描述。该方法应覆盖论及它的所有合同条款。如果这些方法在它们所适用的活动范围有更好的描述，可引用本计划的其他条。

5.2.2 软件产品标准

本条应描述或引用在表达需求、设计、编码、测试用例、测试过程和测试结果方面要遵循的标准。标准应覆盖合同中论及它的所有条款。如果这些标准在标准所适用的活动范围有更好的描述，可引用本计划中的其他条。对要使用的各种编程语言都应提供编码标准，至少应包括：

a. 格式标准（如：缩进、空格、大小写和信息的排序）；

b. 首部注释标准，例如（要求：代码的名称/标识符，版本标识，修改历史，用途）需求和实现的设计决策，处理的注记（例如：使用的算法、假设、约束、限制和副作用），数据注记（输入、输出、变量和数据结构等）；

c. 其他注释标准（例如要求的数量和预期的内容）；

d. 变量、参数、程序包、过程和文档等的命名约定；

e.（若有）编程语言构造或功能的使用限制；

f. 代码聚合复杂性的制约。

5.2.3 可重用的软件产品

本条应分若干条进行说明，主要包括：吸纳可重用的软件产品、开发可重用的软件产品等。

5.2.4　处理关键性需求

本条应分以下若干条描述为处理指定关键性需求应遵循的方法。包括：安全性保证、保密性保证、私密性保证和其他关键性需求保证。

5.2.5　计算机硬件资源利用

本条应描述分配计算机硬件资源和监控其使用情况要遵循的方法。

5.2.6　记录原理

本条应描述记录原理所遵循的方法，该原理在支持机构对项目作出关键决策时是有用的。应对项目的“关键决策”一词作出解释，并陈述原理记录在什么地方。

5.2.7　需方评审途径

本条应描述为评审软件产品和活动，让需方或授权代表访问开发方和分承包方的一些设施要遵循的方法。

6　实施详细软件开发活动的计划

本章分条进行描述。不需要的活动用“不适用”注明，如果项目的不同的开发阶或不同的软件需要不同的计划，则在本条应指出这些差异。每项活动的论述应包括应用于以下方面的途径（方法 / 过程 / 工具）：

a. 所涉及的分析性任务或其他技术性任务；

b. 结果的记录；

c. 与交付有关的准备（如果有的话）。

论述还应标识存在的风险和不确定因素，及处理它们的计划。如果适用的方法在 5.2.1 处描述了的话，可引用它。

6.1　项目计划和监督

本条分成若干分条描述项目计划和监督中要遵循的方法。主要包括：软件开发计划（包括对该计划的更新）、CSCI（computer software configuration item，计算机软件配置项）测试计划、系统测试计划、软件安装计划、软件移交计划、跟踪和更新计划（包括评审管理的时间间隔）。

6.2　建立软件开发环境

本条分成以下若干分条描述建立、控制、维护软件开发环境所遵循的方法，主要包括：软件工程环境、软件测试环境、软件开发库、软件开发文档、非交付软件等。

6.3　系统需求分析

本条分成以下若干分条描述，主要包括：用户输入分析、运行概念、系统需求。

6.4　系统设计

本条分成系统级设计决策、系统体系结构设计分别描述。

6.5　软件需求分析

本条描述软件需求分析中要遵循的方法。

6.6 软件设计

本条应分成若干分条描述软件设计中所遵循的方法，主要包括：CSCI级设计决策、CSCI体系结构设计、CSCI详细设计。

6.7 软件实现和配置项测试

本条应分成若干分条描述软件实现和配置项测试中要遵循的方法，主要包括：软件实现、配置项测试准备、配置项测试执行、修改和再测试、配置项测试结果分析与记录。

6.8 配置项集成和测试

本条应分成若干分条描述配置项集成和测试中要遵循的方法，主要包括：配置项集成和测试准备、配置项集成和测试执行、修改和再测试、配置项集成和测试结果分析与记录。

6.9 CSCI合格性测试

本条应分成若干分条描述CSCI合格性测试中要遵循的方法，主要包括：CSCI合格性测试的独立性、在目标计算机系统（或模拟的环境）上测试、CSCI合格性测试准备、CSCI合格性测试演练、CSCI合格性测试执行、修改和再测试、CSCI合格性测试结果分析与记录。

6.10 CSCI/HWCI集成和测试

本条应分成若干分条描述CSCI/HWCI集成和测试中要遵循的方法，主要包括：CSCI/HWCI集成和测试准备、执行、修改和再测试、结果分析与记录。

6.11 系统合格性测试

本条应分成若干分条描述系统合格性测试中要遵循的方法，主要包括：系统合格性测试的独立性、在目标计算机系统（或模拟的环境）上测试、系统合格性测试准备、系统合格性测试演练、系统合格性测试执行、修改和再测试、系统合格性测试结果分析与记录。

6.12 软件使用准备

本条应分成若干分条描述软件应用准备中要遵循的方法，主要包括：可执行软件的准备、用户现场的版本说明的准备、用户手册的准备、在用户现场安装。

6.13 软件移交准备

本条应分成若干分条描述软件移交准备要遵循的方法，主要包括：可执行软件的准备、源文件准备、支持现场的版本说明的准备、“已完成”的CSCI设计和其他的软件支持信息的准备、系统设计说明的更新、支持手册准备、到指定支持现场的移交。

6.14 软件配置管理

本条应分成若干分条描述软件配置管理中要遵循的方法，主要包括：配置标识、配置控制、配置状态统计、配置审核、发行管理和交付。

6.15 软件产品评估

本条应分成若干分条描述软件产品评估中要遵循的方法，主要包括：中间阶段的和最终的软件产品评估、软件产品评估记录（包括所记录的具体条目）、软件产品评估的独

立性。

6.16　软件质量保证

本条应分成若干分条描述软件质量保证中要遵循的方法，主要包括：软件质量保证评估、软件质量保证记录（包括所记录的具体条目）、软件质量保证的独立性。

6.17　问题解决过程（更正活动）

本条应分成若干分条描述软件更正活动中要遵循的方法。

6.18　联合评审（联合技术评审和联合管理评审）

本条应分成若干分条描述进行联合技术评审和联合管理评审要遵循的方法。

6.19　文档编制

本条应分成若干分条描述文档编制要遵循的方法。应遵循本标准第 5 章文档编制过程中的有关文档编制计划的规定执行。

6.20　其他软件开发活动

本条应分成若干分条描述进行其他软件开发活动要遵循的方法，主要包括：风险管理（包括已知的风险和相应的对策）、软件管理指标（包括要使用的指标）、保密性和私密性、分承包方管理、与软件独立验证与确认（IV&V）机构的接口、和有关开发方的协调、项目过程的改进、计划中未提及的其他活动。

7　进度表和活动网络图

本章应给出：

a. 进度表，标识每个开发阶段中的活动，给出每个活动的初始点、提交的草稿和最终结果的可用性、其他的里程碑及每个活动的完成点。

b. 活动网络图，描述项目活动之间的顺序关系和依赖关系，标出完成项目中有最严格时间限制的活动。

8　项目组织和资源

本章应分成若干条描述各阶段要使用的项目组织和资源。

8.1　项目组织

本条应描述本项目要采用的组织结构，包括涉及的组织机构、机构之间的关系、执行所需活动的每个机构的权限和职责。

8.2　项目资源

本条应描述适用于本项目的资源。（若适用）应包括：

a. 人力资源，包括：

1）估计此项目应投入的人力（人员 / 时间数）；

2）按职责（如：管理，软件工程，软件测试，软件配置管理，软件产品评估，软件质量保证和软件文档编制等）分解所投入的人力；

3）履行每个职责人员的技术级别、地理位置和涉密程度的划分；

b. 开发人员要使用的设施，包括执行工作的地理位置、要使用的设施、保密区域和运用合同项目的设施的其他特性；

c. 为满足合同需要，需方应提高的设备、软件、服务、文档、资料及设施，给出一张何时需要上述各项的进度表；

d. 其他所需的资源，包括：获得资源的计划、需要的日期和每项资源的可用性。

9　培训

9.1　项目的技术要求

根据客户需求和项目策划结果，确定本项目的技术要求，包括管理技术和开发技术。

9.2　培训计划

根据项目的技术要求和项目成员的情况，确定是否需要进行项目培训，并制订培训计划。如不需要培训，应说明理由。

10　项目估算

本章应分若干条说明项目估算的结果，主要包括：规模估算、工作量估算、成本估算、关键计算机资源估算、管理预留。

11　风险管理

本章应分析可能存在的风险，所采取的对策和风险管理计划。

12　支持条件

本章分计算机系统支持、需要需方承担的工作和提供的条件、需要分包商承担的工作和提供的条件进行描述。

13　注解

附录

9.4.3　需求规格说明编制参考

说明：

①《软件需求规格说明》（software requirements specification, SRS）描述对计算机软件配置项 CSCI 的需求，及确保每个要求得以满足的所使用的方法。涉及该 CSCI 外部接口的需求可在本 SRS 中给出：或在本 SRS 引用的一个或多个《接口需求规格说明》(interface requirements specification, IRS）中给出。

② 这个 SRS，可能还要用 IRS 加以补充，是 CSCI 设计与合格性测试的基础。

《软件需求规格说明》的正文内容可以参考如下格式。

软件需求规格说明（SRS）

1　范围

本章分标识、系统概述、文档概述和基线等进行说明。

2　引用文件

3　需求

本章应分以下几条描述 CSCI 需求，也就是，构成 CSCI 验收条件的 CSCI 的特性。CSCI 需求是为了满足分配给该 CSCI 的系统需求所形成的软件需求。

3.1　所需的状态和方式

如果需要 CSCI 在多种状态和方式下运行，且不同状态和方式具有不同的需求的话，则要标识和定义每一状态和方式，状态和方式的例子包括：空闲、准备就绪、活动、事后分析、培训、降级、紧急情况和后备等。

3.2　需求概述

本条应分若干条进行说明，主要包括：目标、运行环境、用户的特点、关键点、约束条件等。

在目标条中，一般应包含如下内容：

a. 本系统的开发意图、应用目标及作用范围（现有产品存在的问题和建议产品所要解决的问题）。

b. 本系统的主要功能、处理流程、数据流程及简要说明。

c. 表示外部接口和数据流的系统高层次图。说明本系统与其他相关产品的关系，是独立产品还是一个较大产品的组成部分（可用方框图说明）。

3.3　需求规格

本条应分若干条进行说明，主要包括：软件系统总体功能 / 对象结构、软件子系统功能 / 对象结构、描述约定等。

3.4　CSCI 能力需求

本条应分条详细描述与 CSCI 每一能力相关联的需求。“能力”被定义为一组相关的需求。可以用“功能”“性能”“主题”“目标”或其他适合用来表示需求的词来替代“能力”。

3.4.x　（CSCI 能力）

本条应标识必需的每一个 CSCI 能力，并详细说明与该能力有关的需求。如果该能力可以更清晰地分解成若干子能力，则应分条对子能力进行说明。该需求应指出所需的 CSCI 行为，包括适用的参数，如响应时间、吞吐时间、其他时限约束、序列、精度、容量（大小 / 多少）、优先级别、连续运行需求、和基于运行条件的允许偏差：（若适用）需求还应包括在异常条件、非许可条件或越界条件下所需的行为，错误处理需求和任何为保证在紧急时刻运行的连续性而引入到CSCI中的规定。

对于每一类功能或者对于每一个功能，需要具体描写其输入、处理和输出的需求。

a. 说明

描述此功能要达到的目标、所采用的方法和技术，还应清楚说明功能意图的由来和背景。

b. 输入

包括：

1）详细描述该功能的所有输入数据，如：输入源、数量、度量单位、时间设定和有效输入范围等。

2）指明引用的接口说明或接口控制文件的参考资料。

c. 处理

定义对输入数据、中间参数进行处理以获得预期输出结果的全部操作。包括：

1）输入数据的有效性检查。

2）操作的顺序，包括事件的时间设定。

3）异常情况的响应，例如，溢出、通信故障、错误处理等。

4）受操作影响的参数。

5）用于把输入转换成相应输出的方法。

6）输出数据的有效性检查。

d. 输出

1）详细说明该功能的所有输出数据，例如，输出目的地、数量、度量单位、时间关系、有效输出范围、非法值的处理、出错信息等。

2）有关接口说明或接口控制文件的参考资料。

3.5　CSCI外部接口需求

本条应分条描述CSCI外部接口的需求。(如有）本条可引用一个或多个接口需求规格说明（IRS）或包含这些需求的其他文档。

外部接口需求，应分别说明：用户接口；硬件接口；软件接口；通信接口的需求。

3.6　CSCI内部接口需求

本条应指明CSCI内部接口的需求（如有的话）。如果所有内部接口都留待设计时决定，则需在此说明这一事实。

3.7　CSCI内部数据需求

本条应指明对CSCI内部数据的需求，(若有）包括对CSCI中数据库和数据文件的需求。如果所有有关内部数据的决策都留待设计时决定，则需在此说明这一事实。

3.8　适应性需求

(若有）本条应指明要求CSCI提供的、依赖于安装的数据有关的需求（如：依赖现场的经纬度）和要求CSCI使用的、根据运行需要进行变化的运行参数（如：表示与运行有关的目标常量或数据记录的参数）。

3.9 保密性需求

（若有）本条应描述有关防止对人员、财产、环境产生潜在的危险或把此类危险减少到最低的 CSCI 需求，包括：为防止意外动作（如意外地发出“自动导航关闭”命令）和无效动作（发出一个想要的“自动导航关闭”命令时失败 CSCI 必须提供的安全措施。

3.10 保密性和私密性需求

（若有）本条应指明保密性和私密性的 CSCI 需求，包括：CSCI 运行的保密性 / 私密性环境、提供的保密性或私密性的类型和程度、CSCI 必须经受的保密性 / 私密性的风险、减少此类危险所需的安全措施、CSCI 必须遵循的保密性 / 私密性政策、CSCI 必须提供的保密性 / 私密性审核、保密性 / 私密性必须遵循的确证 / 认可准则。

3.11 CSCI 环境需求

（若有）本条应指明有关 CSCI 必须运行的环境的需求。例如，包括用于 CSCI 运行的计算机硬件和操作系统（其他有关计算机资源方面的需求在下条中描述）。

3.12 计算机资源需求

本条应分以下各条进行描述。

3.12.1 计算机硬件需求

本条应描述 cSc1 使用的计算机硬件需求，（若适用）包括：各类设备的数量、处理器、存储器、输入 / 输出设备、辅助存储器、通信 / 网络设备和其他所需的设备的类型、大小、容量及其他所要求的特征。

3.12.2 计算机硬件资源利用需求

本条应描述 CSCI 计算机硬件资源利用方面的需求，如：最大许可使用的处理器能力、存储器容量、输入 / 输出设备能力、辅助存储器容量、通信 / 网络设备能力。描述（如每个计算机硬件资源能力的百分比）还包括测量资源利用的条件。

3.12.3 计算机软件需求

本条应描述 CSCI 必须使用或引人 CSCI 的计算机软件的需求，例如包括：操作系统、数据库管理系统、通信 / 网络软件、实用软件、输入和设备模拟器、测试软件、生产用软件。必须提供每个软件项的正确名称、版本、文档引用。

3.12.4 计算机通信需求

本条应描述 CSCI 必须使用的计算机通信方面的需求，例如包括：连接的地理位置、配置和网络拓扑结构、传输技术、数据传输速率、网关、要求的系统使用时间、传送 / 接收数据的类型和容量、传送 / 接收 / 响应的时间限制、数据的峰值、诊断功能。

3.13 软件质量因素

（若有）本条应描述合同中标识的或从更高层次规格说明派生出来的对 CSCI 的软件质量方面的需求，例如包括有关 CSCI 的功能性（实现全部所需功能的能力）、可靠性（产生正确、一致结果的能力）、可维护性（易于更正的能力）、可用性（需要时进行访问和操作的能力）、灵活性（易于适应需求变化的能力）、可移植性（易于修改以适应新环境的能力)、可重用性(可被多个应用使用的能力)、可测试性(易于充分测试的能力)、易用性(易于学习和使用的能力)以及其他属性的定量需求。

3.14 设计和实现的约束

(若有)本条应描述约束CSCI设计和实现的那些需求。这些需求可引用适当的标准和规范。例如需求包括:

a. 特殊CSCI体系结构的使用或体系结构方面的需求,例如:需要的数据库和其他软件配置项;标准部件、现有的部件的使用;需方提供的资源(设备、信息、软件)的使用;

b. 特殊设计或实现标准的使用;特殊数据标准的使用;特殊编程语言的使用;

c. 为支持在技术、风险或任务等方面预期的增长和变更区域,必须提供的灵活性和可扩展性。

3.15 数据

说明本系统的输入、输出数据及数据管理能力方面的要求(处理量、数据量)。

3.16 操作

说明本系统在常规操作、特殊操作以及初始化操作、恢复操作等方面的要求。

3.17 故障处理

说明本系统在发生可能的软硬件故障时,对故障处理的要求。包括:说明属于软件系统的问题;给出发生错误时的错误信息;说明发生错误时可能采取的补救措施。

3.18 算法说明

用于实施系统计算功能的公式和算法的描述。包括:每个主要算法的概况;用于每个主要算法的详细公式。

3.19 有关人员需求

(若有)本条应描述与使用或支持CSCI的人员有关的需求,包括人员数量、技能等级、责任期、培训需求、其他的信息。如:同时存在的用户数量的需求,内在帮助和培训能力的需求,(若有)还应包括强加于CSCI的人力行为工程需求,这些需求包括对人员在能力与局限性方面的考虑:在正常和极端条件下可预测的人为错误,人为错误造成严重影响的特定区域,例如包括错误消息的颜色和持续时间、关键指示器或关键的物理位置以及听觉信号的使用的需求。

3.20 有关培训需求

(若有)本条应描述有关培训方面的CSCI需求。包括:在CSCI中包含的培训软件。

3.21 有关后勤需求

(若有)本条应描述有关后勤方面的CSCI需求,包括:系统维护、软件支持、系统运输方式、供应系统的需求、对现有设施的影响、对现有设备的影响。

3.22 其他需求

(若有)本条应描述在以上各条中没有涉及的其他CSCI需求。

3.23　包装需求

（若有）本条应描述需交付的 CSCI 在包装、加标签和处理方面的需求（如用确定方式标记和包装 8 磁道磁带的交付）。（若适用）可引用适当的规范和标准。

3.24　需求的优先次序和关键程度

（若适用）本条应给出本规格说明中需求的、表明其相对重要程度的优先顺序、关键程度或赋予的权值，如：标识出那些认为对安全性、保密性或私密性起关键作用的需求，以便进行特殊的处理。如果所有需求具有相同的权值，本条应如实陈述。

4　合格性规定

本章定义一组合格性方法，对于第 3 章中每个需求，指定所使用的方法，以确保需求得到满足。可以用表格形式表示该信息，也可以在第 3 章的每个需求中注明要使用的方法。合格性方法包括：

a. 演示：运行依赖于可见的功能操作的 CSCI 或部分 CSCI，不需要使用仪器、专用测试设备或进行事后分析；

b. 测试：使用仪器或其他专用测试设备运行 CSCI 或部分 CSCI，以便采集数据供事后分析使用；

c. 分析：对从其他合格性方法中获得的积累数据进行处理，例如测试结果的归约、解释或推断；

d. 审查：对 CSCI 代码、文档等进行可视化检查；

e. 特殊的合格性方法。任何应用到 CSCI 的特殊合格性方法，如：专用工具、技术、过程、设施、验收限制。

5　需求可追踪性

本章应包括：

a. 从本规格说明中每个 CSCI 的需求到其所涉及的系统（或子系统）需求的可追踪性。（该可追踪性也可以通过对第 3 章中的每个需求进行注释的方法加以描述）。

b. 从分配到被本规格说明中的 CSCI 的每个系统（或子系统）需求到涉及它的 CSCI 需求的可追踪性。分配到 CSCI 的所有系统（或子系统）需求应加以说明。追踪到 IRS 中所包含的 CSCI 需求可引用 IRS。

6　尚未解决的问题

如需要，可说明软件需求中的尚未解决的遗留问题。

7　注解

附录

9.4.4 系统 / 子系统设计（结构设计）说明编制

说明：

①《系统 / 子系统设计（结构设计）说明》（system/subsystem design description, SSDD）描述了系统或子系统的系统级或子系统级设计与体系结构设计。SSDD 可能还要用《接口设计说明》（interface design description, IDD）和《数据库（顶层）设计说明》（database design description, DBDD）加以补充。

② SSDD 连同相关的 IDD 和 DBDD 是构成进一步系统实现的基础。贯穿本文的术语“系统，如果适用的话，也可解释为“子系统”。所形成的文档应冠名为“系统设计说明”或“子系统设计说明”。

《系统设计说明》的正文内容可以参考如下格式。

系统设计说明

1 引言

本章分标识、系统概述、文档概述和基线等进行说明。

2 引用文件

3 系统级设计决策

本章可根据需要分条描述系统级设计决策，即系统行为的设计决策（忽略其内部实现，从用户角度出发，描述系统将怎样运转以满足需求，）和其他对系统部件的选择和设计产生影响的决策。如果所有这些决策在需求中明确指出或推迟到系统部件的设计时给出的话，本章应如实陈述。对应于指定为关键性需求（如安全性、保密性和私密性需求）的设计决策应在单独的条中描述。如果设计决策依赖于系统状态或方式，应指明这种依赖关系。应给出或引用为理解这些设计所需要的设计约定。

系统级设计决策例子如下：

a. 有关系统接收的输入和产生的输出的设计决策，包括与其他系统、配置项和用户的接口（在 4.3.x 标识了在本文档中所要考虑的主题）。如果接口设计说明 IDD）中给出部分或全部该类信息，在此可以引用；

b. 对每个输入或条件进行响应的系统行为的设计决策，应包括：系统执行的动作、响应时间和其他性能特性、被模式化的物理系统的描述、所选择的方程式 / 算法 / 规则、对不允许的输入或条件的处理；

c. 系统数据库 / 数据文件如何呈现给用户的设计决策（在 4.3.x 标识了本文档中所要考虑的主题）。如果数据库（顶层）设计说明（DBDD）中给出部分或全部该类信息，在此可以引用；

d. 为满足安全性、保密性和私密性需求所选用的方法；

e. 硬件或硬软件系统的设计和构造选择。如：物理尺寸、颜色、形状、重量、材料和标志；

f. 为了响应需求而作出的其他系统级设计决策，如为提供所需的灵活性、可用性和可维护性而选择的方法。

4　系统体系结构设计

本章分条描述系统体系结构设计。如果设计的部分或全部依赖于系统状态或方式，应指明这种依赖关系。如果设计信息在多条中出现，可以只描述一次，而在其他条加以引用。也需指出或引用为理解这些设计所需的设计约定。

注：为简明起见，本章的描述是把一个系统直接组织成由硬件配置项（hardware configuration item, HWCI）、计算机软件配置项（CSCI）、手工操作所组成，但应解释为它涵盖了把一个系统组织成子系统，子系统被组织成由 HWCI、CSCI、手工操作组成，或其他适当变种的情况。

4.1　系统总体设计

4.1.1　概述

4.1.1.1　功能描述

参考《系统 / 子系统需求规格说明》，说明对本系统要实现的功能、性能（包括：响应时间、安全性、兼容性、可移植性、资源使用等）要求。

4.1.1.2　运行环境

参考《系统 / 子系统需求规格说明》，简要说明对本系统的运行环境（包括硬件环境和支持环境）的规定。

4.1.2　设计思想

本条应分若干条进行说明，主要包括：系统构思、关键技术与算法、关键数据结构等。

4.1.3　基本处理流程

本条应分若干条进行说明，主要包括：系统流程图、数据流程图等。用流程图表示本系统的主要控制流程和处理流程。用数据流程图表示本系统的主要数据通路，并说明处理的主要阶段。

4.1.4　系统体系结构

本条应分若干条进行说明，主要包括：系统配置项、系统层次结构、系统配置项设计等。说明本系统中各配置项（子系统、模块、子程序和公用程序等）的划分，简要说明每个配置项的标识符和功能等（用一览表和框图的形式说明）。分层次地给出各个系统配置项之间的控制与被控制关系。确定每个系统配置项的功能。

4.1.5　功能需求与系统配置项的关系

说明各项系统功能的实现同各系统配置项的分配关系（最好用矩阵图的方式）。

4.1.6　人工处理过程

说明在本系统的运行过程中包含的人工处理过程（若有的话）。

4.2 系统部件

本条应：

a. 标识所有系统部件（HWCI，CSCI、手工操作），应为每个部件指定一个项目唯一标识符。

注：数据库可作为一个 CSCI 或 CSCI 的一部分进行处理。

b. 说明部件之间的静态（如组成）关系。根据所选择的设计方法学，可能会给出多重关系。

c. 陈述每个部件的用途，并标识部件相对应的系统需求和系统级设计决策（作为一种变通，可在 9.a 中给出需求的分配）。

d. 标识每个部件的开发状态 / 类型，如果已知的话（如新开发的部件、对已有部件进行重用的部件、对已有设计进行重用的部件、再工程的已有设计或部件、为重用而开发的部件和计划用于第 N 开发阶段的部件等等），对已有的设计或部件，此描述应提供诸如名称、版本、文档引用、地点等标识信息。

e. 对被标识用于该系统的每个计算机系统或其他计算机硬件资源的集合，描述其计算机硬件资源（如处理器、存储器、输入 / 输出设备、辅存器、通信 / 网络设备）。（若适用）每一描述应标识出使用资源的配置项，对使用资源的每个 CSCI 说明资源使用分配情况（如分配给 CSCI1：20％的资源、给 CSCI2：30％的资源），说明在什么条件下测量资源的使用情况，说明资源特性；

1）计算机处理器描述，（若适用）应包括：制造商名称和型号、处理器速度 / 能力、指令集体系结构、适用的编译程序、字长（每个计算机字的位数）、字符集标准（如 GB2312，GB18030 等）和中断能力等；

2）存储器描述 .（若适用）应包括：制造商名称和型号，存储器大小、类型、速度和配置（如：256K 高速缓冲存储器，16MBRAM（4MBx4））；

3）输入 / 输出设备描述，（若适用）应包括：制造商名称和型号、设备类型和设备的速度或能力；

4）外存描述，（若适用）应包括：制造商名称和型号、存储器类型、安装存储器的数量、存储器速度；

5）通信 / 网络设备，（若适用）诸如：调制解调器、网卡、集线器、网关、电缆、高速数据线以及这些部件或其他部件的集合体的描述。（若适用）应包括：制造商名称和型号、数据传送速率 / 能力、网络拓扑结构、传输技术、使用的协议；

6）（若适用）每个描述也应包括：增长能力、诊断能力以及与本描述相关的其他的硬件能力。

f. 给出系统的规格说明树，即：用一个图来标识和说明系统部件已计划的规格说明之间的关系。

4.3 执行概念

本条应描述系统部件之间的执行概念。用图示和说明表示部件之间的动态关系，即系统运行期间它们是如何交互的，（若适用）包括：执行控制流，数据流，动态控制序列，状态转换图，时序图，部件的优先级别，中断处理，时序 / 序列关系，异常处理，并发执

行，动态分配 / 去分配，对象、进程、任务的动态创建 / 删除，以及动态行为的其他方面。

4.4　接口设计

本条应分条描述系统部件的接口特性，它应包括：部件之间的接口及它们与外部实体（如：其他系统、配置项、用户）之间的接口。

注：本层不需要对这些接口进行完全设计提供本条的目的是为了把他们作为系统体系结构设计的一部分所做的接口设计决策记录下来如果在接口设计说明（IDD）或其他文档中含有部分或全部的该类信息，可以加以引用。

4.4.1　接口标识和图表

本条用项目唯一标识符标识每个接口，(若适用）并用名称、编号、版本、文档引用来指明接口实体（如：系统、配置项、用户等)。该标识应叙述哪些实体具有固定接口特性（从而要把接口需求强加给接口实体)、哪些实体正被开发或修改（因而已把接口需求强加于它们)。应提供一个或多个接口图表来描述这些接口。

4.4.x　(接口的项目唯一标识符）

本条（从 4.4.2 开始）应用项目唯一标识符标识接口，简要描述接口实体，并根据需要可分条描述接口实体单方或双方的接口特性。如果某个接口实体不在本文中（如，一个外部系统)，但其接口特性需要在描述本文叙述的接口实体时提到，则这些特性应以假设、或"当［未提到实体］这样做时，［本文提及的实体］将……"的形式描述。本条可引用其他文档（例如数据字典、协议标准和用户接口标准）代替本条的描述信息。(若适用）本设计说明应包括以下内容，它们可以任何适合于要提供的信息的顺序给出，并且应从接口实体角度指出这些特性之间的区别（例如数据元素的大小、频率或其他特性的不同期望):

a. 接口实体分配给接口的优先级别；

b. 要实现的接口的类型（如：实时数据传送、数据的存储和检索等);

c. 接口实体将提供、存储、发送、访问和接收的单个数据元素的特性，如：

1）名称 / 标识符：

a）项目唯一标识符；

b）非技术（自然语言）名称；

c）标准数据元素名称；

d）技术名称（如代码或数据库中变量或字段名称);

e）缩写名或同义名；

2）数据类型（字母数字字符、整数等);

3）大小和格式（如：字符串长度和标点符号);

4）计量单位（如：米、元、纳秒);

5）范围或可能值的枚举（如：0 ~ 99);

6）准确度（正确程度）和精度（有效数字位数);

7）优先级别、时序、频率、容量、序列和其他约束，如：数据元素是否可被更新、业务规则是否适用；

8）保密性和私密性约束；

9）来源（设置 / 发送实体）和接收者（使用 / 接收实体）。

d. 接口实体必须提供、存储、发送、访问、接收的数据元素集合体（记录、消息、文件、数组、显示、报告等）的特性，如：

1）名称 / 标识符；

a）供追踪用的项目唯一标识符；

b）非技术（自然语言）名称；

c）技术名称（如代码或数据库的记录或数据结构）；

d）缩写名或同义名；

2）数据元素集合体中的数据元素及其结构（编号、次序和分组）；

3）媒体（如盘）和媒体中数据元素 / 集合体的结构；

4）显示和其他输出的视听特性（如：颜色、版面设计、字体、图和其他显示元素、蜂鸣声以及亮度）；

5）数据元素集合体之间的关系。如排序 / 访问特性；

6）优先级别、时序、频率、容量、序列和其他约束，如：集合体是否可被修改、业务规则是否适用；

7）保密性和私密性约束；

8）来源（设置 / 发送实体）和接收者（使用 / 接收实体）。

e. 接口实体为该接口使用通信方法的特性。如：

1）项目唯一标识符；

2）通信链路 / 带宽 / 频率 / 媒体及其特性；

3）消息格式化；

4）流控制（如：序列编号和缓冲区分配）；

5）数据传送速率，周期性 / 非周期性和传输间隔；

6）路由、寻址和命名约定；

7）传输服务，包括：优先级别和等级；

8）安全性 / 保密性 / 私密性方面的考虑，如：加密、用户鉴别、隔离和审核。

f. 接口实体为该接口使用协议的特性，如：

1）项目唯一标识符；

2）协议的优先级别 / 层次；

3）分组，包括：分段和重组、路由和寻址；

4）合法性检查、错误控制和恢复过程；

5）同步，包括：连接的建立、保持、终止；

6）状态、标识和其他的报告特征。

g. 其他所需的特性，如：接口实体的物理兼容性（尺寸、容限、负荷、电压和接插件兼容性等）。

5　运行设计

5.1　系统初始化

说明本系统的初始化过程。

5.2　运行控制

a. 说明对系统施加不同的外界运行控制时所引起的各种不同的运行模块组合，说明每种运行所历经的内部模块和支持软件；

b. 说明每一种外界运行控制的方式方法和操作步骤；

c. 说明每种运行模块组合将占用各种资源的情况；

d. 说明系统运行时的安全控制。

5.3　运行结束

说明本系统运行的结束过程。

6　系统出错处理设计

6.1　出错信息

包括出错信息表、故障处理技术等。

6.2　补救措施

说明故障出现后可能采取的补救措施。

7　系统维护设计

说明为了系统维护的方便，在系统内部设计中作出的安排。

7.1　检测点的设计

说明在系统中专门安排用于系统检查与维护的检测点。

7.2　检测专用模块的设计

说明在系统中专门安排用于系统检查与维护的专用模块。

8　尚待解决的问题

说明在本设计中没有解决而系统完成之前应该解决的问题。

9　需求的可追踪性

本章应包括：

a. 从本文中所标识的系统部件到其被分配的系统需求之间的可追踪性。(该可追踪性也可在 4.2 中提供)；

b. 从系统需求到其被分配给的系统部件之间的可追踪性。

10　注解

附录

9.4.5 软件用户手册编制参考

说明：

①《软件用户手册》（software user manual, SUM）描述手工操作该软件的用户应如何安装和使用一个计算机软件配置项（CSCI)、一组 CSCI、一个软件系统或子系统。它还包括软件操作的一些特别方面，如关于特定岗位或任务的指令等。

② SUM 是为由用户操作的软件而开发的，具有要求联机用户输入或解释输出显示的用户界面。如果该软件是被嵌入在一个硬件或软件系统中，由于已经有了系统的用户手册或操作规程，所以可能不需要单独的 SUM。

《软件用户手册》的正文内容可以参考如下格式。

软件用户手册

1 引言

本章分标识、系统概述、文档概述等进行说明。

2 引用文件

3 软件综述

3.1 软件应用

本条应简要说明软件预期的用途。应描述其能力、操作上的改进以及通过本软件的使用而得到的利益。

3.2 软件清单

本条应标识为了使软件运行而必须安装的所有软件文件，包括数据库和数据文件。标识应包含每份文件的保密性和私密性要求和在紧急时刻为继续或恢复运行所必需的软件的标识。

3.3 软件环境

本条应标识用户安装并运行该软件所需的硬件、软件、手工操作和其他的资源。（若适用）包括以下标识：

a. 必须提供的计算机设备，包括需要的内存数量、需要的辅存数量及外围设备（诸如打印机和其他的输入 / 输出设备)；

b. 必须提供的通信设备；

c. 必须提供的其他软件，例如操作系统、数据库、数据文件、实用程序和其他的支持系统；

d. 必须提供的格式、过程或其他的手工操作；

e. 必须提供的其他设施、设备或资源。

3.4　软件组织和操作概述

本条应从用户的角度出发，简要描述软件的组织与操作。（若适用）描述应包括：

a. 从用户的角度来看的软件逻辑部件和每个部件的用途 / 操作的概述；

b. 用户期望的性能特性，例如：可接受的输入的类型、数量、速率；软件产生的输出的类型、数量、精度和速率；典型的响应时间和影响它的因素；典型的处理时间和影响它的因素；限制（例如可追踪的事件数目）；预期的错误率；预期的可靠性。

c. 该软件执行的功能与所接口的系统、组织或岗位之间的关系；

d. 为管理软件而采取的监督措施（例如口令）。

3.5　意外事故以及运行的备用状态和方式

（若适用）本条应解释在紧急时刻以及在不同运行状态和方式下用户处理软件的差异。

3.6　保密性和私密性

本条应包含与该软件有关的保密性和私密性要求的概述。（若适用）应包括对非法制作软件或文档拷贝的警告。

3.7　帮助和问题报告

本条应标识联系点和应遵循的手续，以便在使用软件时遇到问题时获得帮助并报告问题。

4　访问软件

本章应包含面向首次 / 临时的用户的逐步过程。应向用户提供足够的细节，以使用户在学习软件的功能细节前能可靠地访问软件。在合适的地方应包含用“警告”或“注意”标记的安全提示。

4.1　软件的首次用户

4.1.1　熟悉设备

合适的话，本条应描述以下内容：

a. 打开与调节电源的过程；

b. 可视化显示屏幕的大小与能力；

c. 光标形状，如果出现了多个光标如何标识活动的光标，如何定位光标和如何使用光标；

d. 键盘布局和不同类型键与点击设备的功能；

e. 关电过程，如果需要特殊的操作顺序的话。

4.1.2　访问控制

本条应提供用户可见的软件访问与保密性特点的概述。（若适用）本条应包括以下内容：

a. 怎样获得和从谁那里获得口令；

b. 如何在用户的控制下添加、删除或变更口令；

c. 与用户生成的输出报告及其他媒体的存储和标记有关的保密性和私密性要求。

4.1.3 安装和设置

本条应描述为标识或授权用户在设备上访问或安装软件、执行安装、配置软件、删除或覆盖以前的文件或数据和键入软件操作的参数必须执行的过程。

4.2 启动过程

本条应提供开始工作的步骤，包括任何可用的选项。万一遇到困难时，应包含一张问题定义的检查单。

4.3 停止和挂起工作

本条应描述用户如何停止或中断软件的使用和如何判断是否是正常结束或终止。

5 使用软件指南

本章应向用户提供使用软件的过程。如果过程太长或太复杂，按本章相同的段结构添加第6章，第7章……，标题含义与所选择的章有关。文档的组织依赖于被描述的软件的特性。例如，一种办法是根据用户工作的组织、他们被分配的岗位、他们的工作现场和他们必须完成的任务来划分章。对其他的软件而言，让第5章成为菜单的指南，让第6章成为使用的命令语言的指南，让第7章成为功能的指南更为合适。在5.3的子条中给出详细的过程。依赖于软件的设计，可能根据逐个功能，逐个菜单，逐个事务或其他的基础方式来组织条。在合适的地方应包含用“警告”或“注意”标记的安全提示。

5.1 能力

为了提供软件的使用概况，本条应简述事务、菜单、功能或其他的处理相互之间的关系。

5.2 约定

本条应描述软件使用的任何约定，例如使用的颜色、使用的警告铃声、使用的缩略词语表和使用的命名或编码规则。

5.3 处理过程

本条应解释后续条（功能、菜单、屏幕）的组织，应描述完成过程必需的次序。

5.3.x （软件使用的方面）

本条的标题应标识被描述的功能、菜单、事务或其他过程。(若适用）本条应描述并给出以下各项的选择与实例，包括：菜单、图标、数据录入表、用户输入、可能影响软件与用户的接口的来自其他软硬件的输入、输出、诊断或错误消息、或报警和能提供联机描述或指导信息的帮助设施。给出的信息格式应适合于软件特定的特性，但应使用一种二致的描述风格，例如对菜单的描述应保持一致，对事务描述应保持一致。

5.4 相关处理

本条应标识并描述任何关于不被用户直接调用，并且在5.3中也未描述的由软件所执行的批处理、脱机处理或后台处理。应说明支持这种处理的用户职责。

5.5 数据备份

本条应描述创建和保留备份数据的过程，这些备份数据在发生错误、缺陷、故障或事

故时可以用来代替主要的数据拷贝。

5.6 错误，故障和紧急情况时的恢复

本条应给出从处理过程中发生的错误、故障中重启或恢复的详细步骤和保证紧急时刻运行的连续性的详细步骤。

5.7 消息

本条应列出完成用户功能时可能发生的所有错误消息、诊断消息和通知性消息，或引用列出这些消息的附录。应标识和描述每一条消息的含义和消息出现后要采取的动作。

5.8 快速引用指南

如果适用于该软件的话，本条应为使用该软件提供或引用快速引用卡或页。如果合适，快速引用指南应概述常用的功能键、控制序列、格式、命令或软件使用的其他方面。

6 注解

附录

9.4.6 软件测试计划编制参考

说明：

①《软件测试计划》（software test plan, STP）描述对计算机软件配置项CSCI，系统或子系统进行合格性测试的计划安排。内容包括进行测试的环境、测试工作的标识及测试工作的时间安排等。

② 通常每个项目只有一个STP，使得需方能够对合格性测试计划的充分性作出评估。

《软件测试计划》的正文内容可以参考如下格式。

软件测试计划

1 引言

本章分标识、系统概述、文档概述、与其他计划的关系、基线等进行说明。

2 引用文件

3 软件测试环境

本章应分条描述每一预计的测试现场的软件测试环境。可以引用软件开发计划（SDP）中所描述的资源。

3.x （测试现场名称）

本条应标识一个或多个用于测试的测试现场，并分条描述每个现场的软件测试环境。如果所有测试可以在一个现场实施，本条及其子条只给出一次。如果多个测试现场采用相同或相似的软件测试环境，则应在一起讨论。可以通过引用前面的描述来减少测试现场说明信息的重复。

3.x.1　软件项

（若适用）本条应按名字、编号和版本标识在测试现场执行计划测试活动所需的软件项（如操作系统、编译程序、通信软件、相关应用软件、数据库、输入文件、代码检查程序、动态路径分析程序、测试驱动程序、预处理器、测试数据产生器、测试控制软件、其他专用测试软件和后处理器等）。本条应描述每个软件项的用途、媒体（磁带、盘等），标识那些期望由现场提供的软件项，标识与软件项有关的保密措施或其他保密性与私密性问题。

3.x.2　硬件及固件项

（若适用）本条应按名字、编号和版本标识在测试现场用于软件测试环境中的计算机硬件、接口设备、通信设备、测试数据归约设备、仪器设备（如附加的外围设备（磁带机、打印机、绘图仪）、测试消息生成器、测试计时设备和测试事件记录仪等）和固件项。本条应描述每项的用途，陈述每项所需的使用时间与数量，标识那些期望由现场提供的项，标识与这些项有关的保密措施或其他保密性与私密性问题。

3.x.3　其他材料

本条应标识并描述在测试现场执行测试所需的任何其他材料。这些材料可包括手册、软件清单、被测试软件的媒体、测试用数据的媒体、输出的样本清单和其他表格或说明。本条应标识需交付给现场的项和期望由现场提供的项。（若适用）本描述应包括材料的类型、布局和数量。本条应标识与这些项有关的保密措施或其他保密性与私密性问题。

3.x.4　所有权种类、需方权利与许可证

本条应标识与软件测试环境中每个元素有关的所有权种类、需方权利与许可证等问题。

3.x.5　安装、测试与控制

本条应标识开发方为执行以下各项工作的计划，可能需要与测试现场人员共同合作：

a. 获取和开发软件测试环境中的每个元素；

b. 使用前，安装与测试软件测试环境中的每项；

c. 控制与维护软件测试环境中的每项。

3.x.6　参与组织

本条应标识参与现场测试的组织和它们的角色与职责。

3.x.7　人员

本条应标识在测试阶段测试现场所需人员的数量、类型和技术水平，需要他们的日期与时间，及任何特殊需要，如为保证广泛测试工作的连续性与一致性的轮班操作与关键技能的保持。

3.x.8　定向计划

本条应描述测试前和测试期间给出的任何定向培训。此信息应与3.x.7所给的人员要

求有关。培训可包括用户指导、操作员指导、维护与控制组指导和对全体人员定向的简述。如果预料有大量培训的话，可单独制定一个计划而在此引用。

3.x.9　要执行的测试

本条应通过引用第 4 章来标识测试现场要执行的测试。

4　计划

本章应描述计划测试的总范围并分条标识，并且描述本 STP 适用的每个测试。

4.1　总体设计

本条描述测试的策略和原则，包括测试类型和测试方法等信息。

4.1.1　测试级

本条所描述要执行的测试的级别，例如：CSCI 级或系统级。

4.1.2　测试类别

本条应描述要执行的测试的类型或类别（例如，定时测试、错误输入测试、最大容量测试）。

4.1.3　一般测试条件

本条应描述运用于所有测试或一组测试的条件，例如："每个测试应包括额定值、最大值和最小值；""每个 x 类型的测试都应使用真实数据（livedata）；""应度量每个 CSCI 执行的规模与时间。"并对要执行的测试程度和对所选测试程度的原理的陈述。测试程度应表示为某个已定义总量（如离散操作条件或值样本的数量）的百分比或其他抽样方法。也应包括再测试 / 回归测试所遵循的方法。

4.1.4　测试过程

在渐进测试或累积测试情况下，本条应解释计划的测试顺序或过程。

4.1.5　数据记录、归约和分析

本条应标识并描述在本 STP 中标识的测试期间和测试之后要使用的数据记录、归纳和分析过程。（若适用）这些过程包括记录测试结果、将原始结果处理为适合评价的形式，以及保留数据归约与分析结果可能用到的手工、自动、半自动技术。

4.2　计划执行的测试

本条应分条描述计划测试的总范围。

4.2.x（被测试项）

本条应按名字和项目唯一标识符标识一个 CSCI、子系统、系统或其他实体，并分以下几条描述对各项的测试。

4.2.x.y（测试的项目唯一标识符）

本条应由项目唯一标识符标识一个测试，并为该测试提供下述测试信息。根据需要可引用 4.1 中的一般信息。

a. 测试对象；

b. 测试级；

c. 测试类型或类别；

d. 需求规格说明中所规定的合格性方法；

e. 本测试涉及的 CSCI 需求（若适用）和软件系统需求的标识符（此信息亦可在第 6 章中提供）；

f. 特殊需求（例如，设备连续工作 48 小时、测试程度、特殊输入或数据库的使用）；

g. 测试方法，包括要用的具体测试技术，规定分析测试结果的方法。

h. 要记录的数据的类型；

i. 要采用的数据记录 / 归约 / 分析的类型；

j. 假设与约束，如由于系统或测试条件即时间、接口、设备、人员、数据库等的原因而对测试产生的预期限制；

k. 与测试有关的安全性、保密性与私密性要求。

4.3　测试用例

a. 测试用例的名称和标识；

b. 简要说明本测试用例涉及的测试项和特性；

c. 输入说明，规定执行本测试用例所需的各个输入，规定所有合适的数据库、文件、终端信息、内存常驻区域和由系统传送的值，规定各输入间所需的所有关系（如时序关系等）；

d. 输出说明，规定测试项的所有输出和特性（如：响应时间），提供各个输出或特性的正确值；

e. 环境要求，见本文档第 3 章。

5　测试进度表

本章应包含或引用指导实施本计划中所标识测试的进度表。包括：

a. 描述测试被安排的现场和指导测试的时间框架的列表或图表。

b. 每个测试现场的进度表，（若适用）它可按时间顺序描述以下所列活动与事件，根据需要可附上支持性的叙述。

1）分配给测试主要部分的时间和现场测试的时间，

2）现场测试前，用于建立软件测试环境和其他设备、进行系统调试、定向培训和熟悉工作所需的时间；

3）测试所需的数据库 / 数据文件值、输入值和其他操作数据的集合；

4）实施测试，包括计划的重测试；

5）软件测试报告（software test report, STR）的准备、评审和批准。

6　需求的可追踪性

本章应包括：

a. 从本计划所标识的每个测试到它所涉及的 CSCI 需求和（若适用）软件系统需求的

可追踪性（此可追踪性亦可在 4.2.x.y 中提供，而在此引用）。

b. 从本测试计划所覆盖的每个 CSCI 需求和（若适用）软件系统需求到针对它的测试的可追踪性。这种可追踪性应覆盖所有适用的软件需求规格说明（SRS）和相关接口需求规格说明（IRS）中的 CSCI 需求，对于软件系统，还应覆盖所有适用的系统 / 子系统规格说明（SSS）及相关系统级 IRS 中的系统需求。

7　评价

7.1　评价准则

7.2　数据处理

7.3　结论

8　注解

附录

9.4.7　软件测试报告编制指南

说明：

①《软件测试报告》（software test report, STR）是对计算机软件配置项 CSCI、软件系统或子系统，或与软件相关项目执行合格性测试的记录。

② 通过 STR，需方能够评估所执行的合格性测试及其测试结果。

《软件测试报告》的正文内容可以参考如下格式。

软件测试报告

1　引言

本章分标识、系统概述、文档概述等进行说明。

2　引用文件

3　测试结果概述

本章应分为以下几条提供测试结果的概述。

3.1　对被测试软件的总体评估

本条应：

a. 根据本报告中所展示的测试结果，提供对该软件的总体评估；

b. 标识在测试中检测到的任何遗留的缺陷、限制或约束。可用问题 / 变更报告提供缺陷信息；

c. 对每一遗留缺陷、限制或约束，应描述：

1）对软件和系统性能的影响，包括未得到满足的需求的标识；

2）为了更正它，将对软件和系统设计产生的影响；

3）推荐的更正方案 / 方法。

3.2　测试环境的影响

本条应对测试环境与操作环境的差异进行评估，并分析这种差异对测试结果的影响。

3.3　改进建议

本条应对被测试软件的设计、操作或测试提供改进建议。应讨论每个建议及其对软件的影响。如果没有改进建议，本条应陈述为“无”。

4　详细的测试结果

本章应分为以下几条提供每个测试的详细结果。

4.x （测试的项目唯一标识符）

本条应由项目唯一标识符标识一个测试，并且分为以下几条描述测试结果。

4.x.1　测试结果小结

本条应综述该项测试的结果。应尽可能以表格的形式给出与该测试相关联的每个测试用例的完成状态（例如，“所有结果都如预期的那样”“遇到了问题”“与要求的有偏差”等）。当完成状态不是“所预期的”时，本条应引用以下几条提供详细信息。

4.x.2　遇到了问题

本条应分条标识遇到一个或多个问题的每一个测试用例。

4.x.2.y （测试用例的项目唯一标识符）

本条应用项目唯一标识符标识遇到一个或多个问题的测试用例，并提供以下内容：

a. 所遇到问题的简述；

b. 所遇到问题的测试过程步骤的标识；

c.（若适用）对相关问题 / 变更报告和备份数据的引用；

d. 试图改正这些问题所重复的过程或步骤次数，以及每次得到的结果；

e. 重测试时，是从哪些回退点或测试步骤恢复测试的。

4.x.3　与测试用例 / 过程的偏差

本条应分条标识与测试用例 / 测试过程出现偏差的每个测试用例。

4.x.3.y （测试用例的项目唯一标识符）

本条应用项目唯一标识符标识出现一个或多个偏差的测试用例，并提供：

a. 偏差的说明（例如，出现偏差的测试用例的运行情况和偏差的性质，诸如替换了所需设备、未能遵循规定的步骤、进度安排的偏差等）。（可用红线标记表明有偏差的测试过程）；

b. 偏差的理由；

c. 偏差对测试用例有效性影响的评估。

5　测试记录

本章尽可能以图表或附录形式给出一个本报告所覆盖的测试事件的按年月顺序的记录。测试记录应包括：

a. 执行测试的日期、时间和地点；

b. 用于每个测试的软硬件配置，（若适用）包括所有硬件的部件号 / 型号 / 系列号、制造商、修订级和校准日期；所使用的软件部件的版本号和名称；

c.（若适用）与测试有关的每一活动的日期和时间，执行该项活动的人和见证者的身份。

6　评价

本章可分能力、缺陷和限制、建议、结论等进行说明。

7　测试活动总结

总结主要的测试活动和事件。总结资源消耗，如：人力消耗、物质资源消耗。

8　注解

附录

9.4.8　开发进度月报编制参考

说明：

开发进度月报的编制目的是及时向有关管理部门汇报项目开发的进展和情况，以便及时发现和处理开发过程中出现的问题。开发进度月报一般以项目组为单位每月编写。如果软件系统规模比较大，整个工程项目被划分给若干个分项目组承担，开发进度月报将以分项目组为单位按月编写。

《开发进度月报》的正文内容可以参考如下格式。

开发进度月报

1　引言

本章分标识、系统概述、文档概述等进行说明。

2 引用文件

3 工程进度与状态

3.1 进度

列出本月内进行的各项主要活动，并且说明本月内遇到的重要事件，这是指一个开发阶段（即软件生存周期内各个阶段中的某一个，例如需求分析阶段）的开始或结束，要说明阶段的名称及开始（或结束）的日期。

3.2 状态

说明本月的实际工作进度与计划相比，是提前了、按期完成了或是推迟了。如果与计划不一致，要说明原因及准备采取的措施。

4 资源耗用与状态

4.1 资源耗用

主要说明本月份内耗用的工时与机时。

4.1.1 工时

分为三类：

a. 管理用工时。包括在项目管理（制订计划、布置工作、收集数据、检查汇报工作等）方面耗用的工时；

b. 服务工时。包括为支持项目开发所必须的服务工作及非直接的开发工作所耗用的工时；

c. 开发用工时。要分各个开发阶段填写。

4.1.2 机时

说明本月内耗用的机时，以小时为单位，说明计算机系统的型号。

4.2 状态

说明本月内实际耗用的资源与计划相比，是超出了、相一致、还是不到计划数。如果与计划不一致，说明原因及准备采取的措施。

5 经费支出与状态

5.1 经费支出

5.1.1 支持性费用

列出本月内支出的支持性费用，一般可按如下七类列出，并给出本月支持费用的总和：

a. 房租或房屋折旧费；

b. 工资、奖金、补贴；

c. 培训费（包括教师的酬金及教室租金）；

d. 资料费（包括复印及购买参考资料的费用）；

e. 会议费（召集有关业务会议的费用）；

f. 旅差费；

g. 其他费用。

5.1.2　设备购置费

列出本月内实际支出的设备购置费，一般可分如下三类：

a. 购买软件的名称与金额；

b. 购买硬设备的名称、型号、数量及金额；

c. 已有硬设备的折旧费。

5.2　状态

说明本月内实际支出的经费与计划相比较，是超过了、相符合、还是不到计划数。如果与计划不一致，说明原因及准备采取的措施。

6　下个月的工作计划

7　建议

本月遇到的重要问题和应引起重视的问题及因此产生的建议。

8　注解

附录

9.4.9　项目开发总结报告编制参考

说明：

项目开发总结报告的编制是为了总结本项目开发工作的经验，说明实际取得的开发结果以及对整个开发工作的各个方面的评价。

《项目开发总结报告》的正文内容可以参考如下格式。

项目开发总结报告

1　引言

本章分标识、系统概述、文档概述等进行说明。

2　引用文件

3　实际开发结果

3.1　产品

说明最终制成的产品，包括：

a. 本系统（CSCI）中各个软件单元的名字，它们之间的层次关系，以千字节为单位的各个软件单元的程序量、存储媒体的形式和数量；

b. 本系统共有哪几个版本，各自的版本号及它们之间的区别；

c. 所建立的每个数据库。

如果开发计划中制订过配置管理计划，要同这个计划相比较。

3.2　主要功能和性能

逐项列出本软件产品所实际具有的主要功能和性能，对照可行性分析（研究）报告、项目开发计划、功能需求说明书的有关内容，说明原定的开发目标是达到了、未完全达到、或超过了。

3.3　基本流程

用图给出本程序系统的实际的基本的处理流程。

3.4　进度

列出原计划进度与实际进度的对比，明确说明实际进度是提前了还是延迟了，分析主要原因。

3.5　费用

列出原定计划费用与实用支出费用的对比，包括：

a. 工时，以人月为单位，并按不同级别统计；

b. 计算机的使用时间，区别 CPU 时间及其他设备时间；

c. 物料消耗、出差费等其他支出。

明确说明，经费是超过了还是节余了，分析主要原因。

4　开发工作评价

4.1　对生产效率的评价

给出实际生产效率，包括：

a. 程序的平均生产效率，即每人月生产的行数；

b. 文件的平均生产效率，即每人月生产的千字数。

并列出原计划数作所对比。

4.2　对产品质量的评价

说明在测试中检查出来的程序编制中的错误发生率，即每千条指令（或语句数）中的错误指令数（或语句数）。如果开发中制订过质量保证计划或配置管理计划，要同这些计划相比较。

4.3　对技术方法的评价

给出在开发中所使用的技术、方法、工具、手段的评价。

4.4　出错原因的分析

给出对于开发中出现的错误的原因分析。

4.5　风险管理

a. 初期预计的风险；

b. 实际发生的风险；

c. 风险消除情况。

5　缺陷与处理

分别列出在需求评审阶段、设计评审阶段、代码测试阶段、系统测试阶段和验收测试阶段发生的缺陷及处理情况。

6　经验与教训

列出从这项开发工作中得到的最主要的经验与教训及对今后的项目开发工作的建议。

7　注解

附录

习题 9

一、选择题

1. ____________是软件产品的重要组成部分，它在产品的开发过程起着重要的作用。

A. 需求说明　　B. 概要说明　　C. 软件文档　　D. 测试大纲

2. __________是开发人员为用户准备的有关该软件使用、操作和维护的资料。

A. 开发文档　　B. 管理文档　　C. 用户文档　　D. 软件文档

3. 软件文档是软件工程实施中的重要成分，它不仅是软件开发各阶段的重要依据，而且会影响软件的________。

A. 可理解性　　B. 可维护性　　C. 可扩展性　　D. 可移植性

二、简答题

1. 软件工程标准化的意义是什么？

2. 常用的软件文档有哪些？

附录　综合开发练习

一、基本情况

本练习为开发 A 公司工资管理系统。

A 公司是一家以计算机系统集成为主要业务的公司，为了便于处理工资，特组织人员编写 A 公司工资管理系统。该系统作为全公司的管理信息系统的一个子系统。

二、业务需求情况

（1）工资管理日常业务

当前，公司的每月工资核算分 3 个阶段：一是做好原始凭证的记录工作；二是根据原始凭证和一些工资标准资料计算应付月工资；三是进行工资分配。

① 工资核算的原始凭证。

工资费用的原始凭证包括：考勤记录、出差记录、业绩记录等。

考勤记录反映员工出勤和缺勤的情况，缺勤分为两种情况：事假、病假，有缺勤的员工按后面的计算公式扣工资。考勤由人事部门执行，最后由人事部主管签字。出差记录反映员工出差的情况，其出差补贴反映在工资记录上，出差记录需要人事部主管和部门主管共同签字。业绩记录分成 6 种情况：特奖、优、良、平均奖、差、零奖金，由部门主管指定，每月填写一次，反映在工资记录上，不需要人事部主管签字。部门主管和公司高级管理人员的业绩记录由总经理指定，总经理的业绩记录不在本系统的范围之内。

② 工资的计算与结算。

正确的工资计算是工资结算和工资分配的基础。在月末由人事部门核算员工的考勤记录、出差记录和业绩记录，并参考工资标准等有关资料（包括工资标准、业绩标准、出差标准），计算所有员工的工资。

员工的基本档案资料包括员工编号、姓名、部门、职务等项。

员工每月工资结算明细表包括以下各项：姓名、基本工资、岗位津贴、生活津贴、奖金、出差补贴、缺勤扣款、应付工资、社保公积金、所得税代缴、实发工资等。

公司每月工资结算汇总表是指按照部门来汇总，包括如下各项内容：部门、基本工资、岗位津贴、生活津贴、奖金、出差补贴、缺勤扣款、社保公积金、应付工资、所得税代缴、实发工资等。公司每月工资结算汇总由财务部执行。

日工资标准 =（月基本工资 + 岗位津贴）/21.75

缺勤扣款 = 事假天数 * 日工资标准 + 病假天数 * 日工资标准 * 扣款率（0.7）

出差补贴 =（伙食补贴 + 交通补贴 + 住宿补贴）* 出差天数

月应付工资 = 月基本工资 + 岗位津贴 + 生活津贴 + 奖金 + 出差补贴 – 缺勤扣款

所得税代缴 =（月应付工资 – 社保公积金 – 5000）* 税率 – 速算扣除数

月实发工资 = 月应付工资 – 社保公积金 – 所得税代缴

③ 工资费用的汇总与分配。

财务部门根据前面的内容进行工资费用的汇总与分配。

（2）部门设置情况

A 公司由 7 个部门组成：人事部、财务部、研发部、工程一部、工程二部、技术支持部、外协部。每一部门设一个部门主管，其他职务包括：总经理、副总经理、员工。提示：可再增加一部门，名称为“管理”，总经理、副总经理属于“管理”部门。

（3）系统用户职能和权限

系统要求具有多级安全权限功能，共分成 9 种用户：超级管理员、人事主管、财务主管、研发部主管、工程一部主管、工程二部主管、技术支持部主管、外协部主管、员工。下面列出各种用户拥有的权限和义务。

超级管理员：

- 修改各种用户的密码，系统初始化，资料备份。
- 填写部门主管和公司高级管理人员的业绩记录单。

人事主管：

- 修改员工基本档案资料，包括：员工编号、姓名、部门、职务。
- 修改员工工资资料，包括：基本工资、岗位津贴、生活津贴、社保公积金。
- 填写员工考勤表。
- 审核各部门提交的员工出差记录。
- 填写出差记录补贴标准（包括伙食补贴、交通补贴、住宿补贴），提示按部门和职务来设定该标准。
- 填写业绩记录对应奖金标准，部门之间的标准不同。
- 核算考勤记录、出差记录和业绩记录，并参考工资标准等有关资料，计算所有员工的工资。

所有部门主管：

- 填写本部门的员工出差记录。
- 填写本部门的员工业绩记录。

财务部：

- 工资费用的汇总与分配。
- 公司每月工资结算汇总。
- 员工每月工资明细的审核和发放。
- 每月打印员工工资明细表和部门每月工资汇总表。

员工：

- 查阅自己某月的工资明细。

（4）技术要求

系统需要满足的功能要求如下：

- 所有的查询能够用 Web 页实现。
- 各种记录能够并发处理。
- 编写电子文档，包括安装手册、操作手册、常见问题解答等。
- 提供安装程序。

三、需求分析情况

工资管理系统的数据分析包括数据流图和数据字典，前者描述系统中的处理过程和数据流动，后者定义系统的元素。数据流图和数据字典是需求分析的重要部分。这里列出工资管理系统的数据流图（见附图 1、附图 2）和数据字典，供读者参考。

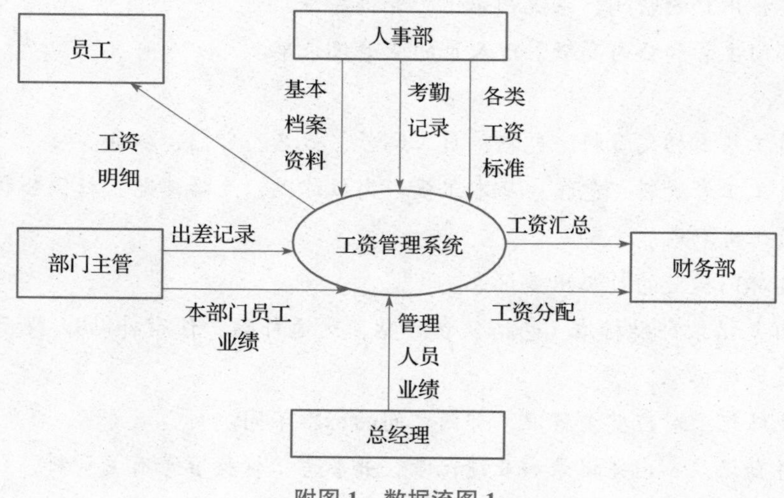

附图 1　数据流图 1

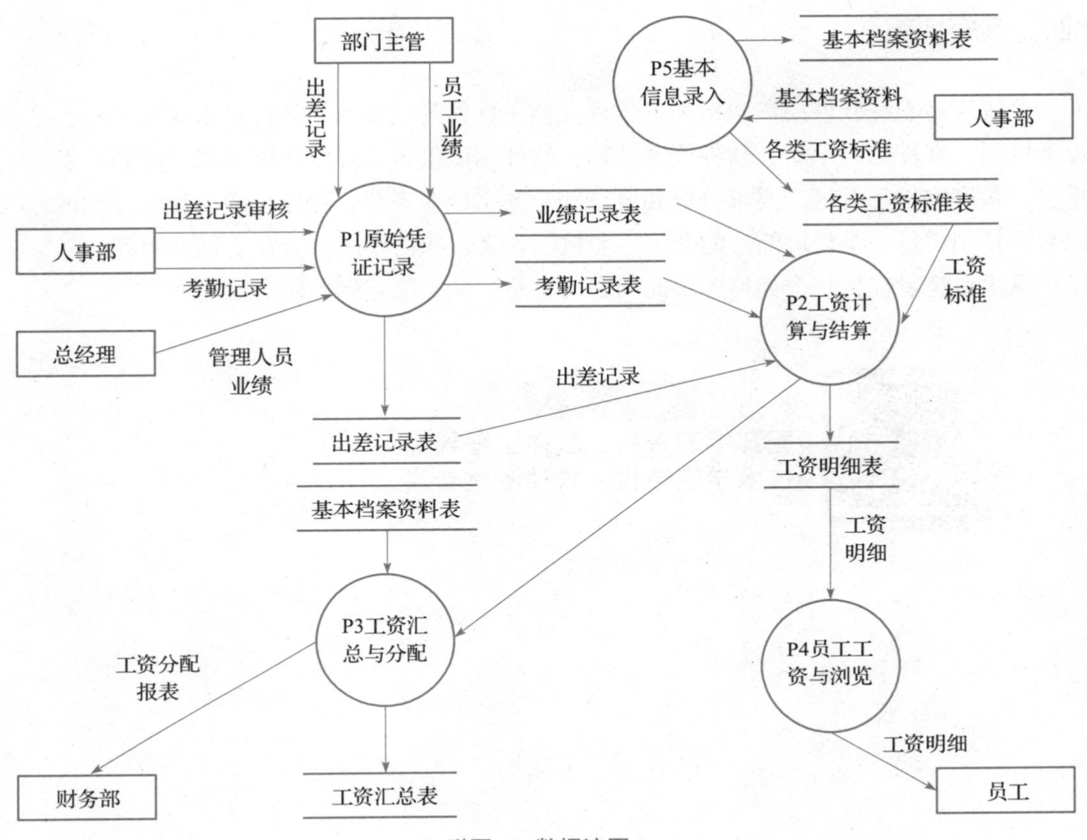

附图 2　数据流图 2

注：计算所得税分解的数据流图（略）。

数据字典

编号：1

名称：业绩记录表

简要说明：每月执行一次，由各部门主管填写本部门员工的业绩；部门主管和公司高级管理人员则由总经理指定。

包含的数据结构：员工编号、姓名、业绩情况

业绩记录{特奖、优、良、平均奖、差、零奖金}

编号：2

名称：出差记录表

简要说明：各部门员工的出差记录由部门主管确定，并经人事部门签字审核，每月填写一次。

包含数据结构：员工编号、姓名、出差天数

注：考勤记录表、基本档案资料表、各类工资标准表、工资汇总表、工资明细表的数据字典（略）。

四、文档要求

工资管理系统软件应该包括如下软件文档：软件开发计划、软件需求规格说明、系统设计说明、软件用户手册、软件测试计划、软件测试报告、开发进度月报、项目开发总结报告、程序维护手册等。要求分析和设计部分的文档要齐全，程序中要有比较详细的代码解释，特别是每一个模块的功能介绍、参数的含义、如何使用参数及变量说明等。

这里给读者提供一个如何解决此问题的思路，希望能起到抛砖引玉的作用。

习题参考答案

习题 1

一、填空题

1. 综合性交叉　计算机科学和数学　工程科学　管理科学
2. 瀑布模型　快速原型法模型　螺旋模型　构件组装模型　智能模型
3. 分析工具　设计工具　编码工具　测试工具

二、选择题

1. B　2. C　3. C　4. B　5. A
6. B　7. D　8. D　9. C　10. D

三、简答题（略）

习题 2

一、填空题

1. 功能需求　2. 需求规格说明书　3. 分解
4. DFD　DD　5. 数据流　6. 1　1
7. 数据流　数据存储　数据项　加工

二、选择题

1. C　2. A　3. B　4. D　5. B
6. D　7. A　8. D　9. A　10. C

三、简答题（略）

习题 3

一、填空题

1. 系统设计说明书　2. 模块　3. 深度　宽度　扇入　扇出

4. 处理说明　接口说明　　5. 三种基本控制　　6. 层次线
7. 清晰易读　　8. 逻辑结构设计　物理结构设计

二、选择题

1. B　2. C　3. A　4. D　5. B　6. A
7. D　8. B,C　9. B　10. A　11. B　12. B　13. AB

三、简答题（略）

习题 4

一、填空题

1. 顺序　选择　重复
2. 简单直接，不能为了追求效率而使代码复杂化

二、选择题

1. B　2. A　3. D　4. D　5. C　6. D

三、简答题（略）

习题 5

一、填空

1. 数据值　　2. 行为　数据　操作
3. 类　对象　　4. 状态　数据结构
5. 对象　6. 子类　操作　7. 封装　继承　多态
8. 对象模型　动态模型　功能模型　物理模型

二、选择

1. B　2. D　3. C　4. C　5. C　6. C
7. C　8. A　9. B　10. B　11. C　12. A

三、简答题（略）

习题 6

一、填空题

1. 静态　动态　　2. 黑盒　白盒　　3. 循环次数
4. 等价类划分　边界值分析　错误推测　因果图
5. 尽量多的　只覆盖一个
6. 一次性　增量式　自顶向下　自底向上　深度优先　分层

7. 驱动　桩

二、选择题

1. B　2. C　3. D　4. A　5. C　6. B　7. B　8. D
9. B　10. D　11. A　12. A　13. D　14. C　15. BC　16. A

三、简答题（略）

习题 7

一、填空题

1. 最长　最多　2. 错误　测试　维护　3. 非结构化

二、选择题

1. D　2. B　3. C　4. A　5. C　6. A　7. D

三、简答题（略）

习题 8

一、填空题

1. 国家标准与国际标准　行业标准与工业标准　企业级标准与开发小组级标准
2. 项目负责人　3. 主程序员组织机构
4. 经费、资源以及开发进度　5. 估算的准确度

二、选择题

1. B　2. D　3. B, D, C　4. B　5. D, A
6. D, A　7. B　8. C　9. C

三、简答题（略）

习题 9

一、填空题

1. C　2. C　3. B

二、简答题（略）

参考文献

[1] 萨默维尔 . 现代软件工程：面向软件产品 [M]. 李必信 , 廖力 , 等译 . 北京：机械工业出版社 , 2021.

[2] 普莱斯曼 , 马克西姆 . 软件工程：实践者的研究方法 [M]. 9 版 . 王林章 , 崔展齐 , 潘敏学 , 等译 . 北京：机械工业出版社 , 2021.

[3] 谢星星 , 周新国 . UML 基础与 Rose 建模实用教程 [M]. 3 版 . 北京：清华大学出版社 , 2020.

[4] 佩腾 . 软件测试 [M]. 张小松 , 王钰 , 曹跃 , 等译 . 2 版 . 北京：机械工业出版社 , 2019.

[5] 方少卿 . 实用软件工程项目化教程 [M]. 北京：中国铁道出版社 , 2020.

[6] 许家珆 . 软件工程——方法与实践 [M]. 3 版 . 北京：电子工业出版社 , 2019.

[7] 梁洁 , 金兰 . 软件工程实用案例教程 [M]. 北京：清华大学出版社 , 2019.

[8] 张虹 . 软件工程与软件开发工具 [M]. 北京：清华大学出版社 , 2004.

[9] 刘昕 . 软件工程导论 [M]. 武汉：华中科技大学出版社 , 2020.